羊病
速诊快治
江斌 林琳 吴胜会 张世忠
编著
U0237172

海峡出版发行集团
THE STRAITS PUBLISHING & DISTRIBUTING GROUP
福建科学技术出版社
FUJIAN SCIENCE & TECHNOLOGY PUBLISHING HOUSE

图书在版编目（CIP）数据

羊病速诊快治 / 江斌等编著 .—福州：福建科学技术出版社，2016.8（2021.3 重印）
ISBN 978-7-5335-5106-3

Ⅰ.①羊…　Ⅱ.①江…　Ⅲ.①羊病－诊疗 Ⅳ.①S858.26

中国版本图书馆 CIP 数据核字（2016）第 163900 号

书　　名	**羊病速诊快治**
编　　著	江斌　吴胜会　林琳　张世忠
出版发行	海峡出版发行集团 福建科学技术出版社
社　　址	福州市东水路 76 号（邮编 350001）
网　　址	www.fjstp.com
经　　销	福建新华发行（集团）有限责任公司
印　　刷	福建地质印刷厂
开　　本	700 毫米 ×1000 毫米　1/16
印　　张	12.5
图　　文	200 码
版　　次	2020 年 8 月第 1 版
印　　次	2021 年 3 月第 3 次印刷
书　　号	ISBN 978-7-5335-5106-3
定　　价	40.00 元

前　言

近年来，随着畜牧业结构的调整，我国涌现了许许多多不同饲养规模、多种饲养方式的养羊场。这些养羊场的快速发展及种羊和肉羊的频繁调运，导致我国羊病发生日趋严重。羊病（特别是羊传染病和羊寄生虫病）问题已经严重制约了我国养羊业的健康发展，有些人畜共患疾病还严重威胁人类的身体健康。为使广大养殖户和基层兽医工作者更好地掌握羊病防治知识，我们根据多年从事羊病诊疗经验，查阅大量国内外有关羊病诊治方面的文献，编写成此书。希望本书的出版对我国羊病诊治和防控有所帮助。

本书内容分为羊病预防措施、羊病常用诊断方法、羊病治疗技术、羊病毒性传染病诊治、羊细菌性传染病诊治、羊其他传染病诊治、羊寄生虫病诊治、羊普通病诊治等 8 个部分，共计 93 种羊病。每种羊病均以扼要文字介绍其病原（病因）、流行病学、临床症状、病理变化、诊断及防治措施，对典型症状和病理变化辅以彩图说明，在表述方式上力求通俗易懂，便于读者快速做出诊断，并采取有效措施。本书引用了李祥瑞主编的《动物寄生虫彩色图谱》一书 4 幅图片，在此向李祥瑞先生表示衷心感谢。

由于我们水平有限，书中错误和不足之处在所难免，恳请专家及广大读者批评指正。

作者

目 录

CONTENTS

一、羊病预防措施

羊病防治要遵循“预防为主，治疗为辅”的方针，加强日常管理，做好环境卫生和消毒、羊群的检疫与隔离饲养、羊群的疫苗免疫以及羊群定期驱虫工作，以减少疾病的发生。

（一）加强日常管理

1. 合理放牧

牧草是羊的主要食物，放牧是多数羊获取营养的主要方式。因此，放牧情况与羊的生长发育和生产性能的高低有着十分密切的联系。应根据农区、牧区草场的不同特点，以及羊的品种、年龄、性别的差异，分别放牧。为合理利用草场、减少牧草浪费和羊群感染寄生虫的机会，应实行划区轮牧制度。

2. 适时补饲

当冬季草枯、牧草营养下降或放牧采食量不足时，必须进行补饲，特别对幼龄羊、怀孕和哺乳期的母羊予以合理的补饲尤为重要。种公羊在配种期间也需要适当补饲。

3. 安排好各个生产环节

羊的主要生产环节有配种、产羔和育羔、育肥等。安排好每一环节，按相应操作规程进行。

（二）卫生与消毒

为了净化羊舍及其周边环境，减少病原微生物和寄生虫虫卵的滋生、传播，应及时清除羊舍内的粪便和排泄物，并予以堆积发酵；定期消毒羊舍内的场所和用具，并保持羊舍清洁和干燥；定期消灭羊舍及周边场所的蚊蝇、蜱、虱、老鼠等；

对羊的饮用水也要依水质情况进行消毒处理。

1. 消毒剂的选择和应用

市面上销售的消毒剂名目繁多，可分为如下几类：第一类是酚类消毒药（如甲酚、复合酚），第二类是醛类消毒药（如甲醛、戊二醛），第三类是碱类消毒药（如氢氧化钠、氧化钙），第四类是卤素类消毒药（如含氯石灰、碘酊、次氯酸钠、二氯异氰脲酸钠），第五类为表面活性类消毒药（如苯扎溴铵、癸甲溴铵、聚维酮碘），第六类为其他类消毒药（如过氧乙酸、过氧化氢、甲紫、高锰酸钾）。不同的消毒药使用方法有所不同，生产实践中要按不同功能选择使用。

2. 羊舍的消毒

羊舍是羊群日常居留的场所，极易受粪便和尿的污染，也极易传播多种疾病。平时预防性的消毒为春秋两季各 1 次，每次消毒之前需要将羊舍内的粪尿清理干净，然后使用消毒药（常用酚制剂或醛制剂）喷洒，要求喷湿（每平方米要用 1 升稀释后的消毒水）。消毒时先喷洒地面，然后再喷洒墙壁和天花板，最后再打开门窗通风，并用清水清洗饲槽、水槽，除去羊舍内异味。在消毒羊舍时，羊舍附近的运动场及有关用具也要一并消毒。遇到羊群有传染病或周边地区有传染病时，要增加羊舍的消毒次数和密度，必要时也可选择醛类消毒剂或癸甲溴铵溶液等消毒剂进行带羊消毒。

3. 粪便的处理

羊粪及其他排泄物的处理有三种方法。

第一是焚烧法。该方法被认为是消灭病原微生物最好、最有效的方法，但存在一些缺点，如造成环境污染、操作费时费力等。此法多用于出现烈性传染病时使用。

第二是掩埋法。将粪便和其他排泄物与氧化钙或含氯石灰混合后深埋于 2 米深的地下。此法也存在费时费力的缺点。

第三是生物发酵法。将粪便及其他排泄物堆积成堆后，外面用泥土或塑料薄膜封盖密封 1 个月左右，粪便通过自身的生物发酵升温 70℃以上，起到消毒、灭菌和消灭虫卵的作用。此法操作简便，是羊场最常见的一种粪便处理法，也是农民收集高效有机肥料的主要途径之一。

4. 羊场灭鼠蚊蝇蜱

羊场内的老鼠、蚊子、苍蝇等不仅骚扰羊群正常活动，同时还是许多传染病和寄生虫病的传播媒介。防鼠和灭鼠，首先要做好羊舍内剩余饲料的清理工作，此外可使用一些低毒的老鼠药（如抗血凝类老鼠药），也可用捕鼠夹、捕鼠笼或养猫等方法来防鼠灭鼠。灭蚊蝇工作首先要从治理羊舍周围环境卫生入手，平整坑洼地面、排出积水、铲除杂草，并随时清理羊场内外的羊粪便和污物，破坏蚊蝇蜱的繁育环境；其次可定期使用一些低毒农药（如菊酯类农药、敌百虫、辛硫磷等）对羊舍及周围环境进行喷洒，杀灭蚊蝇蜱的成虫和幼虫。

（三）羊群的检疫检验与隔离饲养

原则上羊群以自繁自养为主，若确实需要从外地引进种羊，需要了解供种羊单位或地区的羊病流行情况。只能从无疫病流行地区购种羊，同时种羊场必须有当地动物检疫部门出具的产地检疫证明。种羊引进后应隔离饲养 2 周以上，在隔离期间要派专人饲养管理，每天测量羊只体温，观察羊群采食、运动等状况。必要时还需要抽血进行有关疫病化验。在隔离期间还需要用广谱驱虫药驱除羊的体内外寄生虫，并按羊场的免疫程序安排必要的疫苗接种。经过 2 周以上的隔离饲养，无问题的羊才可以与本场羊群混养。对调出羊只也需经过羊场兽医及有关兽医部门检查，检疫无疫病后方可出场。

（四）羊疫苗免疫

1. 羊疫苗种类

羊疫苗种类较多，详见表 1。

表 1　羊常见疫苗及使用方法

疫（菌）苗名称	预防的疾病	使用方法及用量	免疫期
Ⅱ号炭疽芽孢疫苗	绵羊、山羊、猪等动物的炭疽	皮内注射，每只 0.2 毫升	6 个月
布氏菌病活疫苗（S2 株）	绵羊、山羊布氏杆菌病	内服接种，每只羊 4 头份。亦可皮下或肌内注射，其中山羊每只 1 头份，绵羊每只 2 头份	36 个月
布氏菌病活疫苗（M5 株或 M5-90 株）	绵羊、山羊、牛布氏杆菌病	用适量灭菌蒸馏水稀释，皮下注射、滴鼻或内服接种。每只羊皮下注射 1 头份、滴鼻 1 头份或内服 25 头份	36 个月

续表

疫（菌）苗名称	预防的疾病	使用方法及用量	免疫期
破伤风类毒素	家畜破伤风	绵羊、山羊颈部皮下注射 0.5 毫升，6 个月后再注射 1 次	48 个月
破伤风抗毒素	紧急预防和治疗家畜破伤风	皮下、肌内或静脉注射，治疗时可重复注射 1 次至数次。预防量 1 万 ~2 万国际单位，治疗量 2 万 ~5 万国际单位	2~3 周
羊快疫、猝狙、肠毒血症三联灭活疫苗	羊快疫、羊猝狙、羊肠毒血症	肌内或皮下注射，不论羊大小，每只 5 毫升	6 个月
羊快疫、猝狙、羔羊痢疾、肠毒血症三联四防灭活疫苗	羊快疫、羊猝狙、羔羊痢疾、羊肠毒血症	不论羊大小，肌内或皮下注射 5 毫升	6 个月
羊黑疫、快疫二联灭活疫苗	羊黑疫、羊快疫	不论羊大小，皮下或肌内注射 5 毫升	12 个月
抗羔羊痢疾血清	羔羊痢疾	1~5 日龄羔羊皮下或肌内注射 1 毫升；对已患病羔羊可静脉或肌内注射 3~5 毫升，必要时 5 小时后再重复 1 次	1~2 周
羊大肠杆菌病灭活疫苗	羊大肠杆菌病	3 月龄以内的羔羊皮下注射 0.5~1 毫升，3 月龄以上羊皮下注射 2 毫升	5 个月
肉毒梭菌（C 型）中毒症灭活疫苗	羊 C 型肉毒梭菌中毒症	每只羊皮下注射 4 毫升	12 个月
山羊传染性胸膜肺炎灭活疫苗	羊传染性胸膜肺炎	皮下或肌内注射。6 月龄以上山羊每只 5 毫升，6 月龄以内羔羊每只 3 毫升	12 个月

续表

疫（菌）苗名称	预防的疾病	使用方法及用量	免疫期
羊支原体肺炎灭活疫苗	绵羊、山羊支原体肺炎	颈侧皮下注射，成年羊每只5毫升，6月龄以下羔羊每只3毫升	18个月
羊衣原体病灭活疫苗	山羊、绵羊衣原体病	每只羊皮下注射3毫升	绵羊24个月，山羊7个月
绵羊痘活疫苗	绵羊痘	尾内侧或股内侧皮内注射，每只0.5毫升	12个月
山羊痘活疫苗	绵羊、山羊痘	尾内侧或股内侧皮内注射，每只0.5毫升	12个月
伪狂犬病活疫苗	绵羊、猪、牛伪狂犬病	用氯化钠生理盐水稀释，肌内注射，每只羊注射1毫升	12个月
牛瘟活疫苗（兔源）	牛瘟、羊小反刍兽疫	用氯化钠生理盐水稀释，皮下或肌内注射，每只羊1毫升	12个月
伪狂犬病灭活疫苗	牛、羊伪狂犬病	羊颈部皮下注射5毫升（本疫苗冻结后不能使用）	6个月
羊败血性链球菌病活疫苗	绵羊、山羊败血性链球菌病	用氯化钠生理盐水稀释，6月龄以上羊每只尾部皮下注射1毫升	12个月
羊败血性链球菌病灭活疫苗	绵羊、山羊败血性链球菌病	皮下注射，不论大小，每只羊接种5毫升	6个月
羊口蹄疫O型、亚洲Ⅰ型二价灭活疫苗	绵羊、山羊的O型和亚洲Ⅰ型口蹄疫	每年4月份、10月份分别注射1次，每只羊肌内注射2毫升	6个月

常用的疫苗有羊快疫、猝狙、羔羊痢疾、肠毒血症三联四防灭活疫苗，羊快疫、猝狙、肠毒血症三联灭活疫苗，山羊痘活疫苗，绵羊痘活疫苗，牛瘟活疫苗（兔源），

山羊传染性胸膜肺炎灭活疫苗及羊口蹄疫O型、亚洲I型二价灭活疫苗等。

2. 羊疫苗免疫程序

不同地区、不同羊品种、不同日龄羊的免疫方法和免疫程序不尽相同。其中危害较大的几种病的疫苗一定要接种，如山羊痘活疫苗，绵羊痘活疫苗，牛瘟活疫苗（兔源），羊口蹄疫O型、亚洲I型二价灭活疫苗，山羊传染性胸膜肺炎灭活疫苗。此外，要根据本地区或本羊场常发的疾病适当增加免疫相应疾病的疫苗，如某些羊场的梭菌性疾病比较严重，那么要增加羊快疫、猝狙、羔羊痢疾、肠毒血症三联四防灭活疫苗的免疫；某些羊场链球菌病比较严重，则要增加羊败血性链球菌病灭活疫苗的免疫。

3. 疫苗接种注意事项

①在使用疫苗之前要认真察看疫苗标签。注意是否是国家正规厂家生产的正规产品，是否在使用有效期以内，外包装是否完整，疫苗瓶内疫苗的性状是否改变等。如羊口蹄疫O型、亚洲I型二价灭活疫苗为均匀的白色乳状液体，若出现上下分层，则不宜使用。

②免疫羊群要健康正常。健康的羊只注射疫苗后才能产生良好的免疫应答作用。若羊群不健康或处于亚健康状态，不宜注射疫苗（紧急免疫除外），否则不但不能产生应有的免疫保护作用，而且会产生严重的毒副作用（如怀孕母羊流产、羊只不吃食，严重时还导致发病死亡）。

③做好羊群免疫接种记录。内容包括疫苗名称、厂家、购买地点、批号、有效期、接种剂量、接种日期、接种方法、接种操作人员等。同时对已接种和未接种的羊只也要加以注明。记录完整对评价疫苗质量和发生副作用时追溯有重要的现实意义，对科学安排免疫程序也有重要意义。

④注射疫苗后要注意用药问题。有些疫苗（如山羊痘活疫苗）在免疫后几天内要禁止使用抗病毒药物（如利巴韦林、金刚烷胺等），有些疫苗（如羊败血性链球菌病活疫苗）在免疫后几天内要禁止使用抗生素药物，否则会影响和干扰疫苗的免疫效果。此外，一些药物（如磺胺类药物、氟苯尼考、磷酸地塞米松等）对疫苗也有一定的免疫抑制作用。一些药物（如电解多维）对缓解免疫应激有帮助，可以添加。

⑤注意应激反应。注射疫苗均有不同程度的应激反应，需要免疫2种疫苗时必须间隔7天以上。对怀孕母羊免疫时动作要轻，对应激反应较大的疫苗要同时肌内注射黄体酮注射液（安胎针）或安排在空怀时期免疫。个别羊只在注射疫苗后会出现过敏反应，要及时使用促肾上腺素皮质激素或磷酸地塞米松进行解救。

（五）羊定期驱虫

羊群的药物预防主要针对羊体内外寄生虫病而采取的预防性驱虫措施，包括内服驱虫、肌内注射驱虫、体外药浴或外喷驱虫等几种方法。不同地区、不同品种以及不同日龄羊的寄生虫感染谱和感染强度有所不同，所采取的驱虫药物种类、剂量、次数也有所不同。如在南方，经常在河边、溪边或田间吃水草的羊易感染片形吸虫，因此每间隔 2 个月要驱 1 次虫，药物可以三氯苯达唑、硝氯酚、阿苯达唑、硫双二氯酚等为主；在山区丘陵地带放牧的羊易感染捻转血矛线虫等线虫，因此每间隔 2 个月也要驱 1 次虫，药物以阿苯达唑、芬苯达唑、左旋咪唑等为主；4~12 月龄羔羊易感染绦虫，因此需定期使用氯硝柳胺等驱虫；在蜱、虱、蝇以及疥螨、痒螨等体外寄生虫感染较严重的羊群，每年要定期使用溴氰菊酯、氰戊菊酯、辛硫磷、敌百虫等药物进行药浴或喷淋，或使用伊维菌素注射液进行皮下或肌内注射。

1. 羊群寄生虫感染情况的调查

驱虫之前，了解本地区或本羊场的主要寄生虫有哪些、感染程度如何，这十分重要。对羊粪便进行虫卵检查，确定主要寄生虫的种类，计算出每克粪便中主要吸虫、线虫、绦虫虫卵的数量。一般来说，每克粪便中线虫虫卵达 2000 个以上时就必须驱虫；每克粪便中吸虫虫卵达 100 个以上时就必须驱虫；粪便中检出绦虫虫卵或绦虫孕节片时就必须驱虫。

2. 驱虫药物的选择

选择药物的原则是高效、低毒、广谱、价廉、方便。不同的寄生虫所选择的药物有所不同：对吸虫病来说，要选择硝氯酚、三氯苯达唑、硫双二氯酚、吡喹酮、阿苯达唑等；对线虫病来说，要选择阿苯达唑、芬苯达唑、左旋咪唑、甲苯达唑、伊维菌素等；对绦虫病来说，要选择氯硝柳胺、吡喹铜、阿苯达唑、芬苯达唑等；对羊血液原虫病（如巴贝斯虫病）来说，要选择三氮脒、吖啶黄、硫酸喹啉脲等；对体外寄生虫来说，要选择伊维菌素、阿维菌素、双甲脒、辛硫磷、溴氰菊酯、敌百虫等。

3. 选择正确的投药途径

羊驱虫给药的途径有多种，其中常见的有内服、肌内注射、体外药浴或外喷等方法。不同的药物投药途径有所不同，如左旋咪唑可饮水内服或拌料内服；阿苯达唑不溶于水，只能拌料内服或配成混悬液灌服；敌百虫内服时使用剂量为每千克体重 0.1 克，而体外驱虫时用量要配成 2% 进行药浴或外喷；阿维菌素和伊维菌素可内服或皮下注射，剂量均为每千克体重 0.2~0.3 毫克，但作用有所不同，皮下注射对外寄生虫驱虫效果好，内服对线虫效果好。

4. 驱虫注意事项

①对驱虫后排出的粪便和虫体要集中堆放，并采取生物发酵消毒法处理，防止虫体和虫卵进一步污染环境。

②对怀孕母羊和羔羊驱虫要慎重，必须选择低毒、无刺激性的驱虫药。

③有条件的羊场驱虫后 10~20 天要对羊粪便再次进行虫卵检查，要求虫卵减少率要达到 95% 以上。若虫卵减少率小于 70%，则要考虑更换驱虫药种类或生产厂家。

④使用驱虫药后出现一些不良副作用时要采取相应的处理措施。如出现流口水、肌肉颤抖，可肌内注射硫酸阿托品进行解救；对于怀孕母羊，为了防止不良反应，可肌内注射黄体酮注射液；对于个别软脚倒地的羊只，可静脉注射 10% 葡萄糖 200 毫升以及肌内注射维生素 B_{12} 注射液等。

二、羊病常用诊断方法

（一）羊病临床诊断

羊病的常见临床诊断方法有问诊、视诊、触诊、叩诊、听诊、嗅诊及解剖诊断等。每种诊断方法在临床上并非单独采用，而是有机地结合采用。兽医和技术人员根据自己的经验及有关知识做出初步诊断。

1. 问诊

在检查病羊时，向养殖户询问羊群有关情况。具体包括羊群是自繁自养还是异地调回，发病的时间、发病的数量、死亡的数量，主要临床表现，有无既往病史，近来周边地区有无流行羊传染病，饲养管理情况，最近有无用过药物处理，羊群做过哪些疫病的疫苗免疫接种，是否做过体内外驱虫，等等。问诊对疾病的临床诊断至关重要，要尽量详细，并做好详细记录。

2. 视诊

通过肉眼观察病羊的全身状况或局部状态。包括用肉眼观察的直接视诊和借助器械（如内窥镜、开口器、胃镜等）的间接视诊两类。临床工作中以直接视诊较直观常用。视诊内容包括羊的整体状况、运动状况、被毛状况、生理体腔、生理功能等。

（1）整体状况观察

①精神状态的观察。健康羊精神饱满、眼睛明亮、耳朵灵活、行动敏捷，对周围环境敏感，有人走近时立即远避，不容易被捕捉。病羊精神沉郁或兴奋不安，目光呆滞，喜欢躺卧、垂头，对周围环境刺激反应迟钝。若病羊表现狂躁不安、前冲后撞、不听呼唤、狂奔乱跑，则多为脑炎或中毒性疾病。

②营养状况的观察。健康羊营养状态良好，膘情适中。病羊则表现为消瘦、腹围增大。一般患有急性疾病（如羊瘤胃臌气、羊炭疽、羊快疫、羊黑疫、羊猝狙等）的病羊体况较肥壮；一般患有慢性疾病（如寄生虫病等）的病羊体况多瘦弱。

（2）运动状况观察

运动状况观察主要包括站立姿势和运动姿势观察。健康羊站立姿势自然，行动活泼平稳，步态灵活而协调。当羊的四肢肌肉、关节或蹄部患病时，则表现为跛行。有些疫病还呈现特殊姿势，如患有破伤风的羊表现为四肢僵直；患有脑多头蚴病或狂蝇蛆病的羊表现转圈运动。

（3）被毛状况观察

健康羊的被毛平整而不易脱落，富有光泽；病羊的被毛则粗乱蓬松，失去光泽，容易脱落。患疥螨病的羊，被毛脱落的同时，皮肤变厚，出现蹭痒现象，表皮常有擦伤。在检查皮肤时除注意皮肤的外观外，还要注意有无水肿、炎性肿胀和外伤。感染某些寄生虫病时，在下颌、胸前等部位常出现皮下水肿。

（4）生理体腔观察

健康羊可视黏膜、眼结膜、鼻腔、口腔、阴道、肛门等黏膜呈粉红色，湿润光滑。病羊则有下列几种情况：黏膜苍白色，多患贫血病；黏膜发红，多是由热性病所致；黏膜发红并带有红点、血丝或呈紫色，多是由严重的中毒、呼吸困难性疾病或某些传染病引起；黏膜黄色，多是中毒性疾病或羊巴贝斯虫病或羊片形吸虫病或羊阔盘吸虫病所致；黏膜蓝色，多患肺病或心脏病。

羊粪便观察主要检查形状、硬度、色泽及附着物等。健康羊粪便呈小球形，没有难闻臭味。粪便过干，多为缺水和肠蠕动弛缓或热性病所致；过稀，多为肠功能亢进，可能是消化不良或某些传染病或寄生虫病所致；粪便中混有过多黏液，表示肠黏膜有卡他性炎症。此外，还要认真检查粪便是否含有寄生虫或绦虫孕节片。正常羊每天排尿 3~4 次，排尿次数和尿量过多或过少，以及排尿痛苦、失禁，表示泌尿系统出现疾病。

此外，还要注意观察羊的天然孔及其分泌物等是否正常。

（5）生理功能观察

①采食饮水。若羊只采食、饮水减少或停止，要查看羊只的口腔黏膜有无异物、溃疡，舌头有无溃烂斑等。热性病初期常表现为饮欲增加。

②咀嚼吞咽。病羊出现咀嚼吞咽障碍，多见口腔、食道、舌头等出现问题。

③反刍嗳气。健康羊通常鼻镜湿润，饲喂后半小时开始反刍，持续 30~40 分钟，每一食团嚼 50~70 次，每昼夜反刍 6~8 次。若鼻镜干燥、反刍减少或停止，多是高热或严重的前胃及皱胃疾病或肠道炎症所致。

④呼吸。正常羊每分钟呼吸 12~20 次。呼吸次数增多，常见于急性、热性病，呼吸系统疾病，贫血及腹压升高等；呼吸次数减少，主要见于一些中毒、代谢障碍等疾病。

3. 触诊

（1）触诊方法

用手感触被检查的部位，并用力压，以便确定被检查的局部或各器官组织是否正常。

（2）触诊项目

①皮肤检查。主要检查皮肤的弹性、温度，有无肿胀和伤口等。羊的营养状态不好，皮肤弹性消失。

②体温。用手触摸羊耳朵或将手伸进羊嘴里握住舌头，检查有无发烧。若体温升高，多见于传染病；若体温下降，则多见于营养代谢病或重症疾病的中后期。

③脉搏。注意每分钟脉搏跳动的次数和强弱等。羊的脉搏检查部位为后肢股内侧动脉，健康羊脉搏为70~80次/分。脉搏增快多见于热性疾病或贫血；脉搏变慢，多见于重病的中后期。

④体表淋巴结。主要检查颌下、肩前、膝下和乳房上淋巴结。当羊发生结核病、伪结核棒状杆菌病、链球菌病时，体表淋巴结往往肿大。

4. 叩诊

叩诊是根据叩打羊只体表所产生声音的性质来判断被检组织器官的状态。

羊叩诊的方法是左手食指或中指平放在检查部位，右手中指第二指节弯曲成直角，然后敲打左手食指或中指第二指节。

叩诊的声音有清音、浊音、半浊音、鼓音。清音为叩诊健康羊胸廓所发出的持续、高而清的声音。浊音为健康状态下叩诊臀及肩部肌肉时发出的声音。当羊的胸腔积聚大量渗出液时，叩打胸壁会发出水平浊音。半浊音为介于浊音和清音的一种声音。羊患支气管肺炎时，肺泡含气量减少，叩诊时发出半浊音。鼓音，为叩打健康羊左侧瘤胃时发出的声音。若瘤胃臌气，则鼓音增强。

5. 听诊

利用听诊器来判断羊体内的声音是否正常。最常见的听诊部位是胸部（心脏、肺脏）和腹部（胃、肠）。听诊的方法分直接听诊和间接听诊两种。听诊需要在安静的地方进行，免受外界杂音的干扰。

（1）心脏听诊

在心脏部可听到有节律的“嗵”“嗒”交替出现的音响。“嗵”音为第一心音，即心脏收缩时产生的声音，特点是低、钝、间隔时间短；“嗒”音为第二心音，即心脏舒张时产生的声音，特点是高、锐、间隔时间长。第一心音和第二心音增强，见于热性病的初期；第一心音和第二心音减弱，见于心脏功能障碍的后期或渗出性胸膜炎、心包炎；第一心音增强，并伴有明显的心搏动增强和第二心音减弱，主要见于心脏衰弱的后期；第二心音增强，见于肺气肿、肺水肿、肾炎等；如在正常心音外听到其他杂音，多见于心脏瓣膜疾病、创伤性心包炎、胸膜炎等。

（2）肺脏听诊

①肺泡呼吸音。健康羊吸气和呼气时从肺部可听到轻重不同的“呼”的声音，称为肺泡呼吸音。肺泡呼吸音过强，多见于支气管炎；肺泡呼吸音过弱，多见于

肺泡肿胀、肺泡气肿、渗出性胸膜炎等。

②支气管呼吸音。空气通过喉头狭窄部所发生的声音，类似“赫”的声音。如果在肺部听到该声音，多为肺炎的肝变期，见于羊传染性胸膜肺炎等。

③啰音。伴随呼吸而出现的附加音响，是一种重要的病理特征。按其渗出物性质分为干啰音和湿啰音。干啰音甚为复杂，有咝咝声、笛声、口哨声及猫叫声等，多见于慢性支气管炎、慢性肺气肿、肺结核等。湿啰音似含漱音、沸腾音或水泡破裂音，多见于肺水肿、肺脏充血、肺脏出血、慢性肺炎等。

④捻发音。多发生于慢性肺炎、肺气肿等。

⑤摩擦音。包括胸膜摩擦音和心包摩擦音两种。胸膜摩擦音是由于肺脏与胸膜之间摩擦所致，多见于纤维素性胸膜炎、肺结核等；心包摩擦音多见于纤维素性心包炎。

（3）腹部听诊

主要听腹部胃肠蠕动的声音。健康羊于左腹部可听到瘤胃蠕动音，呈逐渐增强又逐渐减弱的沙沙声，每 2 分钟可听到 3~6 次。羊患前胃弛缓或热性疾病时，瘤胃蠕动音减弱或消失。羊的肠音类似流水声或漱口声，正常时较弱。肠炎初期，表现肠音亢进；便秘时，肠音消失。

6. 嗅诊

兽医人员用鼻子来嗅闻羊的排泄物气味、分泌物气味、呼出气体味道、口腔内气味以及瘤胃内容物气味等。羊患酮病时，呼出的气体以及尿、乳中均有明显的烂苹果味；患尿毒症时，呼出的气体带尿味；患胃肠炎时粪便有腥臭味或酸臭味；有机磷中毒时呼出气体及瘤胃内容物有大蒜味。

7. 羊系统解剖检查

羊的解剖检查是对羊体内的各系统进行全面检查，尽可能不遗漏任何一个病变组织。具体包括被毛系统、五官、呼吸系统、消化系统、循环系统、泌尿生殖系统等。

（1）被毛系统检查

看皮肤上的被毛是否完整。若不完整、易脱落，要考虑羊疥螨病或羊痒螨病或山羊蠕形螨病。看被毛有无光泽。若被毛粗乱且干黄，那么要考虑体内可能存在寄生虫或营养缺乏或被毛上可能存在蜱、虱等体外寄生虫。皮肤上长小疙瘩，要考虑长山羊痘或绵羊痘；皮肤上长小脓包要考虑羊伪结核棒状杆菌病或化脓创；皮肤上长瘤状物，多为良性皮肤瘤。此外，还要检查皮肤上的体表淋巴结，看有无肿胀、结核、化脓等病变。

（2）五官检查

五官检查包括耳、眼、口腔、鼻孔、头部检查。

在耳朵上要认真看看有无蜱类寄生或痘状增生等。

眼睛要看眼结膜和眼球两部分。正常的羊眼结膜为淡红色。眼结膜苍白，为贫血标志，可见于各种出血性疾病和慢性消耗性疾病（如体内外寄生虫）；眼结膜黄疸，见于溶血性疾病或肝脏疾病；眼结膜发红，见于局部炎症或热性疾病；结膜发绀，多见于中毒疾病或循环系统疾病；眼球变白，多见于羊传染性角膜炎或衣原体病；眼角脓性分泌物增多，除了眼睛局部炎症外，与羊的上呼吸道炎症以及羊传染性胸膜肺炎也有关。

口腔的检查要看看口腔黏膜、牙龈、舌头情况。口腔黏膜有溃疡或溃烂斑，怀疑患口蹄疫、口炎或小反刍兽疫。嘴角或嘴唇有炎症、化脓并有肉芽增生，要考虑羊传染性脓疱。羊舌头上长疙瘩要考虑山羊痘。舌头黏膜溃烂，可能患羊口蹄疫或小反刍兽疫。

鼻孔检查要看看鼻孔周围有无分泌物流出。流出脓性分泌物，多见于羊传染性胸膜肺炎或严重的肺炎。流出卡他性分泌物，多见于羊普通感冒或鼻炎或山羊鼻腺瘤。此外，鼻腔检查还要看看有无寄生虫存在，如是否患羊鼻蝇蛆病。

头部检查除了检查头部皮肤外，还要检查颅内有无脑多头蚴病。

（3）呼吸系统检查

主要检查羊的上呼吸道和肺部。上呼吸道和肺部患有化脓性或腐败性炎症时，呼出的气体有难闻的腐败气味；患有酮血症时，呼出气体有烂苹果味。上呼吸道有脓性分泌物或卡他性分泌物，要考虑病羊是否患感冒、支气管肺炎、传染性胸膜肺炎及山羊鼻腺瘤等疾病。肺脏出现肉样病变，要考虑羊传染性胸膜肺炎；肺脏肿大、水肿并呈紫红色，并有小出血点，或出现不同程度的肉样病变、肺脏与胸膜粘连、肺脏表面有干酪样渗出物，要考虑羊巴氏杆菌病或异物性肺炎；肺脏膨胀和气肿，表面隆起呈灰白色，触诊有些硬感，切开支气管时可见白色丝状虫体，那么要考虑羊肺线虫病；肺脏表面有出血点，要考虑羊中毒、链球菌病等疾病。

（4）消化系统检查

口腔检查，看看有无损伤或水疱、疱疹、溃烂等情况，若有则要怀疑羊口炎、口蹄疫、羊痘、传染性脓疱、小反刍兽疫等疾病。咽部检查要注意有无肿大发炎，若有则要考虑咽炎、结核病等。食道检查看看有无块状食物（如地瓜等）阻塞。

瘤胃检查要仔细观察如下几个方面：瘤胃黏膜脱落情况，如容易脱落，那么要考虑农药中毒或死亡时间较早；瘤胃黏膜上有无寄生虫附着。瘤胃内有无塑料袋等异物阻塞，内容物有无大蒜味或农药味。网胃检查要看看有无铁钉、铁线等异物。瓣胃检查看看是否变硬，内容物是否变干，若有就要考虑瓣胃阻塞。皱胃检查要看看内容物有无粉红色丝状虫体（捻转血矛线虫或毛圆线虫）或胃壁有无炎症、出血、水肿、溃疡灶（羔羊痢疾）以及痘状结节（山羊痘）。皱胃壁若有大面积出血斑，要考虑羊快疫或小反刍兽疫。

肝脏检查，看看有无出血点（有无中毒、败血症）、肝脏硬化、表面凹凸不平（有无片形吸虫病）、肝脏黄染（有无中毒、钩状螺旋体病）、胆囊肿大（有无传染病或双腔吸虫病）、胆囊内有无寄生虫寄生。

肠管病变较多，如肠内容物较稀，则要考虑羊胃肠炎、梭菌性疾病、大肠杆菌病、沙门菌病、列叶吸虫病、球虫病；小肠和大肠内容物，看看有无羊常见的肠道线虫（如羊鞭虫、食道口线虫、仰口线虫）、绦虫（如莫尼茨绦虫、曲子宫绦虫）、球虫等。此外，还要认真看看肠道有无肠扭转或肠套叠、肠臌气、肠壁坏死等内科普通病。

（5）羊循环系统疾病检查

首先要看看羊的血液是否稀薄（有无寄生虫病、缺乏营养等）、有无溶血性疾病（有无蕨中毒、附红细胞体病、巴贝斯虫病等）。此外，看看羊的心脏有无肿大及心肌有无条状或斑块状坏死（有无白肌病、口蹄疫）。

（6）羊泌尿生殖系统检查

看看肾脏状况。肾脏肿大，多见于羊传染病；质地较软，见于羊肠毒血症；有波动感，切开有尿液或脓液，多见于肾盂肾炎或化脓性肾炎；肾脏变硬、肿大、表面不平，多见于羊结核病。膀胱内尿液为暗红色或鲜红色，见于羊血尿症、巴贝斯虫病或附红细胞体病、蕨中毒、亚硝酸盐中毒、肾脏损伤等。此外，看看母羊有无子宫肿大（有无化脓性子宫炎）、阴道脓性分泌物（有无阴道炎），公羊有无阴囊肿大（有无布氏杆菌病）等病症。

（二）实验室诊断

1. 羊粪便虫卵检查

供检查的粪便必须新鲜、未被污染，也可以直接从羊的直肠内采集。具体有直接涂片检查、虫卵漂浮检查、虫卵沉淀检查等。

（1）直接涂片检查

在洁净的载玻片上滴 1~2 滴水，再刮取少量的新鲜羊粪与水混合，剔去粪渣后形成混悬液（要求涂面不能太厚），再盖以盖玻片，在显微镜下检查虫卵。此方法操作简便，检出率相对较低，要多看几个视野。

（2）虫卵漂浮检查

取新鲜粪便 5~10 克放在烧杯中，加 100 毫升饱和氯化钠，用玻棒搅匀再用

60 目（孔径 0.2 毫米）铜筛过滤。滤液在烧杯中或试管内静置 30 分钟后，用接种环或玻棒蘸取表面液膜并将它抖落在载玻片上，盖上盖玻片在显微镜下进行虫卵检查。本方法主要用于线虫、球虫和绦虫的虫卵检查。

（3）虫卵沉淀检查

取新鲜粪便 5~10 克放在烧杯中，加 100 毫升水后用玻棒搅匀粪球使之成为混悬液，再用 60 目（孔径 0.2 毫米）铜筛过滤到另一个烧杯中。滤液静置 10~15 分钟后弃掉上清液再加清水搅拌静置，如此反复 3~4 次，直到上层液体变透明为止。最后取少量沉渣滴于载玻片上，再用显微镜进行虫卵检查。本方法多用于吸虫的虫卵检查。

（4）虫卵计数

本方法主要用于评价羊感染寄生虫的强度及判断驱虫后的驱虫效果。常见的有斯陶尔法和麦克马斯特法。其中，斯陶尔法是用小的特制球状烧瓶，在瓶内的下颈部刻有两个刻度，下面的刻度表示内容量为 56 毫升，上面的刻度表示内容量为 60 毫升。计数时加入 0.1% 的氢氧化钠溶液至 56 毫升处，再加入待捣碎的粪便（加入粪便约 4 克），使液面达 60 毫升刻度处。然后加入 10 多个玻璃小球，充分振荡，使粪便搅拌均匀。若粪渣较多要经过滤处理，然后用 0.5~1 毫升的吸管吸取混悬液 0.15 毫升于载玻片上，并盖以盖玻片（若盖玻片较小，可分 2~3 处计数），在显微镜下观察。根据 0.15 毫升混悬液看到的虫卵总数乘以 100，即为每克粪便中的虫卵数。麦克马斯特法是取 2 克粪便加入装有玻璃球的小瓶内，加饱和氯化钠 58 毫升，充分振荡后，用 60 目（孔径 0.2 毫米）铜筛过滤后，吸出少量混悬液滴入麦克马斯特计数板，置于显微镜上，用低倍镜将 2 个计数板内见到的虫卵全部数完，并取平均值乘以 200，即为每克粪便中的虫卵数。片形吸虫卵计数要采用特殊方法。

2. 细菌检查

（1）细菌镜检

首先用采集的病料（血液或体液等）在洁净的载玻片上直接涂片或推片或触片，待自行干燥或烤干后选择适当的染色液进行染色。常见的染色方法有瑞氏染色法、姬姆萨染色法、革兰染色法等。镜检一般在油镜（放大 1000 倍）下观察有无细菌或观察细菌的形态。

（2）细菌分离培养及鉴定

首先把所采集的病料经无菌操作接种到普通培养基或特殊培养基上，在 37℃恒温培养箱中培养 24~48 小时（有些细菌还要厌氧培养），观察有无细菌生长并观察菌落形态特征以及是否溶血等。同时还要挑取典型菌落进行涂片、染色、镜检，观察细菌形态和染色特点，看看是否与病料镜检细菌一致。此外，必要时还需对细菌进行有关的生化试验和动物试验，以确定细菌的种类。

（3）药敏试验

将分离出来的细菌接种到培养基上，并贴上常用的抗生素药敏片，在培养箱中继续培养 24 小时。24 小时后根据培养皿中各种抗生素药敏片周围抑菌圈的大小来筛选最敏感的抗生素药物。一般来说，抑菌圈直径超过 20 毫米为高敏药物，16~20 毫米为中敏药物，10~15 毫米为低敏药物，低于 10 毫米为耐药。使用高敏或中敏药物来治疗细菌性疾病可获得比较理想的治疗效果，但前提是所分离的细菌为本病的主要致病菌，而并非杂菌或污染菌，同时致病菌必须是单纯的细菌，而非细菌、病毒混合感染。

3. 病毒分离培养

由于病毒一般不能在培养基中生长，只能在细胞内复制，所以病毒的分离培养通常采用鸡胚分离培养、细胞分离培养以及动物接种三种方法。

（1）鸡胚分离培养

取 9~12 胚龄的鸡胚，在尿囊腔或绒毛尿囊膜内等部位接种处理好的病料，接种病料后的鸡胚在培养箱继续培养。2~5 天内观察鸡胚是否死亡、病变，并取胚液进行有关病毒试验。

（2）细胞分离培养

把病毒接种到无特定病原的动物肾细胞或睾丸细胞上，经过 1~5 天培养，观察培养细胞是否出现聚集成丛、融合、空泡等病变。

（3）动物接种

把病毒接种到具易感性且健康无病的试验动物体内。接种后观察动物的发病情况、病变以及测定血清中抗体的水平变化。动物接种需要在特定的动物实验房内进行，并做好排泄物及环境的消毒工作。

4. 血清学试验

近年来，随着生物技术的快速发展，血清学诊断方法在羊病诊断、抗体检测等方面得到广泛的应用。血清学试验包括凝集反应（如羊布氏杆菌病平板凝集试验）、沉淀试验（如羊关节炎－脑炎病毒琼脂扩散试验）、中和试验、免疫荧光试验、酶联免疫吸附试验等。

5. 其他诊断方法

除了常见的羊粪便虫卵检查、细菌检查、病毒分离培养、血清学试验外，羊病的诊断还可以使用变态反应、单克隆抗体技术，以及聚合酶链反应试验等诊断技术，其中聚合酶链反应试验已广泛应用于羊病毒性疾病的诊断。

三、羊病治疗技术

（一）保定

在给羊只检查、灌药时，需予以适当的保定。羊体格小，性情温顺，比较容易保定。常用徒手保定法，具体做法是骑跨在羊身上，用两腿夹住羊的前胸部，一只手抓住羊角，另一手托住羊的下颌。

（二）注射

注射是常用的一种治疗方法，是将无菌的液体药物，用注射器注入羊体内。注射方式有皮下注射、肌内注射、静脉注射、气管注射、瘤胃穿刺术、皮内注射等。注射前，注意注射器和针头清洁及消毒。

1. 皮下注射

皮下注射是把药液注射到羊的皮肤和肌肉之间。羊的皮下注射部位选择皮肤疏松的部位，如颈部两侧、后肢内侧等。用一只手提起注射部位的皮肤，另一只手持已吸好药液的注射器，以倾斜 40° 的角度刺入皮肤下方，回抽针管不回血即可注入药物。注射前后，注射部位要用酒精或碘酊棉球消毒。

2. 肌内注射

肌内注射是将药液注入肌肉较多的部位。羊的肌内注射部位选择肌肉丰满的部位，如肩前颈部或两侧臀部。将注射部位剪毛、消毒，然后将药液吸入注射器，排完空气，将针头垂直刺入肌肉，抽动针管不见回血即可注入。注射完毕后再次消毒，并予以压迫止血。

3. 静脉注射

将药液直接注射到静脉内，使药液随血液很快分布全身，迅速发生药效。羊的静脉注射部位在颈静脉（最好在颈静脉沟上 1/3 处）。注入方法是：先用左手按压静脉靠近心脏的一端，使其怒张；右手持注射器，将针头向上刺入静脉内，如有血液回流，则表示已刺入静脉内，此时用右手推动活塞，将药液注入；药液注射完毕后，左手按其刺入处，右手拔针，接着用碘酒消毒。如药量大，可使用静脉输液器，其注射方法是：先将针头刺入静脉，再接上静脉输液器。注意药液输入静脉时，绝对不能含有气泡；根据不同药物特点，掌握好输液速度。

4. 气管注射

将药液直接注入气管内。注射时，多取侧卧保定，且头高臀低，将针头穿过气管软骨环之间，垂直刺入，摇动针头。若感觉针头确已进入气管，接上注射器，抽动活塞，可见气泡，此时可将药液缓缓注入。如欲使药液流入两侧肺脏中，第二次注射时须将羊翻转，卧于另一侧。本法主要用于治疗气管、支气管和肺部疾病，也常用于肺部驱虫。

5. 瘤胃穿刺术

当羊发生瘤胃臌气时，可采用本法。穿刺部位是左肷窝中央臌气最高的部位。其方法是：局部剪毛，碘酒消毒，将皮肤稍向上移；将套管针或普通针头垂直或朝右侧肘关节方向刺入皮肤或瘤胃壁，气体即从针头排出；拔出针头，碘酒消毒即可。必要时可从套管针孔注入防腐剂或消毒剂。

（三）投药

根据药物的剂型、剂量及有无刺激性和病情的不同，选择不同的投药方法。

1. 内服法

（1）自行采食法

多用于大群羊的预防性治疗或驱虫。将药物按一定的比例拌入饲料或饮水中，任羊自行采食或饮用。羊大量用药时，最好先做小群的毒性试验和药效试验。

（2）长颈瓶给药法

将药液导入细口长颈的玻璃瓶、胶皮瓶，抬高羊的嘴巴，给药者右手拿药瓶，左手食指和中指自羊口角伸入羊的口中并轻轻压迫舌头，羊口即张开。然后将药瓶口从左口角伸入羊口中，并将左手抽出，待瓶口伸入舌头根部时抬高瓶底，将药液灌入。

2. 灌肠法

灌肠法是将药物配成液体，直接灌入直肠内。一般用小橡皮管灌肠。先将羊直肠内的粪便排出，然后在橡皮管前端涂抹凡士林，将其插入直肠内，接着把橡皮管内的盛药部位提高到超过羊的背部，药液即进入直肠内。灌肠完毕，拔出橡皮管，用手压在肛门或拍打尾根部，以防药物排出。注意药液温度应与体温一致。

3. 胃管法

给羊插入胃管进行投药，有经鼻腔插入和经口腔插入两种方法。无论采用哪一种方法投药，都需细心、耐心、认真，切勿将药物灌入羊的气管内。

（1）经鼻腔插入

先将胃管插入鼻孔，沿下鼻道慢慢送入，达到咽部时有阻挡感觉，待羊进行吞咽动作时趁机将胃管送入食道。如羊没有吞咽动作，可轻轻来回抽动胃管，诱其吞咽。胃管通过咽部后，如已进入食道，继续深送会感到稍有阻力，这时要用力向胃管内吹气。此时如见左侧颈沟有起伏，表示胃管已送入食道。如胃管误入气管，多数羊表现不安、咳嗽，此时继续深送，毫无阻力，向胃管吹气，左侧颈沟也看不到搏动，用手在左侧颈沟胸腔入口处摸不到胃管，同时胃管末端有与呼吸一致的气流出现。对此，应将胃管抽出，重新插入。如胃管已入食道，继续深送，即可到达胃内，此时从胃管内排出酸臭气味，将胃管放低则流出胃内容物。

（2）经口腔插入

用绳将开口器固定在羊头部，将胃管通过开口器的中间孔，沿上腭直接插入咽部，借羊吞咽动作使胃管进入食道，接着继续深送，胃管即可到达胃内。确认胃管正确插入后，即可接上漏斗灌药。药液灌完后，再灌入少量清水，然后取掉漏斗，往胃管内吹气，使胃管内残留的液体完全入胃。最后折叠胃管，慢慢抽出。此法适用于灌服大量水剂及有刺激性的药液。患有咽炎、咽喉炎和咳嗽严重的病羊，不可用此法。

（四）药浴

为了预防和治疗羊的体外寄生虫，如羊疥螨、羊虱等，常须在寄生虫活动的季节（如夏末、秋初）进行药浴。如果某些病羊需要在冬季进行药浴，一定要注意做好保暖措施。

①药液的配置。目前羊常用于药浴的药物有溴氰菊酯、三氯杀螨醇、辛硫磷等，用自来水将药物配成适宜的浓度，并通过加热使药浴液的温度保持在20~30℃。

②药浴的方法。包括池浴法、淋浴法和盆浴法。池浴法和淋浴法主要用于具有一定规模的养殖场，而盆浴法主要用于养殖规模较小的专业户。

③遵循原则。药浴要在晴朗温暖的天气进行。大规模药浴前，要先进行小群试浴。药浴时，工作人员需要佩戴口罩和橡皮手套，以防止中毒。

四、羊病毒性传染病诊治

（一）羊小反刍兽疫

羊小反刍兽疫是由小反刍兽疫病毒引起的羊急性、烈性、接触性传染病，又称羊瘟。主要感染山羊、绵羊及一些野生小反刍动物，临床症状以发热、口炎、腹泻、肺炎为特征，被列为必须通报的一类动物疫病。

1. 病原

本病病原为小反刍兽疫病毒，属于副黏病毒科麻疹病毒属。小反刍兽疫病毒只有 1 个血清型。病毒颗粒呈多形性，多为圆形或椭圆形，直径 130~390 纳米。对酒精、乙醚和一些去垢剂敏感，4℃时在乙醚中经 12 小时可将其灭活。大多数化学消毒剂如酚类、2% 氢氧化钠等作用 24 小时也可以将其灭活。

2. 流行特点

传染源主要为患病动物和隐性感染动物，处于亚临床状态的病羊尤其危险。病畜的分泌物和排泄物是主要的传染源。可以直接或间接接触方式传播，其中以呼吸道为其主要感染途径。病毒也可经人工授精及胚胎移植传播。主要感染山羊、绵羊、野羊等小反刍兽，但不同品种的羊敏感性有所差别，通常山羊比绵羊更易感。猪和牛也可感染，但通常无临床症状。本病一年四季均可发生，在多雨季节和干燥寒冷季节多发。

3. 临床症状

在临床上可分为急性型和慢性型。急性型多为急性发作，潜伏期 4~5 天，病羊体温升高至 41℃，烦躁不安，食欲减退，精神沉郁（图 4–1），鼻流浆液性或脓性分泌物（图 4–2，图 4–3），并有咳嗽等症状。口腔黏膜可见大面积坏死，有的口腔流白沫（图 4–4），有的出现严重的卡他性结膜炎（图 4–5），并导致眼睑粘连（图 4–6）。羊群出现非出血性顽固性腹泻（图 4–7）、脱水，用一般的抗生素和磺胺类药物治疗均无效果。怀孕母羊出现大面积流产（图 4–8）。病程持续 5~10 天。本病在羊群中传播迅速，发病率可达 100%，死亡率 30%~80%。

慢性型多为急性型的后期，病程可持续 15~30 天，病羊表现流鼻涕、顽固性腹泻或间歇性腹泻，消瘦衰竭，死亡率相对较低。

图 4–1　小反刍兽疫症状（精神沉郁）

图 4–2　小反刍兽疫症状(鼻流浆液性分泌物)

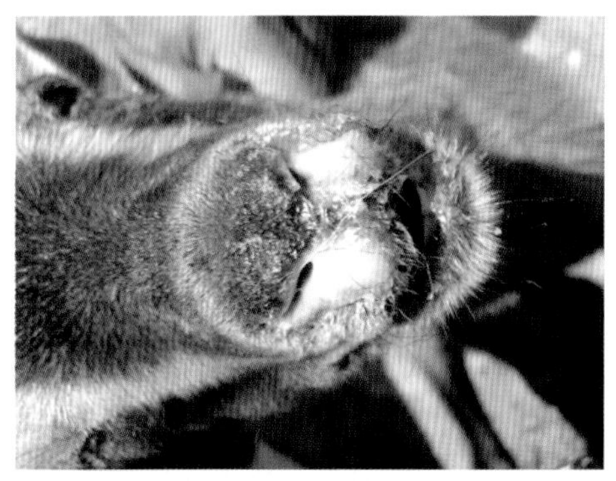

图 4–3　小反刍兽疫症状（鼻流脓性分泌物）

图 4–4　小反刍兽疫症状（口腔流白沫）

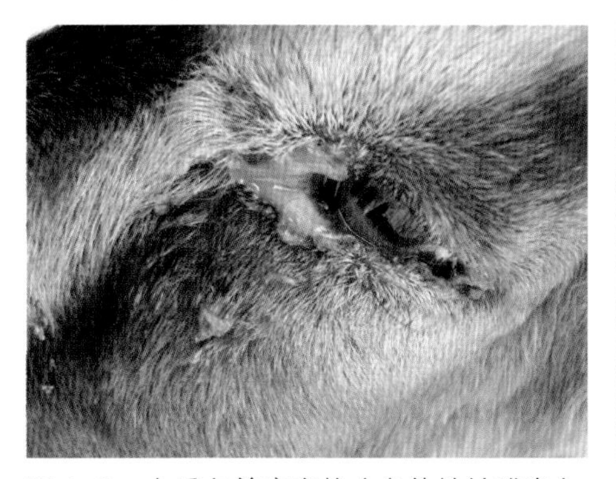

图 4–5　小反刍兽疫症状（卡他性结膜炎）

图 4–6　小反刍兽疫症状（眼睑粘连）

图 4-7 小反刍兽疫症状（顽固性腹泻）

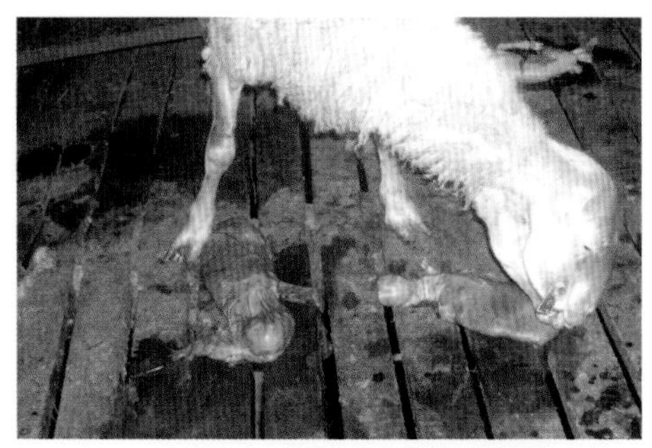
图 4-8 小反刍兽疫症状（母羊大面积流产）

4. 病理变化

病死羊口腔黏膜糜烂坏死（图 4-9），黏膜表面形成一层灰白色坏死假膜，齿龈糜烂、坏死、出血（图 4-10，图 4-11）；鼻甲骨出血严重（图 4-12），喉头、气管有出血斑，肺脏出现支气管肺炎或局灶性肺炎（图 4-13）；皱胃黏膜出现出血或糜烂病变（图 4-14），但瘤胃、网胃、瓣胃则很少出现病变，有时在皱胃的浆膜层也有出血斑（图 4-15）；小肠和大肠的浆膜层有时有出血斑，肠内黏膜糜烂、出血，在结肠和直肠结合处黏膜出现特征性线状出血或斑马样条纹（图 4-16）。淋巴结肿大，脾脏肿大并有坏死性病变。肝脏、胆囊肿大（图 4-17）。此外，个别有结膜炎病变。

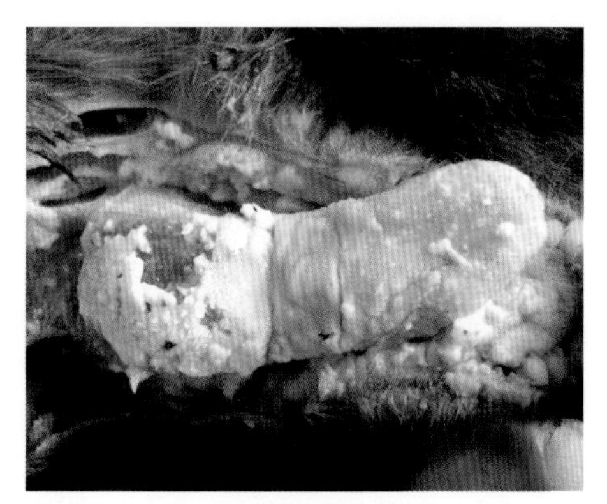
图 4-9 小反刍兽疫病理变化（口腔黏膜糜烂坏死）

图 4-10 小反刍兽疫病理变化（齿龈糜烂、坏死、出血）

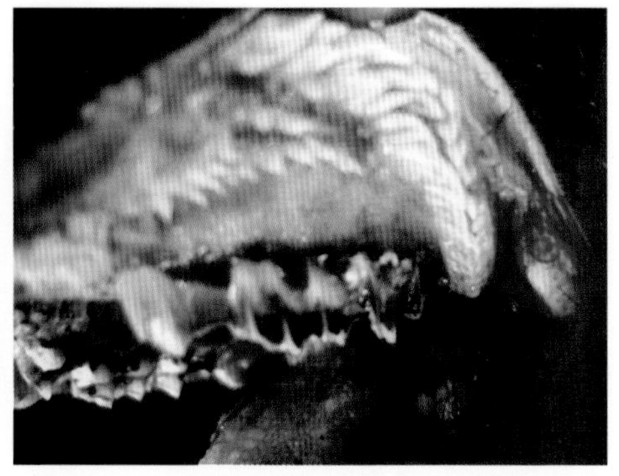
图 4-11 小反刍兽疫病理变化（齿龈出血）

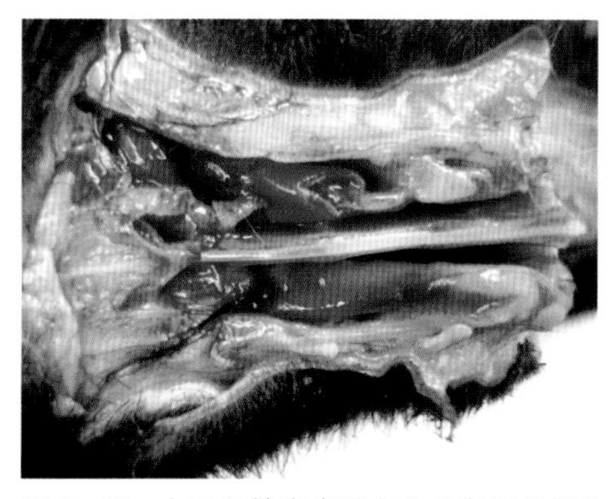

图 4-12　小反刍兽疫病理变化（鼻甲骨出血严重）

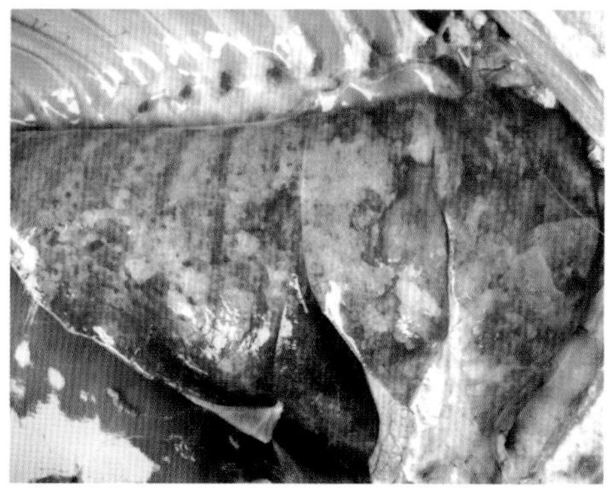

图 4-13　小反刍兽疫病理变化（肺脏局灶性肺炎）

图 4-14　小反刍兽疫病理变化（皱胃黏膜出血）

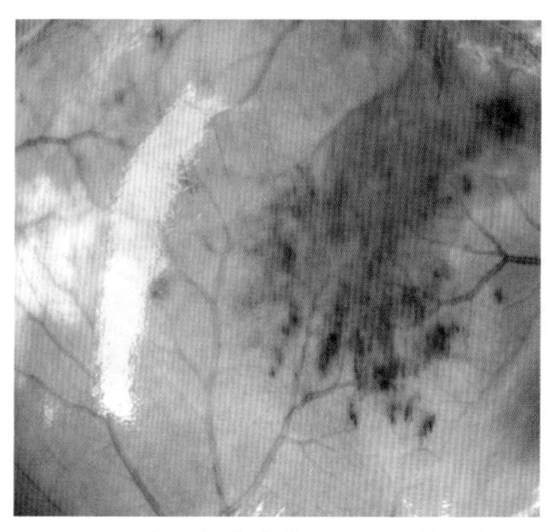

图 4-15　小反刍兽疫病理变化（皱胃浆膜层出血斑）

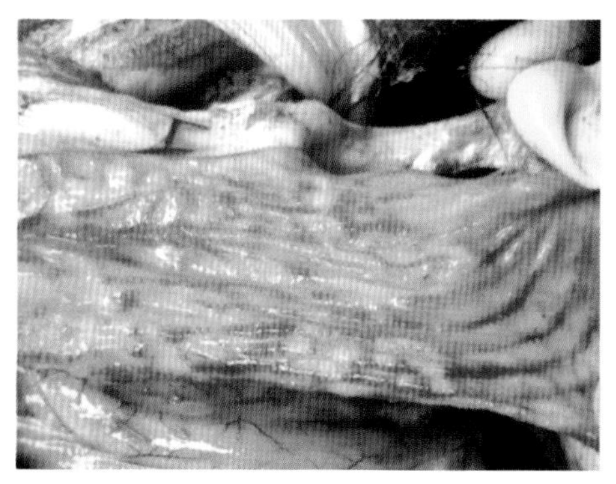

图 4-16　小反刍兽疫病理变化（大肠黏膜线状出血）

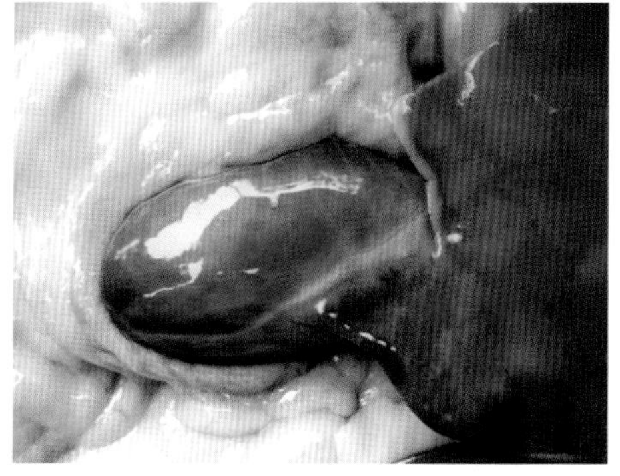

图 4-17　小反刍兽疫病理变化(胆囊肿大)

5. 诊断

根据流行病学、临床症状、病理变化和组织学特征可做出初步诊断。结合病毒分离培养、中和试验、酶联免疫吸附试验和聚合酶链反应试验结果可确诊。

6. 防制

目前，我国部分地区发生过本病。对有发生过本病的地区要对易感羊群接种牛瘟活疫苗（兔源）进行强制免疫，每年 1~2 次，并做好隔离消毒措施。对于没有发生过本病的地区则采取严格的隔离措施，提倡自繁自养，加强检疫检验，不到疫区引种羊。

本病属于一类传染病。任何单位或个人发现疑似疫情时，应立即向当地兽医主管部门报告，并按照《小反刍兽疫防治技术规范和应急预案》要求采取隔离等措施。一旦确诊，坚决扑杀，彻底消毒，严格封锁，防止扩散。同时对疫区内其他假定健康羊群以及受威胁羊群采用疫苗紧急接种。

（二）羊痘

羊痘是由羊痘病毒引起的绵羊或山羊急性、热性、接触性传染病，临床症状以皮肤、黏膜和内脏上形成痘疹为特征，被列为必须通报的一类动物疫病。

1. 病原

绵羊痘病毒和山羊痘病毒均属痘病毒科山羊痘病毒属。两者大小形态结构相近，只有血清学上的差异。病毒颗粒呈椭圆形或砖形，大小约为 167 纳米 ×292 纳米。表面有短管状物覆盖，病毒核心两面凹陷呈盘状。病毒在易感细胞的胞浆内复制，形成嗜酸性包涵体。

2. 流行特点

绵羊痘病毒只感染绵羊，山羊痘病毒只感染山羊。各日龄的羊只均可发生，但羔羊较成年羊易感。一年四季均可发生，其中以秋冬季节多发。本病主要通过呼吸道传播，也可经受损的皮肤、黏膜而感染。饲养管理不良等因素可促进本病发生和病情加剧。

3. 临床症状

病羊体温升高到 41~42℃，精神不振，不吃草料，眼结膜潮红，鼻孔流出浆液性或脓性分泌物（图 4–18）。经 1~4 天后全身皮肤，尤其头部、外生殖器、四肢、乳房皮肤及尾内侧皮肤，相继出现一些红斑和丘疹（图 4–19 至图 4–22），或皮肤增厚（图 4–23），严重时可形成水疱和脓疱，最后结痂。本病的传播速度很快，易形成地方流行性，发病率达 100%，死亡率达 50%~70%，死亡率高低与羊群的饲养管理好坏有密切关系。怀孕母羊有时会出现流产现象。

图 4-18　羊痘症状（鼻流浆液性分泌物）

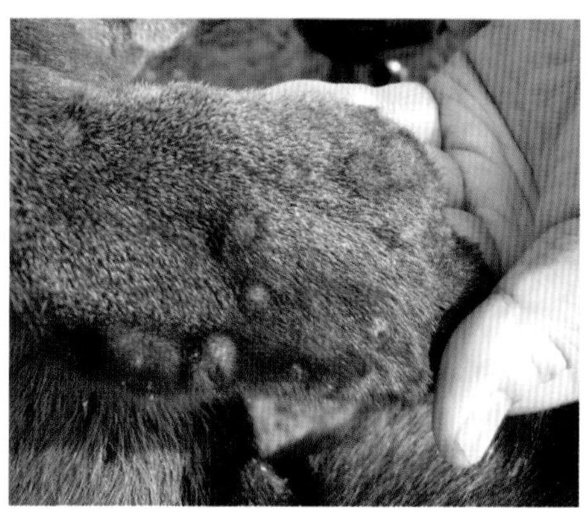

图 4-19　羊痘症状（耳朵皮肤丘疹）

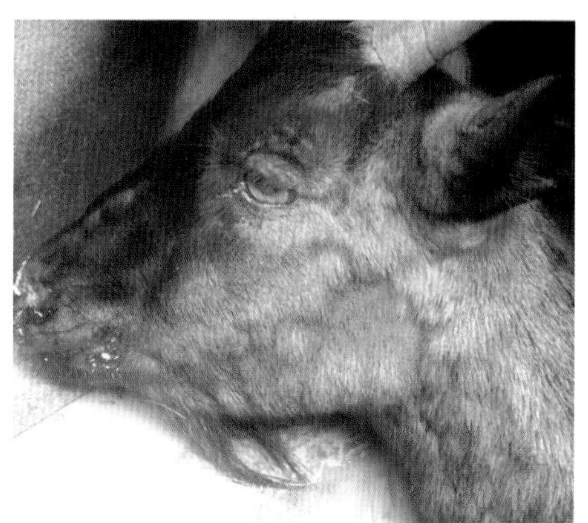

图 4-20　羊痘症状（头部皮肤丘疹）

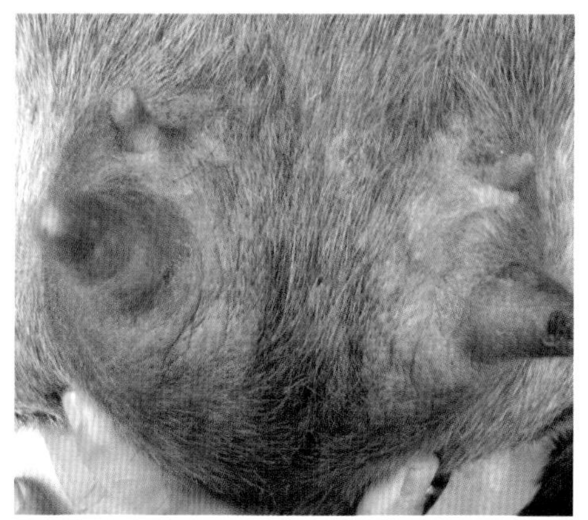

图 4-21　羊痘症状（乳房皮肤红斑）

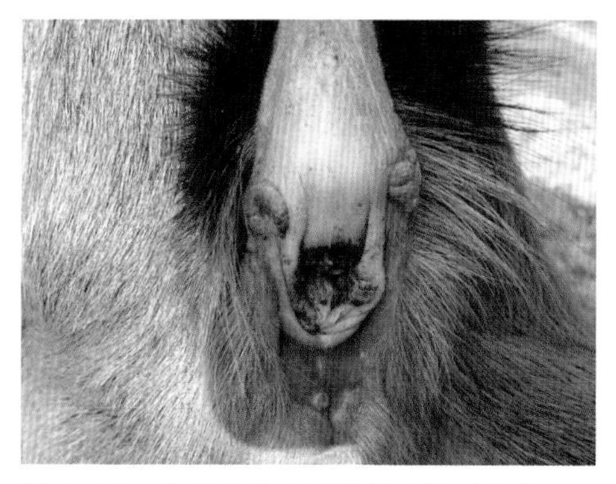

图 4-22　羊痘症状（尾内侧皮肤丘疹）

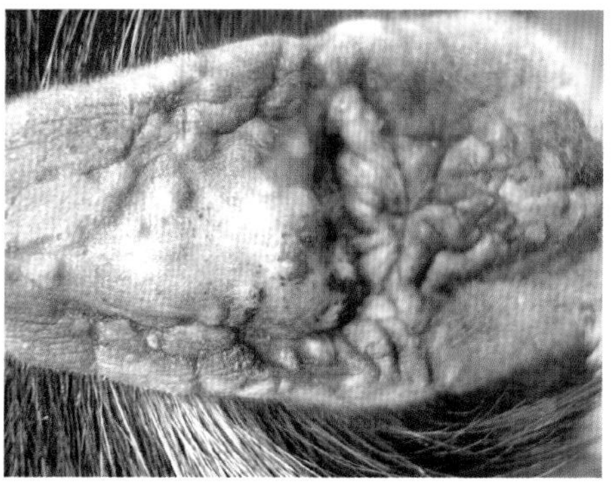

图 4-23　羊痘症状（尾内侧皮肤增厚）

4. 病理变化

剖检可见全身皮肤和口腔黏膜出现豆状红疹，此外咽部和支气管也可见到痘疹。肺部易并发感染肺炎病变。在前胃和皱胃黏膜可见大小不等的圆形结节（图 4–24），有时这些结节会融合一起形成糜烂性溃疡斑。

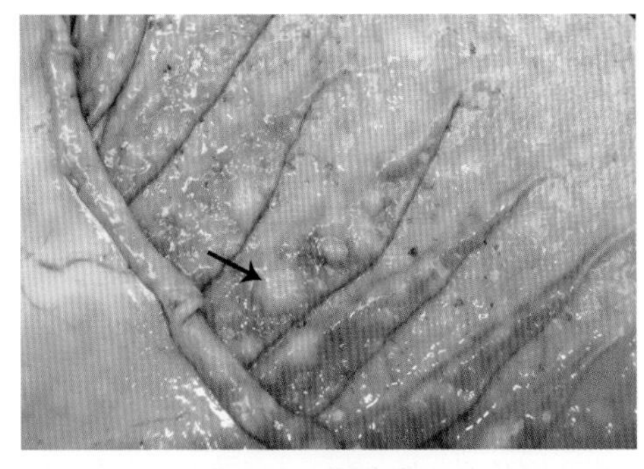
图 4–24　羊痘症状（皱胃黏膜圆形结节）

5. 诊断

除了临床诊断外，还可通过鸡胚接种观察病变，或通过血清学试验及聚合酶链反应试验予以诊断。在临床上本病还需与羊传染性脓疱、小反刍兽疫等鉴别诊断。

6. 防制

本病的预防主要通过定期接种羊痘活疫苗（山羊采用山羊痘活疫苗，绵羊采用绵羊痘活疫苗）。每年接种 1~2 次（重胎母羊要延迟接种），接种时选择在尾根皮内或皮下接种。除此之外，还要做好羊群的定期消毒、病羊隔离，采用自繁自养生产方式等一般性预防措施。

本病属于一类传染病，按规定需对病羊采取扑杀和无害化处理，治疗效果较差。对比较贵重的种羊，在做好羊舍和环境消毒、防止疫情扩散等相关措施的前提下，也可采取紧急免疫和一些对症治疗（如退热、消炎）、抗病毒及局部消毒处理等治疗措施。对周围受威胁的羊群或假定健康羊群要紧急免疫羊痘活疫苗。

（三）羊口蹄疫

羊口蹄疫是由口蹄疫病毒引起的羊急性、热性、高度接触性传染性病。临床症状以跛行及蹄冠、齿龈出现水疱和溃烂为主要特征，被列为必须通报的一类动物疫病。

1. 病原

本病病原为口蹄疫病毒，属于小 RNA 病毒科口蹄疫病毒属，共有 A、O、C、亚洲 I 型和南非型（SAT–1、SAT–2 和 SAT–3）7 个血清型。病毒颗粒呈球形，无囊膜，直径 28~30 纳米。病毒结构模式中心为紧密 RNA，外裹一层衣壳（约 5 纳米），呈 20 面体，由 4 种结构蛋白组成的 60 个不对称亚单位构成。病毒对含碘、氯及酸性消毒药敏感。

2. 流行特点

口蹄疫病毒有多种血清型，其中威胁山羊和绵羊的主要是亚洲 I 型和 O 型。本病对多数偶蹄兽均有易感性，其中牛最易感，其次是绵羊和山羊。一年四季中以冬春季节较易发。主要通过接触传播或空气传播，传染速度很快，易形成地方流行性。

3. 临床症状

病羊的舌头、口腔黏膜和蹄部皮肤形成水疱或溃烂（图 4-25 至图 4-28），同时体温上升到 40~41℃，精神沉郁，吃食减少。在病中期可见口腔黏膜破溃，口角常流出带泡沫的口涎。此外，病羊还表现跛行，羔羊有时还会出现急性心肌炎而导致猝死（图 4-29）。

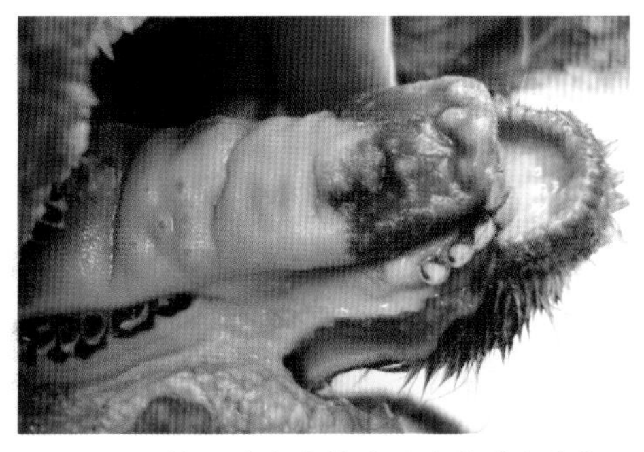

图 4-25　羊口蹄疫症状（舌头黏膜水疱）

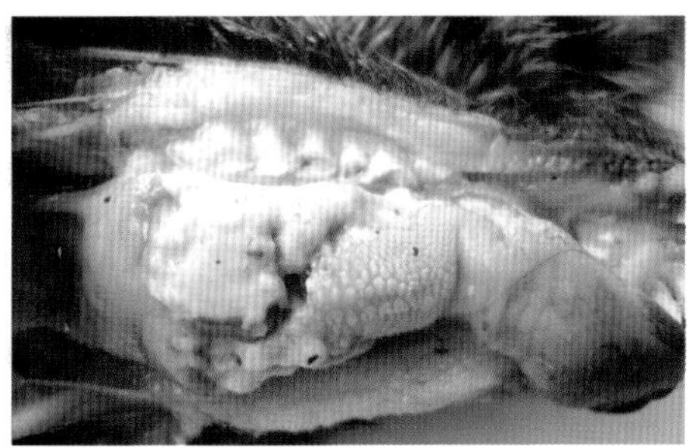

图 4-26　羊口蹄疫症状（舌根溃烂）

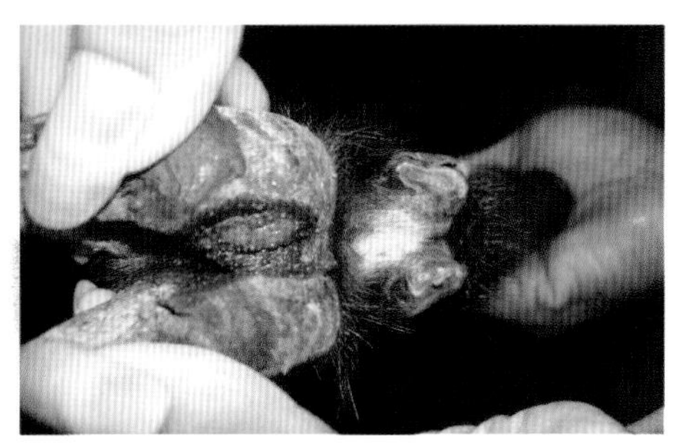

图 4-27　羊口蹄疫症状（蹄部溃烂）

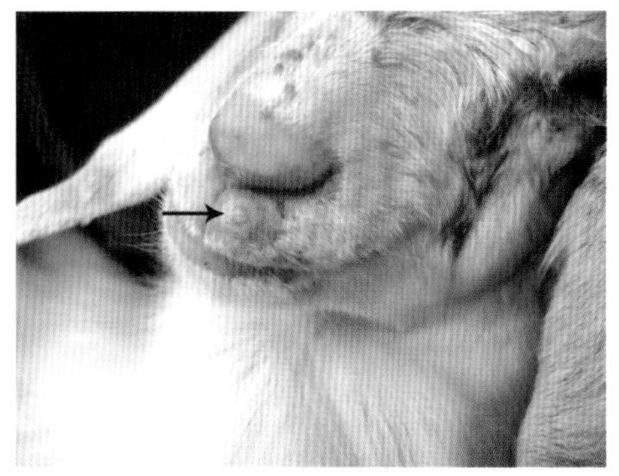

图 4-28　羊口蹄疫症状（嘴巴皮肤水疱）

图 4-29　羊口蹄疫症状（羔羊猝死）

4. 病理变化

在病羊的口腔、蹄部、乳房等处出现水疱和溃烂斑，消化道黏膜（特别是皱胃）有出血性炎症，肺脏出血，有时羔羊的心脏出现虎斑形条状坏死（图 4–30）。

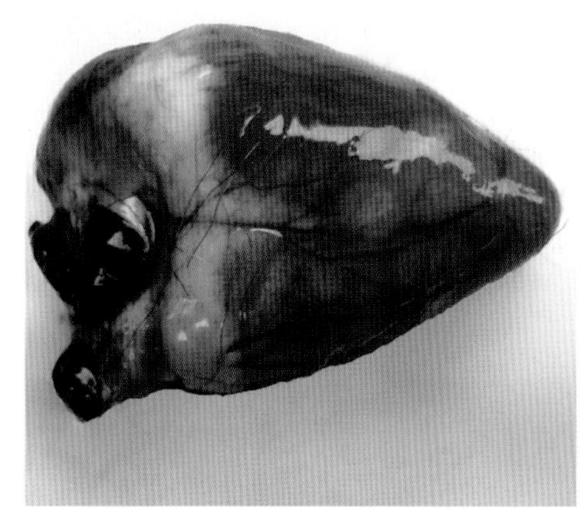

图 4–30 羊口蹄疫病理变化（心肌坏死）

5. 诊断

根据临床症状可做出初步诊断。要确诊还需在国家三级实验室条件下进行病毒分离培养。在临床上本病还需要与羊传染性脓疱及小反刍兽疫、普通口炎、普通脚外伤鉴别诊断。

6. 防制

在生产实践中一方面要加强羊群的消毒和隔离工作，提倡自繁自养，不从疫区购羊。平时要做好疫苗的免疫工作（接种羊口蹄疫 O 型、亚洲 I 型二价灭活疫苗）。在每年的冬春季节加强 1~2 次的疫苗免疫，每次 2~3 毫升。

本病属于一类传染病，按规定需对发病的羊群采取扑杀和无害化处理措施。必要时可在严格隔离条件下做一些对症治疗。如用食用醋或 1% 高锰酸钾对口腔局部病灶进行冲洗消毒，然后再涂以碘甘油或冰硼散；在蹄部和乳房等部位可直接用碘酊消毒剂对局部进行洗涤，之后再涂以消炎软膏；出现发热不吃症状时可配合肌内注射消炎、退热注射液。

（四）羊传染性脓疱

羊传染性脓疱是由羊口疮病毒引起的绵羊、山羊（人也可感染）急性、高度接触性传染病。临床症状以病羊口唇等皮肤和黏膜出现丘疹、水疱、脓疱和痂皮为特征，俗称“羊口疮”。

1. 病原

本病病原为羊口疮病毒，属于痘病毒科副痘病毒属。病毒颗粒长 220~250 纳米，宽 125~200 纳米，表面结构为管状条索斜形交叉（“8”字形）。病毒对高温较为敏感，65℃下经 30 分钟可将其全部杀死。有效消毒剂有 2% 氢氧化钠、10% 石灰乳、1% 醋酸、20% 草木灰等。

2. 流行特点

本病在山羊和绵羊均可发生，各日龄均易感，其中以 2~6 月龄的羔羊发病率最高。一年四季均可发生，以秋季发病率相对较高。本病在南方的羊场发病率较高，且在羊群中可造成持续感染。传播途径主要通过损伤的皮肤或黏膜接触感染。

3. 临床症状

临床表现为唇型、蹄型、外阴型及混合型等多种类型。

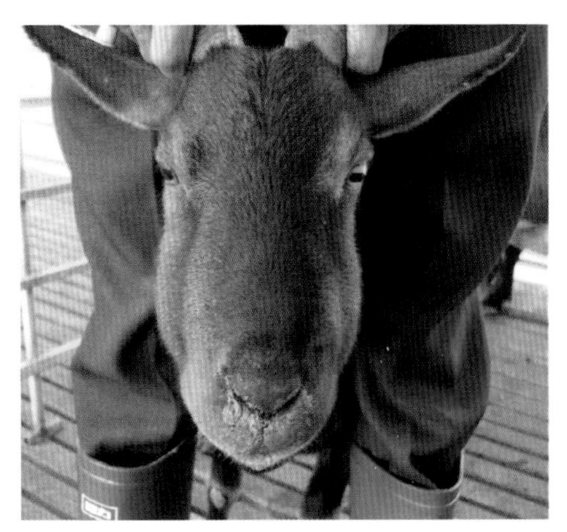

图 4–31 羊传染性脓疱症状（嘴巴双侧皮肤肿胀）

唇型是最常见的一种，首先羊嘴巴双侧皮肤肿胀（图 4–31），不吃或少吃草料，在嘴角、上唇、鼻镜上出现一些小红点（图 4–32），而后逐渐形成脓疱（图 4–33），脓疱破溃后形成疣状结痂（图 4–34），严重时可出现龟裂和出血症状(图 4–35，图 4–36)，在痂垢下伴有明显的肉芽组织增生。有时炎症和肉芽组织增生可波及眼眶或耳朵皮肤。由于嘴巴疼痛影响了羊的采食，可造成病羊日渐消瘦，最终造成衰竭死亡。蹄型主要表现在蹄叉、蹄冠皮肤炎性增生或溃疡化脓（图 4–37），病羊表现跛行、喜卧地而影响采食和活动。外阴型（较少见）主要表现外阴部及其附近皮肤出现溃疡灶或炎性增生（图 4–38，图 4–39），有时在母羊的乳头皮肤及公羊的阴鞘皮肤也会出现脓疱和溃疡灶，多数病羊经 2~3 周治疗可康复，但留疤痕。

图 4–32 羊传染性脓疱症状（嘴角小红点）

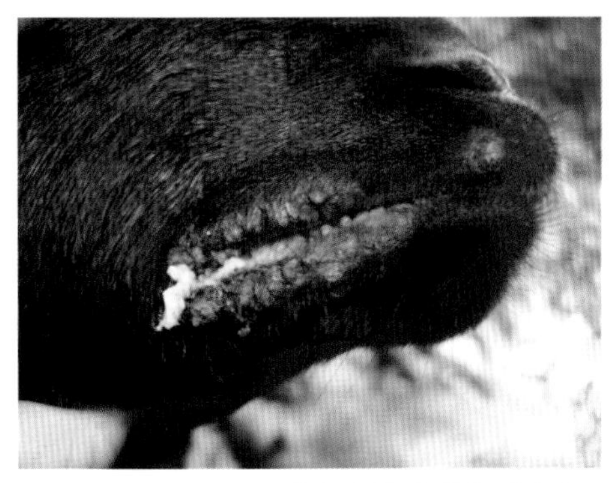

图 4–33 羊传染性脓疱症状（嘴角脓疱）

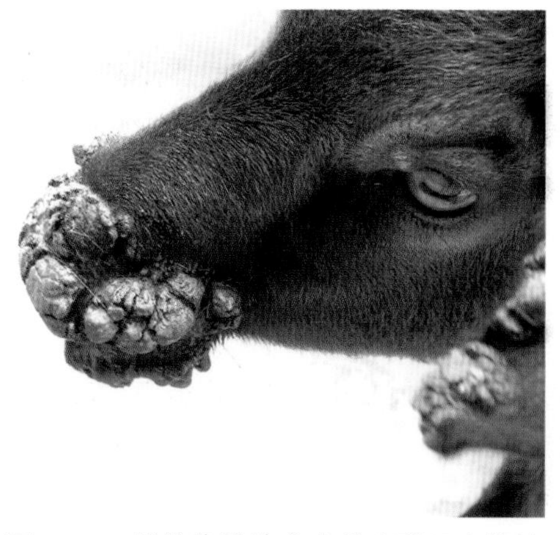

图 4-34 羊传染性脓疱症状（嘴巴疣状结痂）

图 4-35 羊传染性脓疱症状（嘴角龟裂）

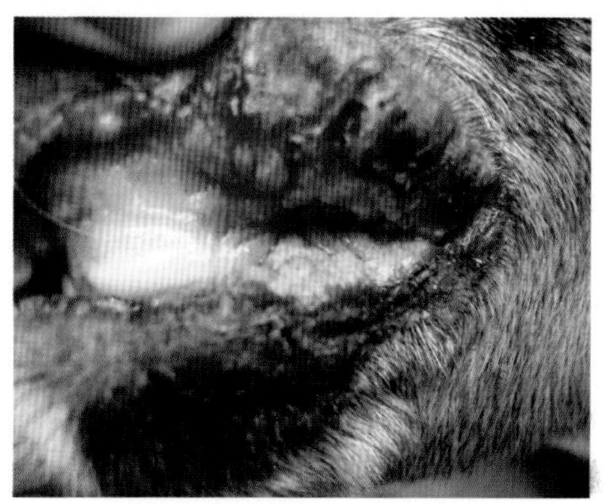

图 4-36 羊传染性脓疱症状（嘴唇龟裂、出血）

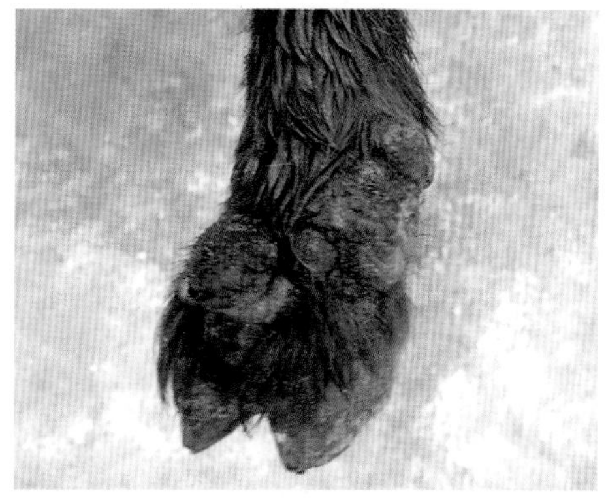

图 4-37 羊传染性脓疱症状(蹄部炎性增生）

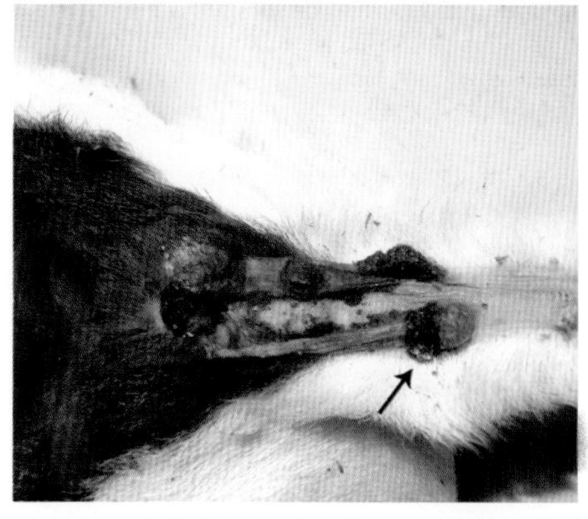

图 4-38 羊传染性脓疱症状(外阴部溃疡灶）

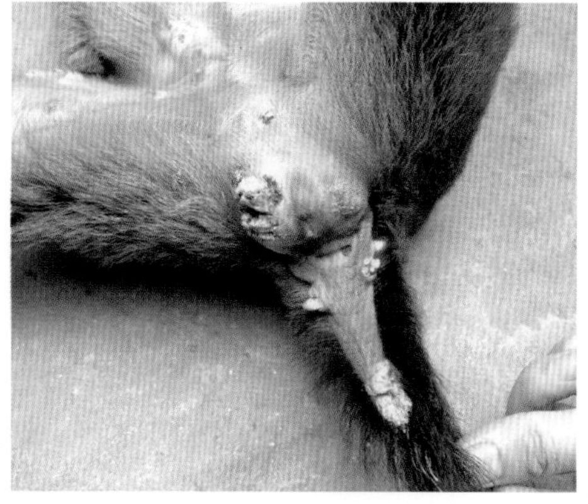

图 4-39 羊传染性脓疱症状（外阴部炎性增生）

4. 病理变化

早期局部皮肤的上皮细胞出现变性、肿胀、充血、水肿及坏死，接着表皮细胞增生并呈水疱变性，周围聚集大量多形核白细胞使表皮增厚增生。中后期，局部皮肤的上皮细胞周围聚集大量中性粒细胞，使表面出现脓疱。最后，局部皮肤角质蛋白增厚形成痂皮。剖检除局部皮肤病变外，在瘤胃、网胃等黏膜也有痘状增生。

5. 诊断

除临床诊断外，可采取病灶局部的脓疱皮触片，并用伊红染色镜检，在细胞质内可检出嗜酸性包涵体；也可通过病毒分离培养、血清学试验及聚合酶链反应试验予以诊断。在临床上，本病还需与羊痘、小反刍兽疫、口蹄疫、坏死杆菌病鉴别诊断。在临床上羊传染性脓疱也易与其他羊传染病并发感染。

6. 防制

平时饲养管理过程中不让羊皮肤和黏膜损伤，及时清除饲草中的芒刺和尖锐食物。对发病严重地区可试用羊口疮活疫苗进行预防接种（口唇黏膜内注射）。一旦羊群发现病羊要及时隔离治疗。

对于唇型病羊，可使用食盐或山苍籽油对患部用力摩擦直至流出血水，或使用水杨酸软膏将痂垢软化后除去痂皮，再涂以 2% 的甲紫或碘甘油或盐酸土霉素软膏等，每天 1 次，持续 1~2 周。对于蹄型病羊，可使用过氧化氢溶液清洗局部化脓灶后，再涂上盐酸土霉素软膏或青霉素软膏，有时也可以直接用 5% 碘酊涂擦脚患部，每天 1 次，连用 3~5 天。此外，对嘴巴肿痛、吃草困难的病羊，还要结合肌内注射双黄连注射液及青霉素进行消炎处理。在治疗过程中要加强护理，可喂一些柔软牧草或麸皮、牛奶等易消化食物，以提高本病的治愈率。

（五）羊病毒性关节炎–脑脊髓炎

羊病毒性关节炎–脑脊髓炎是由羊关节炎–脑脊髓炎病毒引起的羊病毒性传染病，临床表现为成年羊关节炎、乳腺炎、慢性进行性肺炎和脑炎。

1. 病原

本病病原为羊关节炎–脑脊髓炎病毒，属于反转录病毒科慢病毒属。病毒直径 80~100 纳米，有囊膜，基因组为单股正链 RNA。

2. 流行特点

各日龄山羊均可发生本病，其中以成年山羊多见。绵羊不感染本病。主要经消化道传染。此外，病毒可经乳汁感染羔羊。

3. 临床症状

根据临床症状，可分为关节炎型、脑脊髓型两种。

①关节炎型。多见于1岁以上的成年山羊。病山羊主要表现为腕关节、膝关节和跗关节肿大（图4–40），出现不同程度的跛行症状，严重时影响行走。病程较长，可持续1~3年。

②脑脊髓炎型。主要发生于2~4月龄的羔羊。病羊初期表现精神沉郁、共济失调、卧地不起，严重时可出现角弓反张、转圈或者头颈歪斜等症状，个别双目失明。病程可持续半个月至数年。本病多愈后不良。

图4–40 羊病毒性关节炎–脑脊髓炎症状（关节肿大）

4. 病理变化

①关节炎型。四肢关节肿大，关节腔内充满黄色或淡红色的液体，有时也混有纤维素性絮状物。

②脑脊髓炎型。主要病变在脑部，呈现非化脓灶脑炎病变。

5. 诊断

通过流行病学、主要症状和病理变化可做出初步诊断。在临床上，本病还需与羊衣原体病、脑多头蚴病鉴别诊断。确诊需进行病毒分离培养和血清学试验。

6. 防制

目前对本病尚无有效的治疗药物和疫苗。平时要做好饲养卫生管理，并做好兽医卫生检疫工作。对血检阳性的羊应坚决进行隔离或淘汰处理。

（六）羊伪狂犬病

羊伪狂犬病是由伪狂犬病病毒感染引起的羊急性传染病，临床表现为奇痒、发热和脑脊髓炎，死亡率较高。

1. 病原

本病病原为伪狂犬病病毒，属于疱疹病毒科伪狂犬病毒属。病毒颗粒呈圆形或椭圆形，长约 12 纳米，宽约 9 纳米。伪狂犬病病毒对外界抵抗力较强，2% 氢氧化钠可迅速使其灭活。

2. 流行特点

病羊、带毒羊以及带毒鼠类为本病的主要传染源，猪和鼠为本病天然宿主，羊和其他动物感染多是因与带毒的鼠或猪密切接触。主要通过消化道、呼吸道途径感染，也可经受伤的皮肤、黏膜及交配感染，或者通过胎盘垂直传播。本病一般呈群发性或地方性流行。

3. 临床症状

病羊呼吸加快，体温升高到 41.5℃，肌肉震颤，目光呆滞。唇部、眼睑或整个头部迅速出现奇痒表现，四肢划动（图 4–41），常见前肢在硬物上摩擦，有时啃咬身体局部并发出凄惨叫声。局部皮肤脱毛，接着全身肌肉出现痉挛性收缩，并迅速发展为咽喉麻痹及全身衰竭而死亡（图 4–42）。死亡率接近 100%。

图 4–41　羊伪狂犬病症状（四肢划动）

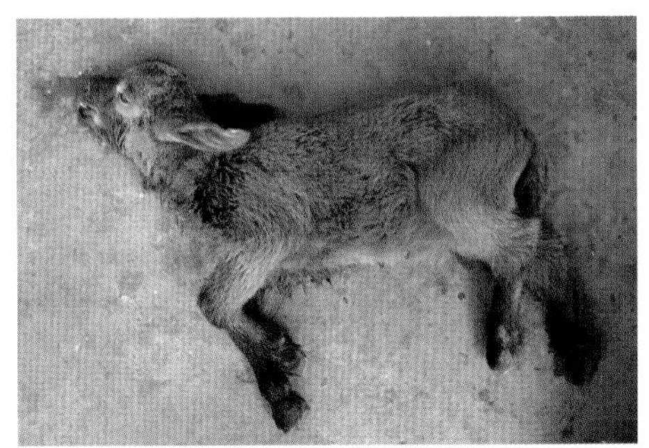

图 4–42　羊伪狂犬病症状（全身痉挛，倒地死亡）

4. 病理变化

病变部分皮下组织有浆液性和出血性浸润，皮肤擦伤处脱毛、水肿。组织学病变可见神经节炎或中枢神经系统呈弥漫性非化脓性脑膜脑脊髓炎，同时有明显的血管套现象。

5. 诊断

根据流行病学、临床症状和病理变化可做出初步诊断，但确诊需依靠实验室诊断。病原诊断方法有病毒分离培养、免疫荧光试验、兔体接种试验、反向间接血凝试验和聚合酶链反应试验等，其中聚合酶链反应试验诊断最为准确。

6. 防制

本病无特异性治疗药物。预防应加强羊群饲养管理，做好羊场灭鼠工作，严格将猪羊分开饲养。疫区可定期使用羊伪狂犬病灭活疫苗免疫接种。

（七）绵羊肺腺瘤

绵羊肺腺瘤是由绵羊肺腺瘤病毒引起的绵羊慢性、进行性、接触性肺脏肿瘤性疾病，又称绵羊肺癌，临床症状以病羊咳嗽、呼吸困难、消瘦、大量浆液性鼻漏、肺泡上皮细胞增生为主要特征。

1. 病原

本病病原为绵羊肺腺瘤病毒，属于反转录病毒科乙型反转录病毒属。病毒不易在体外培养，只能用病料经鼻、气管接种易感绵羊，发病后从肺脏及其分泌物中获得病毒。病毒核衣壳直径为95~115纳米，其外有囊膜。对外界抵抗力不强，对氯仿和酸性环境敏感，56℃下经30分钟可将其灭活。

2. 流行特点

不同日龄的绵羊均能发病，山羊偶尔发病。病羊通过咳嗽和喘气将病毒排出，经呼吸道传染，也有通过胎盘传染而使羔羊发病的报道。羊群长途运输、尘土刺激、细菌及寄生虫感染等均可诱发本病。3~5岁的成年绵羊发病率较高。

3. 临床症状

病羊初期精神委顿，逐渐消瘦，无明显体温反应。继而出现咳嗽、喘气、呼吸困难症状。在剧烈运动或驱赶时呼吸加快。后期呼吸快而浅，吸气时可见头颈伸直，鼻孔扩张，张口呼吸。病羊常伴有咳嗽。听诊时容易听到湿性啰音。当支气管分泌物聚集在鼻腔时，可听见鼻塞音。头下垂或后躯居高时，可见到泡沫状黏液从鼻孔流出，严重时病羊鼻孔中排出大量泡沫样液体。感染羊群的发病率为2%~4%，死亡率接近100%。

4. 病理变化

主要集中在肺脏和气管。病羊的肺脏比正常大2~3倍。在肺脏的心叶、尖叶和膈叶的下部，可见大量灰白色乃至浅黄褐色结节（图4–43），直径1~3厘米，外观圆形，质地坚实。有时小结节会发生融合，形成大小不一、形态不规则的大结

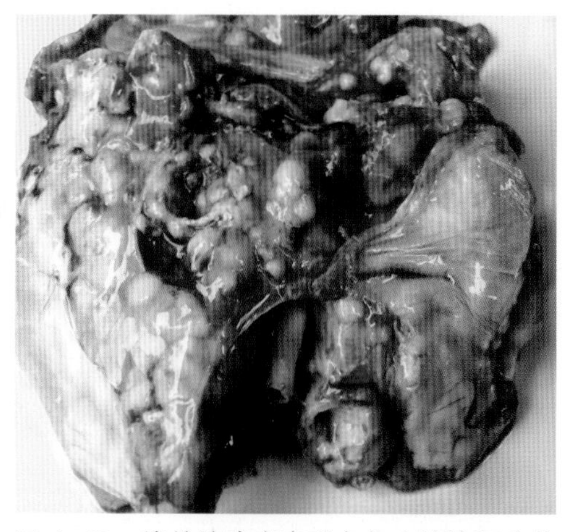

图4–43　绵羊肺腺瘤病理变化（肺脏隔叶黄褐色结节）

节。气管和支气管内聚有大量泡沫。组织学检查可见肺脏胶原纤维增生和肺泡上皮细胞大量增生，形成许多乳头状腺癌灶。

5. 诊断

根据发病史、临床症状、病理剖检和组织学变化可做出初步诊断。要确诊需做动物接种试验和聚合酶链反应试验。在临床上需与羊巴氏杆菌病、肺线虫病鉴别诊断。

6. 防制

本病目前尚无有效疗法和相应的疫苗。发病时应对病羊采取扑杀和无害化处理措施。在非疫区，严禁从疫区引进绵羊和山羊；如引进种羊，须经严格检疫后隔离饲养，进行长时间观察，做定期临床检查。确认无异常症状后再混群。消除和减少诱发本病的各种因素，加强饲养管理，改善环境卫生是防控本病的重要措施。

（八）羊蓝舌病

羊蓝舌病是由蓝舌病病毒引起的绵羊非接触性虫媒传染病，临床症状以发热、白细胞减少和胃肠道黏膜严重卡他性炎症为主要特征，被列为必须通报的一类动物疫病。

1. 病原

本病病原为蓝舌病病毒，属于呼肠孤病毒科环状病毒属中蓝舌病病毒亚群。目前已发现蓝舌病病毒有 24 个血清型，不同国家和地区血清型的分布有所差异。病毒颗粒呈 20 面体对称，无囊膜，病毒衣壳呈双层结构，基因组为双股 RNA 结构，在血液中可长期存活。

2. 流行特点

患病动物和隐性携带者是主要传染源。本病主要发生在绵羊，山羊、牛、鹿、羚羊等动物也能感染发病，但症状轻或无明显症状或成为隐性带毒者。病毒主要通过吸血昆虫传播，库蠓是主要传染媒介。不同品种、性别和年龄的绵羊都可感染发病，1 岁左右的青年羊发病率和死亡率最高。本病的发生具有明显的地区性和季节性，这与传染媒介库蠓的分布、活动区域及活动季节密切相关。本病多发生于湿热的晚春、夏季和早秋，多见于池塘、河流多的低洼地区。

3. 临床症状

急性型表现为病羊体温上升到 41℃以上，流鼻涕、流涎，上唇水肿，严重时可蔓延到整个面部，接着出现口腔、舌黏膜糜烂。随着病程的发展，口腔和舌头

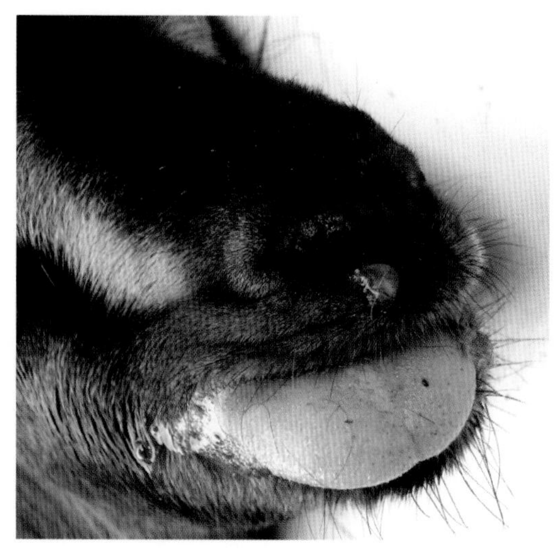
图 4–44 羊蓝舌病病理变化（舌头发绀）

发生溃疡，并继发感染而引起坏死。病羊消瘦，口腔恶臭，便秘或腹泻，有时发生出血性的下痢。多并发肺炎或胃肠炎而死亡。亚急性型表现为病羊显著消瘦，运动不灵活或跛行。

4. 病理变化

病死羊口腔、瘤胃、皮肤和蹄部出现出血点、溃疡和坏死。主要特征为口腔糜烂，舌、齿龈、硬腭、颊黏膜和唇水肿，舌发绀（图 4–44）。呼吸道、消化道和泌尿道黏膜及心肌、心内外膜均有出血点。个别病例消化道黏膜坏死和溃疡。

5. 诊断

根据流行病学、临床症状、病理变化和组织学特征可做出初步诊断，通过病毒分离培养、聚合酶链反应试验、琼脂扩散试验、中和试验、补体结合反应和免疫荧光试验等予以确诊。

6. 防制

加强检疫，严禁从蓝舌病暴发的国家和地区引进种羊，加强冷冻精液的管理。根据库蠓活动具有明显季节性的特点，在每年的库蠓繁殖月份，大量喷洒灭蠓药品。一旦羊群确诊为蓝舌病，严格按照《重大动物疫病应急预案》《国家突发重大动物疫情应急预案》进行处置。

（九）山羊鼻腺瘤

山羊鼻腺瘤是一种肿瘤性疾病，即在山羊鼻腔内出现腺瘤，临床症状以慢性发作、流大量黏液性鼻液以及鼻腔内出现腺瘤为主要特征。

1. 病原

本病病原目前尚未明确，研究结果也不一致，但多数学者认为是某种病毒引起的。有的学者认为本病的病原与反转录病毒有关，也有的学者认为所分离的病原与梅迪–维斯纳病毒相似，也有学者从病变组织中分离出嗜麦芽窄食单胞菌。

2. 流行特点

法国（1966 年）、印度（1980 年）和西班牙（1985 年）等国家曾报道本病，我国于 1995 年首先在内蒙古发现本病的存在，后湖南、四川等地也有本病的报道。近年来，本病有逐渐增多趋势。病原主要感染山羊，有时绵羊也可感染。不同日龄羊均可发生，一年四季均可发生。多见于气候转变或淋雨感冒后，呈慢性发作。

3. 临床症状

病羊精神沉郁，被毛粗乱，逐渐消瘦，无明显体温反应。鼻流大量稀薄的黏液（图 4–45），有时流带泡黏液（图 4–46），有时鼻液带血丝，随后流出大量浆液性鼻液。鼻孔周围常有鼻痂附着。有时嘴巴流白沫（图 4–47）。病羊出现呼吸困难或鼻塞音，严重时可出现张口呼吸。额骨变薄，局部骨骼变软或凹陷，羊角松动。有时眼球突出，个别病羊视力减退或丧失，走路容易摔倒。用一般抗生素或磺胺类药物治疗无明显疗效，个别即使有轻微效果，但过一段时间又复发。最后病羊呼吸极度困难，食欲废绝，全身极度消瘦，衰竭死亡。本病病程长，可持续 2~3 个月。羊群多呈零星发病，发病率达 5%~40%，死亡率达 90%。

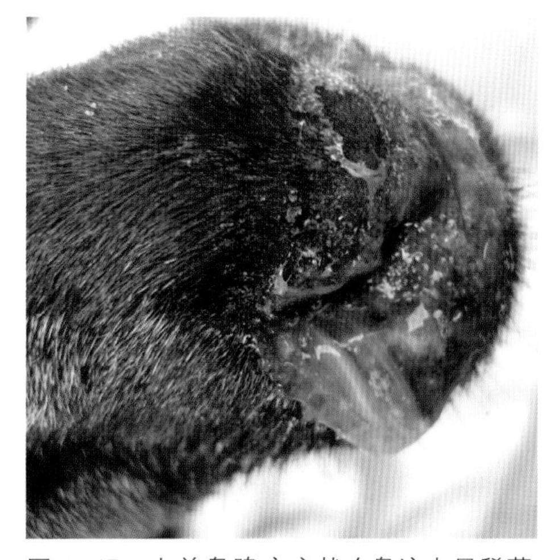

图 4–45　山羊鼻腺瘤症状（鼻流大量稀薄黏液）

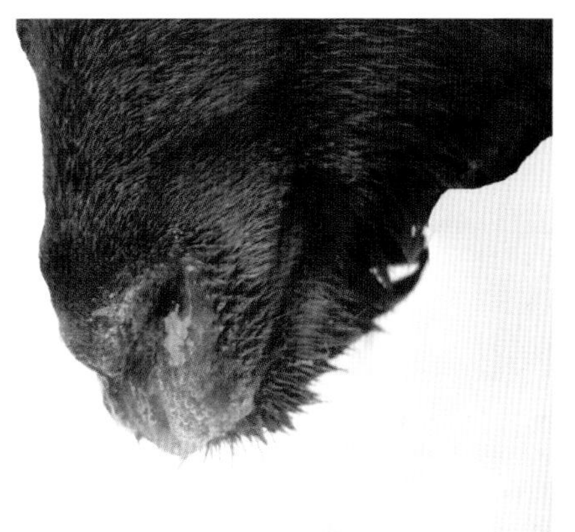

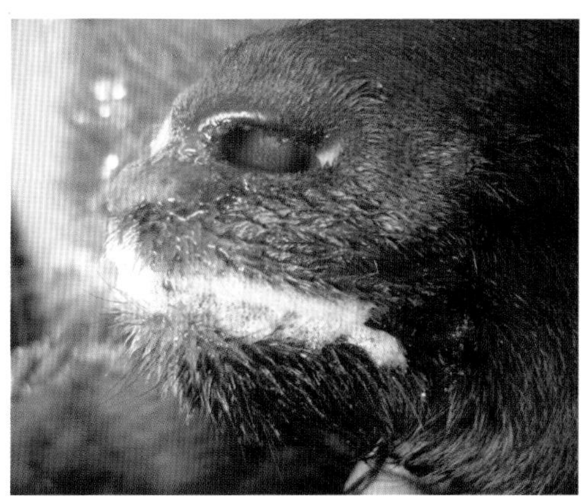

图 4–46　山羊鼻腺瘤症状（鼻流带泡黏液）

图 4–47　山羊鼻腺瘤症状（嘴巴流白沫）

4. 病理变化

主要集中在上呼吸道，鼻甲骨出血（图 4–48），筛骨被压迫萎缩。鼻腔中出现 1 个起源于筛骨迷路黏膜的黏液或浆液腺瘤，长度 2~10 厘米（图 4–49，图 4–50），呈结节状或类圆柱状，周围无包膜，外观为粉红色，表面不平，质地较软较脆（图 4–51）。肿瘤可沿鼻腔生长，压迫筛骨和筛骨迷路，甚至压迫鼻甲骨。鼻甲骨、筛骨、蝶骨、额骨变软，额窦和角窦内有积液或胶冻样物渗出（图 4–52）。有的额骨上有凹陷。个别病例在喉头、气管有不同程度充血、出血（图 4–53）。全身内脏器官除了出现不同程度萎缩和淤血外，无明显病变。

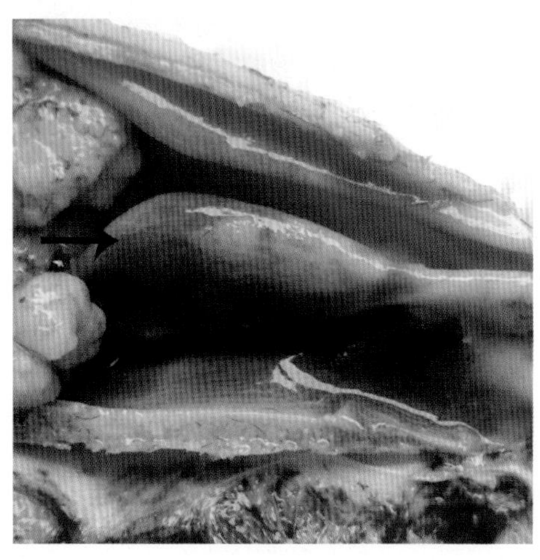

图 4–48　山羊鼻腺瘤病理变化（鼻甲骨出血）

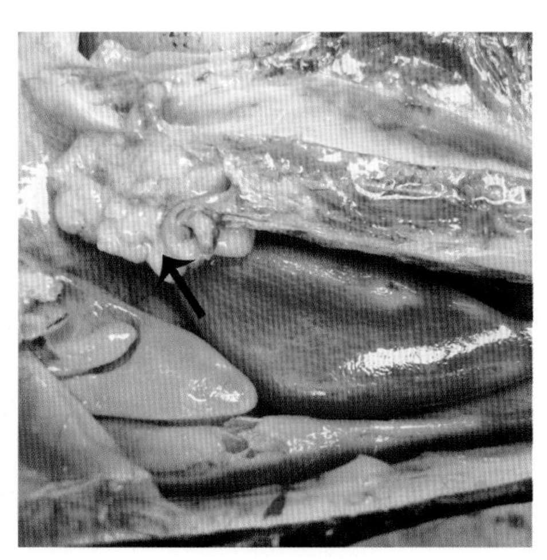

图 4–49　山羊鼻腺瘤病理变化（鼻腔小黏液腺瘤）

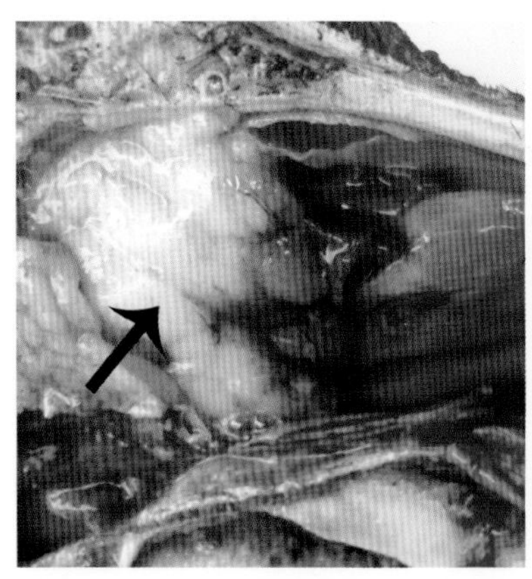

图 4–50　山羊鼻腺瘤病理变化（鼻腔大黏液腺瘤）

图 4–51　山羊鼻腺瘤病理变化（正常鼻腔和病变鼻腔对比）

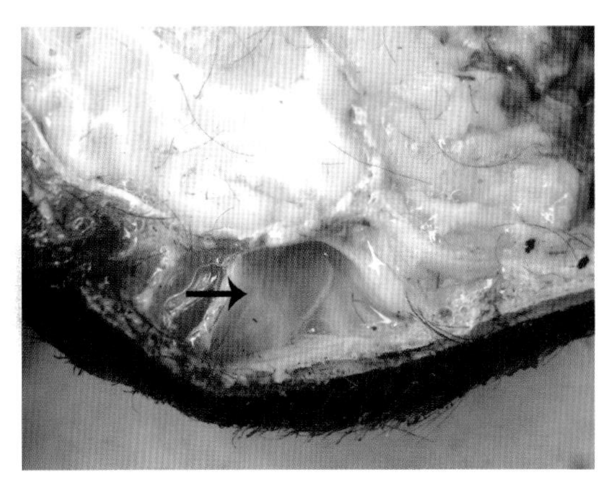

图 4–52　山羊鼻腺瘤病理变化（额窦内积液）

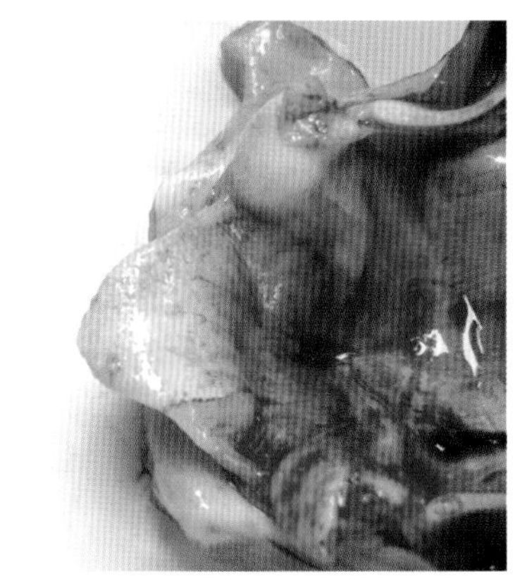

图 4–53　山羊鼻腺瘤病理变化（喉头、气管出血）

5. 诊断

根据发病率低、死亡率高，鼻流黏液性鼻液、鼻腔内的筛骨萎缩和鼻腔出现 1 个无包膜腺瘤，可做出初步诊断。必要时可取鼻腔内肿瘤增生物进行病理切片诊断。其中黏液腺瘤细胞多为柱状，胞浆淡红色，空网状，椭圆形胞核位于细胞基部；浆液腺瘤多呈立方状，胞浆红染，圆形胞核位于细胞中部，其体积大小和染色深浅不完全一致，染色质为细粒状，有些可见一个核仁。有些病例的腺瘤会发生恶变，瘤细胞异型性明显，体积增大并见核分裂像。如有条件，可取病变组织进行相关病毒和细菌的分离培养，或进行血清学试验。在临床上，本病需与羊小反刍兽疫、传染性胸膜肺炎、支气管肺炎等鉴别诊断。

6. 防制

目前对本病尚未有有效的方法进行预防和治疗。原则上病羊要采取隔离淘汰。对症状较轻或无法判定的病例，可选用氟苯尼考注射液、硫酸卡那霉素注射液、磺胺间甲氧嘧啶注射液进行肌内注射。若治疗效果不佳，要及时采取淘汰和无害化处理。

五、羊细菌性传染病诊治

（一）羊炭疽

羊炭疽是由炭疽杆菌引起的羊急性、热性、败血性传染病。

1. 病原

炭疽杆菌是一种不运动的革兰阳性大杆菌，有荚膜。在组织或血液中，多呈单个或2~5个菌体相连成竹节状短链。在人工培养物内或自然界中，菌体呈长链状排列，在适宜的条件下可形成芽孢。芽孢具有很强的抵抗力，在干燥环境中能存活12年以上。

2. 流行特点

本病是一种各种家畜、野生动物和人都能发病的人畜共患传染病。多发于夏季。多为散发或呈地方流行性。主要通过消化道感染，也可通过呼吸道或者吸血昆虫的叮咬感染。

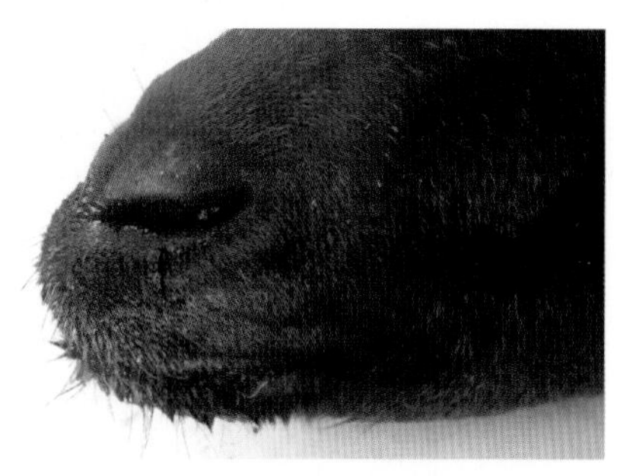

图5–1　羊炭疽症状（嘴巴流出不易凝固的血液）

3. 临床症状

病羊突然发病，体温升高，全身发抖，呼吸困难，可视黏膜发绀，多于出现症状后数小时内死亡。死亡后可见天然孔流出暗红色不易凝固的血液（图5–1）。

4. 病理变化

病羊死后尸体迅速膨胀，在天然孔可见不同程度的暗红色血液，可视黏膜发绀。剖检可见脾脏肿大明显、质脆，并呈暗红色（图5–2）。肺脏有不同程度的充血和出血，肾脏也有出血和坏死。

图5–2　羊炭疽病理变化（脾脏肿大，呈暗红色）

5. 诊断

用血液或内脏（肝脏、脾脏等）进行

涂片染色镜检，在显微镜下可见大型的革兰阳性菌，有荚膜，常单个、成双或以链状排列成竹节状。有条件可进行细菌分离培养及鉴定。

6. 防治

在临床上对有怀疑是羊炭疽的病例，必须严禁剖检，并采取焚烧等无害化处理措施，以免病原扩散或感染人。并对污染的场所进行严格的消毒。在疫区，每年可安排免疫注射Ⅱ号炭疽芽孢苗 1~2 次，每只羊皮内注射 0.2 毫升进行预防。对病程稍长的病例，可使用本病的抗血清或抗生素进行治疗，有一定的效果。常见的抗生素有青霉素、硫酸链霉素、氟苯尼考、氨苄青霉素、阿莫西林、头孢噻呋钠等。

（二）羊布氏杆菌病

羊布氏杆菌病是由布氏杆菌引起的羊慢性传染病，为人畜共患病。主要侵害生殖器官，病母羊表现流产与不育，病公羊发生睾丸炎。

1. 病原

布氏杆菌属有 6 个种，引起羊布氏杆菌病的病原主要是马耳他布氏杆菌（即羊布氏杆菌），其次为绵羊布氏杆菌。布氏杆菌为革兰阴性球杆菌，无鞭毛、荚膜和芽孢。在土壤、水中和毛皮上能存活几个月，一般消毒药能很快将其杀死。

2. 流行特点

各品种、日龄羊均可感染，其中母羊较公羊易感，且随着性成熟，易感性逐渐增强。主要经消化道感染，也可在配种时经黏膜或皮肤接触感染。在羊群中，发病初期仅为少数孕羊流产，以后逐渐增多，严重时流产率可达 90% 以上。

3. 临床症状

羊流产前往往无明显的前兆，多数只表现少量减食、阴门流黄色黏液，有时羊群可并发关节炎、睾丸炎、乳房炎等病症。流产多发生在母羊怀孕后的 3~4 个月（图 5-3）。流产后母羊迅速恢复正常食欲。

图 5-3 羊布氏杆菌病症状（母羊流产）

4. 病理变化

胎衣呈黄色胶冻样浸润，有些胎衣覆有黏稠状物质，胎盘有出血、水肿病变（图 5–4）。流产胎儿的胃肠、膀胱浆膜可见出血点或出血斑。个别公羊还有睾丸肿大、关节炎病变。

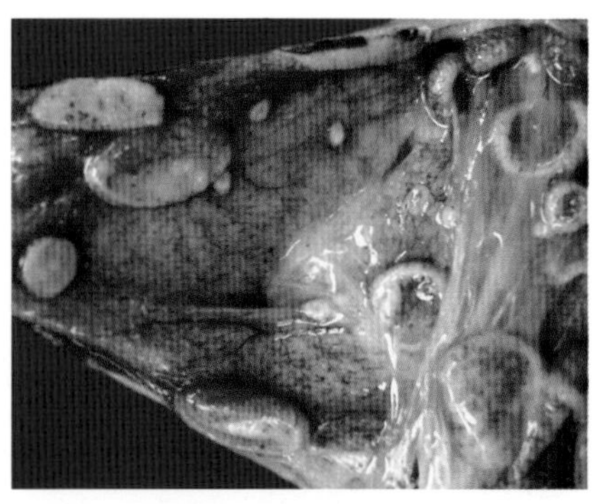

图 5–4 羊布氏杆菌病病理变化（胎盘出血、水肿）

5. 诊断

通过抽血进行血清平板凝集试验予以诊断。

6. 防治

平时定期对羊群进行抽血普查，感染率高于 5% 时要采用羊布氏杆菌病相关疫苗进行免疫接种。对阳性病例要采取扑杀和无害化处理措施，可疑病羊要及时隔离饲养，并做好场所的消毒和流产胎衣的无害化处理工作。大型羊场要尽量自繁自养，严禁从疫区引种羊。本病不易根治，一段时间后易复发，一般无治疗意义。若要治疗可选用硫酸链霉素、盐酸土霉素、头孢类或磺胺类药物等。

（三）羊伪结核棒状杆菌病

羊伪结核棒状杆菌病是由伪结核棒状杆菌感染而引起的羊慢性接触性传染病，其特征是淋巴结发生化脓性炎症。

1. 病原

伪结核棒状杆菌又称化脓棒状杆菌、化脓隐秘杆菌，是一种多形性、无芽孢革兰阳性杆菌。新鲜脓汁中杆状占优势，而陈旧脓汁中以球状为主，在固体培养基上呈较为一致的球杆状。较长菌体的一端常变大，呈棒状，单个或以栅栏状排列。

2. 流行特点

本病绵羊多见，山羊和牛也可发生。多为散发，无明显季节性。主要经创伤的皮肤而感染。病羊破溃的淋巴结、化脓灶以及粪便和被污染的环境是本病的传染源。

图 5–5 羊伪结核棒状杆菌病症状（颌下淋巴结明显肿大）

3. 临床症状

病羊颌下、颈部、肩前、股前等部位的淋巴结肿大化脓（图 5–5 至图 5–7），

图 5-6 羊伪结核棒状杆菌病症状（颌下淋巴结轻度肿大）

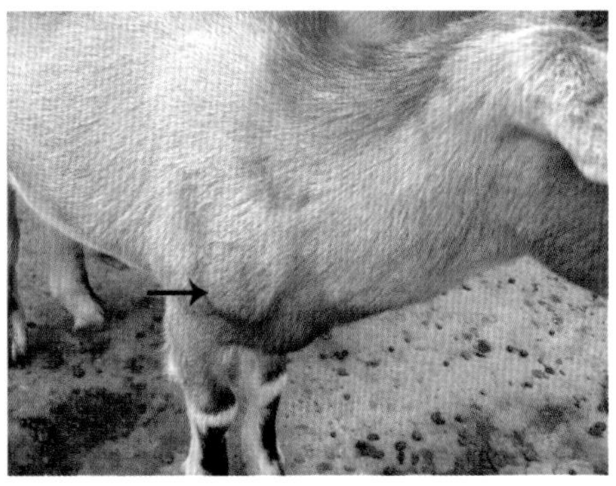

图 5-7 羊伪结核棒状杆菌病症状（肩前淋巴结肿大）

一段时间后会自行破溃并流出绿色脓液而自愈，一般无明显的全身症状。病程可持续 1~2 个月，有时身体上一个脓疱破溃后，在身上的另一个地方又会出现一个或同时出现多个脓疱。

4. 病理变化

病羊消瘦，患部淋巴结肿大化脓，可形成包囊的大脓肿，内含淡绿色奶油状内容物（图 5-8），干后呈干酪样（有时呈轮层状干酪样）。有时在胸腔和腹腔内部也可见脓肿（图 5-9，图 5-10）。

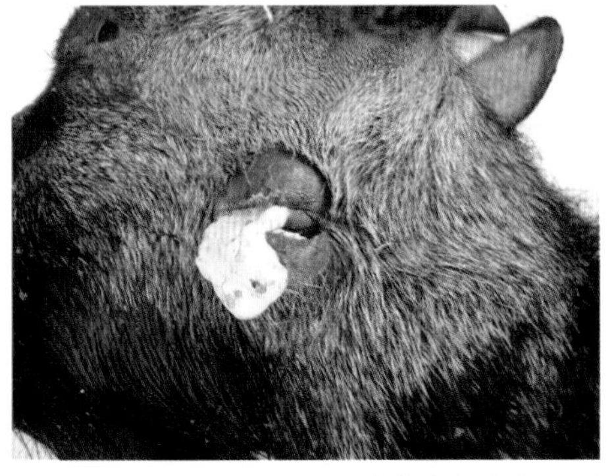

图 5-8 羊伪结核棒状杆菌病病理变化（脓肿内奶油状内容物）

5. 诊断

对化脓淋巴结进行涂片染色和镜

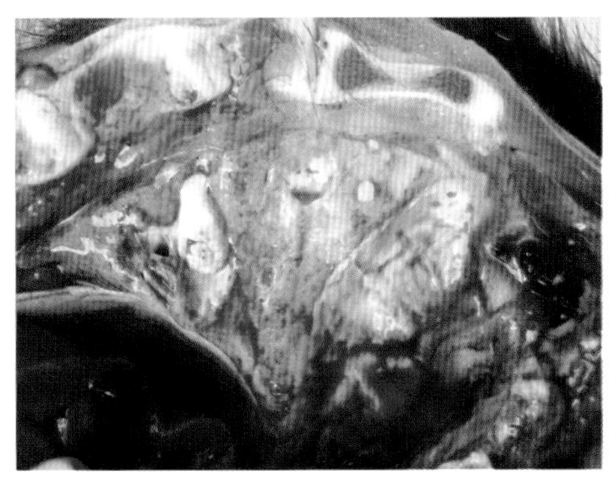

图 5-9 羊伪结核棒状杆菌病病理变化（肺脏脓肿）

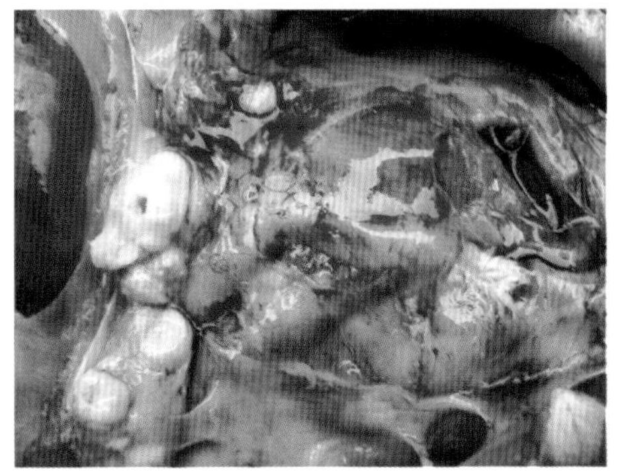

图 5-10 羊伪结核棒状杆菌病病理变化（胸腔脓肿）

检，可做出初步诊断。必要时可做细菌分离培养及鉴定。

6. 防治

在预防上平时要注意环境卫生，受损的皮肤及时用碘酊等进行消炎处理，防止感染病原。在本病的早期可使用大剂量的青霉素治疗，有一定效果。在本病的中后期以排脓为主，并对化脓灶用过氧化氢溶液冲洗后再使用乳酸依沙吖啶或甲磺灭脓等消炎处理。在外科处理过程中要注意环境的消毒和化脓灶废弃物的无害化处理，以免成为本病的传染源。

（四）羊传染性角膜炎

羊传染性角膜炎是由莫拉杆菌引起的羊急性、接触性传染病。临床症状以流泪、眼睑肿胀、角膜炎症溃疡为主要特征。

1. 病原

本病病原为莫拉杆菌，属于奈瑟球菌科莫拉杆菌属。莫拉杆菌较短胖，呈球杆状，长 1.5~2.0 微米，宽 0.5~1.0 微米，多呈二联排列，形状有丝状或短链状，无芽孢，不能运动，无荚膜，革兰阴性。抵抗力较弱，对青霉素敏感。

2. 流行特点

本病可发生于山羊、绵羊、牛、骆驼等动物，各日龄羊均可感染。一年四季中以秋季发病率最高，发病率的高低与羊群的饲养水平、卫生条件及是否及时隔离病羊有很大关系。

3. 临床症状

病初羊畏光流泪（图 5–11）、眼睑肿胀、疼痛，随后眼角膜潮红（图 5–12），

图 5–11 羊传染性角膜炎症状（畏光流泪）

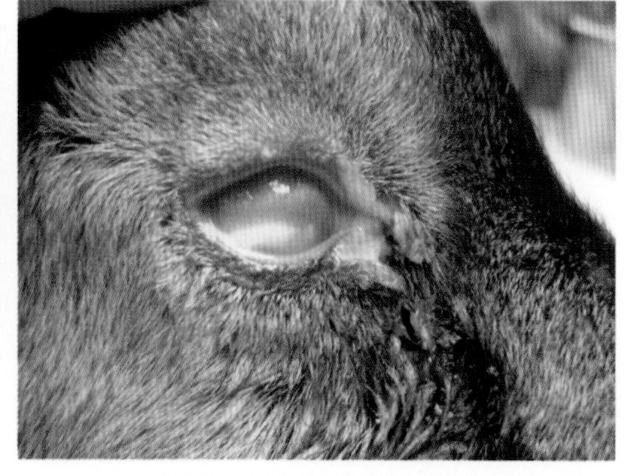

图 5–12 羊传染性角膜炎症状（眼角膜潮红）

接着眼角膜出现不同程度的灰白色混浊（翳膜）（图 5-13），或角膜中央有灰白色小点，严重者出现失明症状（图 5-14）。多数病羊只有一侧眼患病，少数双侧眼睛都感染。病羊的体温略升高，精神沉郁，常离群呆立，行走时易摔倒或因眼睛看不见而影响采食，最终出现机体消瘦衰竭死亡。

图 5-13 羊传染性角膜炎症状（眼角膜轻度混浊）

图 5-14 羊传染性角膜炎症状（眼睛失明）

4. 病理变化

早期眼角膜充血，后期眼角膜增厚并发生溃疡或穿孔现象。

5. 诊断

根据流行特点和临床症状可做出初步诊断。必要时可对患病眼睛进行细菌分离培养及鉴定。

6. 防治

在预防上平时要尽量减少强光和尘埃对眼睛的刺激，对病羊要及时隔离治疗并加强羊舍的消毒工作，做好灭蝇、灭昆虫工作。在治疗上，对病羊的眼睛要先用 2% 硼酸溶液洗眼，拭干后再用利福平眼药水或黄降汞软膏或氯霉素眼药水滴眼，每天 1~2 次，连用 5~7 天。必要时也可选用盐酸普鲁卡因和青霉素进行眼底封闭疗法，或采取羊静脉血 1 毫升配合磷酸地塞米松 0.5 毫升对患眼上下眼皮注射 0.5 毫升，进行自家血疗法，也有一定的效果。此外，还可以使用纯中药决明散（石决明 13 克、草决明 13 克、黄连 7 克、黄药子 11 克、大黄 8 克、黄芩 8 克、白药子 10 克、栀子 10 克、没药 4 克、郁金 7 克、黄芪 9 克），研磨后冲开水，待温后加鸡蛋清、蜂蜜等为引一起灌服，连用 2~3 天也有较好的效果。

（五）羊梭菌性疾病

羊梭菌性疾病是由 B 型、C 型、D 型魏氏梭菌及腐败梭菌、B 型诺维梭菌引起的一类羊病总称。不同的梭菌类型，其易感动物、流行特点、临床症状、病理变化及防治措施有所不同。

1. 羔羊痢疾

本病是由 B 型魏氏梭菌引起的初生羔羊急性毒血症，临床症状以剧烈腹泻和小肠、皱胃溃疡为特征。本病可使羔羊大批死亡。

（1）病原

本病病原 B 型魏氏梭菌为粗短杆菌，大小（4.0~8.0）微米 ×（1.0~1.5）微米，单个或成对排列，无鞭毛，不运动，在动物体内形成荚膜，但在普通培养基上不形成荚膜。繁殖体对一般消毒药抵抗力较弱，可选用氯或酚类消毒药。

（2）流行特点

本病主要危害 7 日龄以内的羔羊，其中以 2~3 日龄羊最易发生。主要是经消化道，或通过脐带、创伤皮肤感染。一些不良因素的应激可诱发本病（如天气骤变、羔羊体质虚弱、羔羊饥饱不均等）。

（3）临床症状

羔羊精神委顿，体质虚弱，腹泻明显（图 5–15），粪便呈黄褐色（图 5–16）、恶臭。后期出现四肢瘫痪、卧地不起、口流白沫，最后体温下降、衰竭致死。

图 5–15 羔羊痢疾症状（顽固性拉稀）

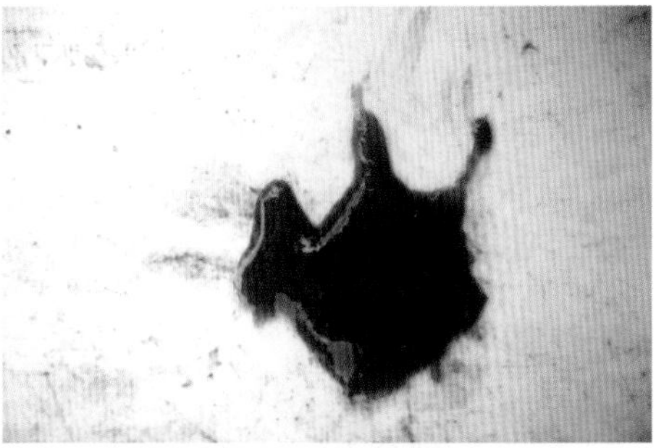

图 5–16 羔羊痢疾症状（粪便黄褐色）

（4）病理变化

尸体脱水明显，小肠以出血性炎症为主。病程稍长的病例，在小肠内膜可见到大小不等的溃疡灶或弥漫性坏死。皱胃内常有未消化的凝乳块（图 5–17），在皱胃黏膜上也可见到不同程度的小溃疡灶（图 5–18，图 5–19）。

图 5–17 羔羊痢疾病理变化（皱胃内未消化凝乳块）

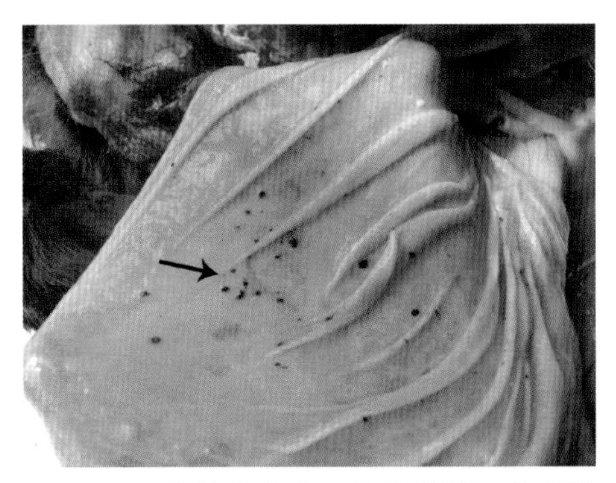
图 5-18 羔羊痢疾病理变化（皱胃黏膜轻度溃疡灶）

图 5-19 羔羊痢疾病理变化（皱胃黏膜严重溃疡灶）

（5）诊断

根据羔羊腹泻，以及小肠出血、皱胃出现一些溃疡灶等可做出初步诊断。必要时可结合本病的细菌分离培养和鉴定及毒素检查进行确诊。在临床上，本病还需与羊沙门菌病、羔羊大肠杆菌病及其他原因引起的腹泻的疾病鉴别诊断。

（6）防治

首先，加强饲养管理，做好母羊产前抓膘工作，产后要注意保暖、合理哺乳，并做好环境卫生和消毒工作。其次，在本病常发地区做好母羊疫苗（如羔羊痢疾灭活疫苗）接种工作。此外，在本病的常发地区，还可采用药物预防（如羔羊出生 12 小时内内服盐酸土霉素 0.12~0.15 克，每日 1 次，连用 3 天；或磺胺脒，每只 0.2~05 克，连用 3 天）；也有一定预防效果。治疗本病的药物很多，治疗原则是抗菌消炎、收敛止泻。具体来说，可用盐酸土霉素 0.2~0.3 克配合胃蛋白酶 0.2~0.3 克，加温水 30 毫升 1 次灌服，每日 2 次，连用 3 天；也可用磺胺脒 0.5 克配合次硝酸铋 0.2 克等调水灌服。也可使用中药加减乌梅汤（乌梅 10 克、炒黄连 10 克、黄芩 10 克、郁金 10 克、甘草 10 克、猪苓 10 克、诃子肉 12 克、焦山楂 12 克、神曲 12 克、泽泻 8 克、干柿饼 1 个等研碎煎汤 150 毫升，加适量红糖灌服）。对于严重病例除内服上述药物外，还需肌内注射广谱抗菌消炎药（如恩诺沙星、环丙沙星、氟苯尼考、青霉素、硫酸链霉素等），或配合静脉注射 5% 葡萄糖氯化钠溶液进行治疗。

2. 羊猝狙

本病是由 C 型魏氏梭菌引起的羊肠道传染病，临床症状以急性死亡、腹膜炎和溃疡性肠炎为特征。

（1）病原

本病病原 C 型魏氏梭菌为两端略呈切状粗杆菌，菌体单个或 2~3 个相连，无鞭毛，不运动，在肠内容物中易见芽孢，但在动物体内极少见到芽孢。革兰阳性。在厌氧环境中生长迅速。

（2）流行特点

本病多见于1~2岁的绵羊，膘情较好的多发，山羊少见。一年四季中，以冬春季节多发。多见于在低洼、沼泽地区放牧的羊群，并呈地方流行性。

（3）临床症状

本病发病急，多数病羊在未见到明显的发病症状时即突然死亡。有时也表现精神委顿、离群、起卧不安、痉挛症状。

（4）病理变化

十二指肠和空肠黏膜严重出血和溃疡；腹腔积液增多，并有丝状或团块状的纤维素性物质渗出（图5–20），有时在皮下组织也可以见到粉红色渗出物。

图5–20　羊猝狙病理变化（腹腔积液增多，丝状纤维素性物质渗出）

（5）诊断

根据流行特点、临床症状和病理变化可做出初步诊断，必要时可对肠内容物和内脏进行细菌分离培养、鉴定及毒素检查，从而做出确诊。本病在临床上还需与羊快疫、肠毒血症、黑疫、巴氏杆菌病、炭疽等疾病鉴别诊断。

（6）防治

本病的预防主要用羊快疫、猝狙、肠毒血症三联灭活疫苗或羊快疫、猝狙、羔羊痢疾、肠毒血症三联四防灭活疫苗进行预防接种。在发病严重地区，还要加强饲养管理工作，防止羊群受寒或采食冰冻饲料，推迟早上的放牧时间。由于本病的病程很短，在临床上往往看不到明显病症就死亡，所以临床治疗无意义。

3. 羊肠毒血症

本病是由D型魏氏梭菌引起的绵羊急性毒血症，临床上以发病急、病程短、肾脏组织软化为特征。

（1）病原

本病的病原是D型魏氏梭菌，多存在于土壤和病羊肠道、粪便中。D型魏氏梭菌为短粗大型杆菌，两端呈方形或圆形，大小为（2.0~8.0）微米 ×（1.0~1.5）微米，多单个存在。在培养基中呈多形性。无鞭毛，不运动，会形成芽孢。革兰阳性。D型魏氏梭菌及其芽孢对热敏感。

（2）流行特点

以 2~12 月龄、膘情较好的绵羊多发，山羊少见。有明显的季节性，多见于夏天和秋天。多散发。本病的发生与羊的不良采食有关（如吃了大量的蔬菜或大量的食物）。

（3）临床症状

发病急促，突然出现肌肉颤抖、磨牙、口鼻流泡沫、头颈后仰等症状，多数在出现上述症状后 2~4 小时内死亡。有些病羊在死亡之前还有腹泻、排出黄褐色的水样稀粪等症状。

（4）病理变化

剖检可见肾脏肿大明显，肾脏皮质柔软如泥（图 5-21），甚至呈糊状（又称软肾病）。小肠黏膜充血、出血（图 5-22），严重时整个小肠内壁为红色。脾脏有不同程度的肿大，胆囊肿大，全身淋巴结也肿大充血。

图 5-21 羊肠毒血症病理变化（肾脏肿大，皮质柔软）

图 5-22 羊肠毒血症病理变化（小肠黏膜严重出血）

（5）诊断

根据流行病学、临床症状和病理变化可做出初步诊断。必要时对肠道、肾脏、肝脏进行细菌分离培养和鉴定及小肠内毒素检验，从而做出确诊。在临床上，本病要与羊快疫、猝狙、巴氏杆菌病等鉴别诊断。

（6）防治

在本病的常发地区，每年定期用羊快疫、猝狙、羔羊痢疾、肠毒血症三联四防灭活疫苗进行预防接种。此外，在牧区或农区春夏季或秋季谷物收成季节，防止羊采食过量的结籽农作物或蔬菜。本病目前没有有效的治疗药物。由于发病急，多数病例来不及治疗就死亡。

4. 羊快疫

本病是由腐败梭菌引起的羊急性传染病，临床症状以突然发病、病程短、急性死亡、皱胃出血为特征。

（1）病原

本病病原腐败梭菌菌体呈杆状，大小为（0.6~0.8）微米 ×（2.0~4.0）微米，无荚膜，有鞭毛，能运动，会形成芽孢。细菌为单个或2~3个相连，有的呈长丝状。为严格厌氧，革兰阳性。一般消毒药均能杀死繁殖体，但其芽孢抵抗力强，应用氯制剂或氢氧化钠进行消毒。

（2）流行特点

本病以6~18月龄的绵羊最易感，膘情好的易发，山羊和鹿也可发病。一年四季中以秋冬季和初春季节多发。发病率比较低，以散发为主，但死亡率很高。传染途径以消化道感染为主。

（3）临床症状

常在放牧时发现羊死于牧场或者早晨死于羊舍内。个别病程稍长的病例，可见到腹胀、腹痛等症状，最后衰竭死亡。极少有耐过者。

（4）病理变化

病羊死亡后，尸体迅速腐败膨胀，皱胃黏膜出现弥漫性出血斑（图5-23），前胃黏膜也有不同程度的脱落。肠道黏膜有不同程度的充血、出血及溃疡病变，肺脏、脾脏、肾脏等器官有不同程度的瘀血。颈部和胸部皮下组织有胶冻样水肿。其中皱胃黏膜出血，为特征性病变。

图5-23 羊快疫病理变化（皱胃黏膜弥漫性出血斑）

（5）诊断

根据流行病学、临床症状、病理变化可做出初步诊断。必要时要进行细菌分离培养和鉴定及胃肠内毒素检验，从而做出确诊。在临床上，本病还需与羊炭疽、肠毒血症、巴氏杆菌病、黑疫等鉴别诊断。

（6）防治

在本病常发地区可使用羊快疫、猝狙、羔羊痢疾、肠毒血症三联四防灭活疫苗进行预防。在平时饲养管理过程中，要防止羊群受寒和采食冰冻饲料，早上要推迟放牧时间。本病发病很急，往往来不及治疗就死亡，所以在临床上无治疗意义。

5. 羊黑疫

本病是由 B 型诺维梭菌引起的羊急性高度致死性毒血症，又称羊传染性坏死性肝炎，以肝脏发生实质性坏死为特征。

（1）病原

本病病原 B 型诺维梭菌，又称水肿梭菌，为大型杆菌。其大小为（1.2~2.0）微米 ×（4.0~20.0）微米，无荚膜，有鞭毛，能运动，形成芽孢，严格厌氧，革兰阳性。

（2）流行特点

本病可危害绵羊和山羊，但以 2~4 岁膘情好的绵羊多发，牛也可感染。多发于春夏季节，肝片形吸虫会诱发本病。在地势较低的低洼潮湿地区放牧的羊多见。

（3）临床症状

发病急促，常常见不到临床症状就突然死亡。少数慢性病例可见病羊离群、食欲废绝、体温升高、呼吸困难，最后昏睡而死亡。

（4）病理变化

肝脏表面和肝脏实质内可见散在、数量不等的圆形坏死灶（直径 2~3 厘米），呈黄白色（图 5–24）。在坏死灶外围有一红色炎症反应带。皮下严重瘀血而使皮肤变黑色（故称羊黑疫），在颈部、腹部、皮下有胶冻样水肿（图 5–25）。

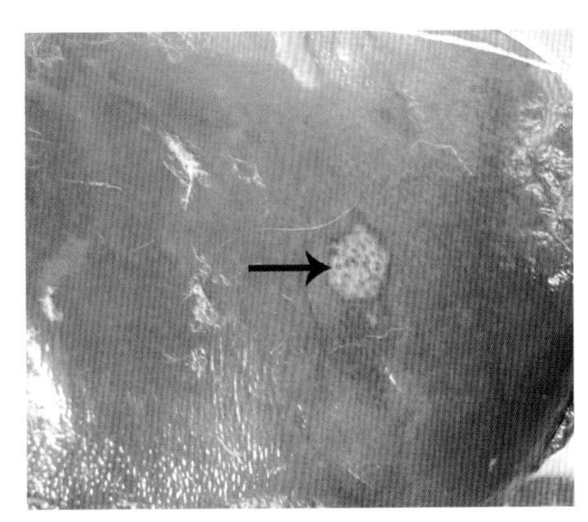

图 5–24　羊黑疫病理变化（肝脏表面散在黄白色坏死灶）

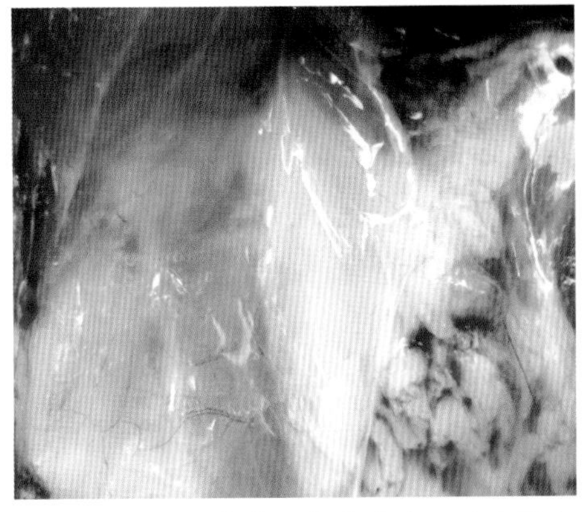

图 5–25　羊黑疫病理变化（皮下胶冻样水肿）

（5）诊断

根据流行特点、临床症状、病理变化可做出初步诊断。必要时可取病料进行细菌分离培养和鉴定及毒素检查。此外，本病在临床上还需与羊块疫、肠毒血症、巴氏杆菌病等鉴别诊断。5 种羊梭菌性疾病的鉴别要点见表 2。

表2 5种羊梭菌性疾病的鉴别要点

鉴别要点		病名				
		羔羊痢疾	羊猝狙	羊肠毒血症	羊快疫	羊黑疫
病菌及涂片镜检		B型魏氏梭菌，血液和脏器可见两头钝圆的粗大杆菌	C型魏氏梭菌，血液和脏器可见两头钝圆的粗大杆菌	D型魏氏梭菌，血液和脏器可见两头钝圆的粗大杆菌	腐败梭菌，肝脏触片可见无节长丝状的菌体	B型诺维梭菌，粗而长的大型杆菌
流行病学	易感动物和病性质	羔羊，急性毒血症	成年绵羊（1~2岁多发），毒血症	绵羊（1岁以下多发）、山羊，毒血症	绵羊（6~18月龄多发）、山羊，毒血症	绵羊（2~4岁多发）、山羊，毒血症
	营养状况	体质瘦弱者多发	膘情较好者多发	膘情较好者多发	膘情较好者多发	膘情较好者多发
	发病季节	冬季	春秋季	牧区：春夏之交和秋季；农区：夏收、秋收季节	秋冬季和早春季节	春季
	发病诱因	母羊怀孕期营养不良，气候寒冷，哺乳不当	常见于低洼沼泽地放牧的绵羊	食入过量青嫩多汁或富含蛋白质的草料	在低洼潮湿地区放牧；气候剧变，阴雨连绵，风雪交加；吃过冰冻饲料	与肝片形吸虫感染有关
临床症状	体温	降至常温以下	一般正常	一般正常	一般正常	体温正常或略升高
	转归	缓死，很少自愈	急死，无耐过者	急死，无耐过者	急死，无耐过者	急死
	特征	剧烈腹泻，小肠溃疡	急性死亡，腹膜炎，溃疡性肠炎	突然发病，即刻死亡	突然发病，即刻死亡	皮肤发黑
	可视黏膜	部分口流白沫	无明显异常	口腔黏膜苍白，口鼻流出泡沫样液体	可视黏膜充血，呈蓝紫色，天然孔流出血样液体	无明显异常
病理变化	前胃黏膜自溶脱落	无	无	无	多见	无
	皱胃出血性炎症	无	无	轻微	很显著，呈弥漫性或斑块状	无
	小肠出血性炎症	较普遍而严重	严重	较普遍而严重	一般轻微，个别较重	轻微
	肾脏软化	无	无	多数有，且较明显	少有，较轻微	无

（6）防治

在本病流行地区要做好羊黑疫疫苗的免疫工作，同时还要定期做好肝片形吸虫的驱虫工作（每年 6 次）。在发病早期可使用抗诺维梭菌血清或青霉素等抗生素进行治疗，有一定的效果。

（六）羊巴氏杆菌病

羊巴氏杆菌病又称羊出血性败血症，是由多杀性巴氏杆菌引起的羊传染病。常发生于断奶羔羊，也可见于 1 岁左右的绵羊，山羊较少见。在绵羊，主要表现为败血症和肺炎。

1. 病原

多杀性巴氏杆菌是两端钝圆、中央微凸的短杆菌，革兰阴性。病羊组织或血液涂片，经瑞氏染色后菌体呈两极着色。其抵抗力不强，对干燥、热和阳光敏感，用一般消毒剂在数分钟内便可杀死。对抗生素以及磺胺类药物均敏感。

2. 流行特点

在绵羊多发，其中以幼龄羊较常见。一年四季中以冬末和春初多见，常表现散发或地方流行性。本病的传播多经呼吸道、消化道或受伤皮肤而感染。与环境、气候以及饲养管理条件骤变有较大关系。

3. 临床症状

①最急性型。多见于哺乳羔羊，发病快，全身寒战，呼吸困难，多在几个小时内死亡（图 5–26）。

②急性型。体温升高到 41~42℃，咳嗽明显，鼻孔常流出带血分泌物（图 5–27）。粪便有时干燥，有时腹泻。病程持续 2~5 天。

③慢性型。病羊消瘦，鼻流脓性分泌物（图 5–28），咳嗽明显，呼吸困难。

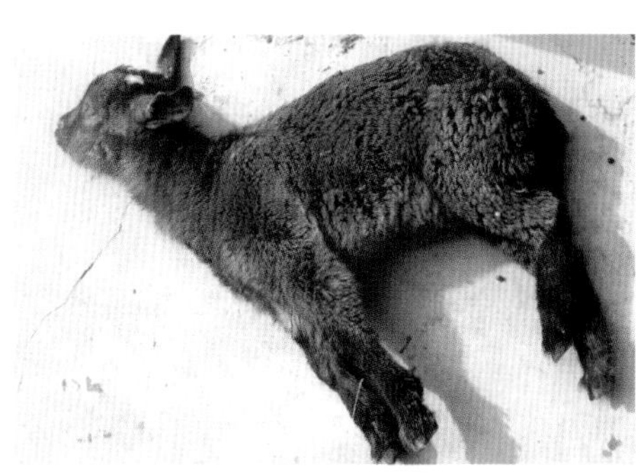

图 5–26　羊巴氏杆菌病症状（急性死亡）

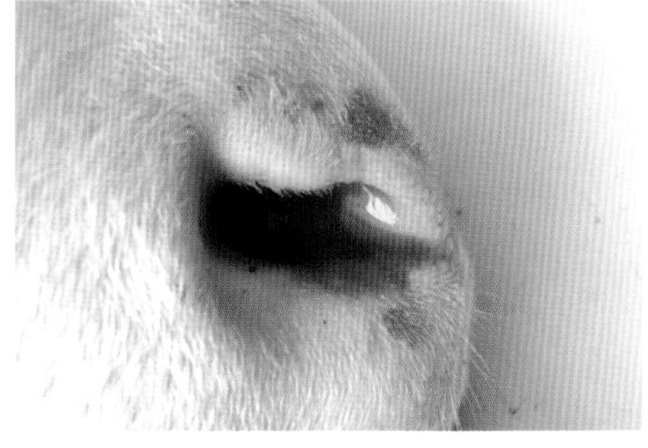

图 5–27　羊巴氏杆菌病症状（鼻流带血分泌物）

有时可见到胸前皮下有水肿或有角膜炎。病程可持续 2~3 周。

4. 病理变化

①急性型。咽喉部皮下组织水肿，胸腔内积液增多，肺脏淤血和水肿，出现不同程度的肺炎病变。肝脏可见坏死灶，胃肠道有出血病变，心脏有少量点状出血（图 5–29）。

图 5–28 羊巴氏杆菌病症状（鼻流脓性分泌物）

②慢性型。胸腔内出现胸膜炎和心包炎，肺脏表面有干酪样纤维素性物质渗出（图 5–30），并有一些大小不等的坏死灶。

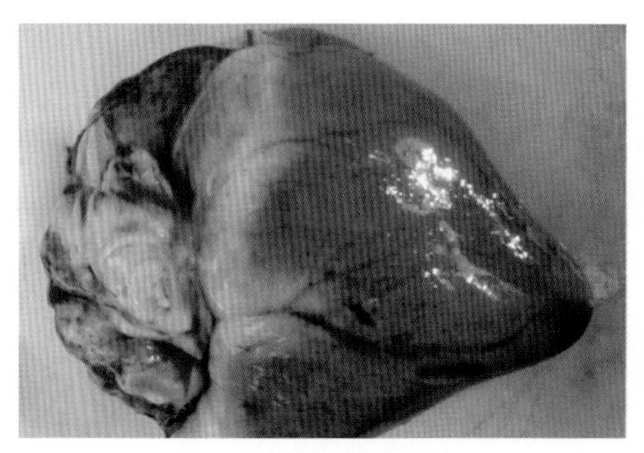

图 5–29 羊巴氏杆菌病病理变化（心脏点状出血）

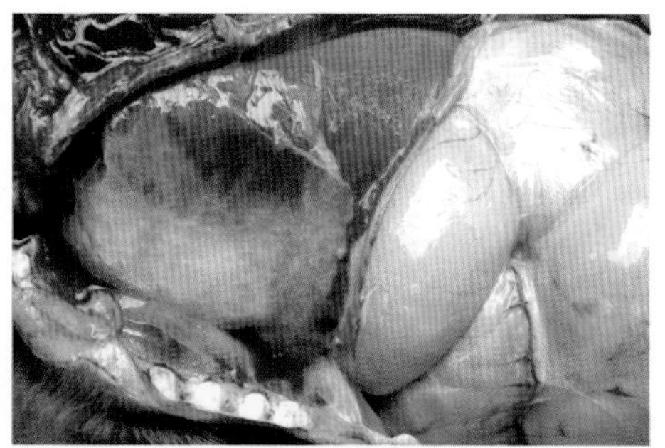

图 5–30 羊巴氏杆菌病病理变化（肺脏表面干酪样纤维素性物质渗出）

5. 诊断

取病羊的肺脏、肝脏、脾脏等病料进行细菌镜检和分离，检出两极浓染的巴氏杆菌，再结合流行病学、临床症状、病理变化即可做出诊断。

6. 防治

平时要加强饲养管理工作，避免羊群受寒或拥挤，做好环境卫生和消毒工作。在本病常发地区可安排接种羊巴氏杆菌灭活疫苗。发现本病时，要立即隔离治疗，可选择硫酸庆大霉素、硫酸卡那霉素、磺胺嘧啶钠、氟苯尼考、恩诺沙星、青霉素和硫酸链霉素等药物肌内注射，每日 2 次，连用 3 天。

（七）羔羊大肠杆菌病

羔羊大肠杆菌病又称羔羊大肠杆菌性腹泻或羔羊白痢，是由致病性大肠杆菌引起的羔羊急性传染病，主要特征为腹泻或败血症。

1. 病原

本病病原致病性大肠杆菌为革兰阴性、中等大小的杆菌。两端钝圆，大小为（1.1~1.5）微米 ×（2.0~6.0）微米，单个或成对排列，多数菌株有荚膜和鞭毛，有众多血清型。对外界抵抗力不强，一般常用消毒药均能迅速将其杀死。

2. 流行特点

本病多见于出生至 6 周龄的羔羊。有的地方也见于 3~8 月龄小羊。放牧的羊少见，舍饲的羊多见。本病与气候不良、初乳不足、羊舍场所受污染等因素关系较大。

3. 临床症状

根据临床症状不同，可分为败血型和肠炎型两种。

①败血型。多见于 2~6 周龄羔羊，常有神经症状，四肢关节肿胀、疼痛，病程短，多见于发病 4~12 小时内死亡。

②肠炎型。多见于产后 2~8 天的新生羔羊，主要表现起卧不安，腹泻严重，排黄白色稀粪（图 5–31），脱水衰竭，若不及时治疗可于 1~2 天内死亡。轻度的病例排黄色稀粪，黏附于肛门口（图 5–32），经及时治疗后多能康复。

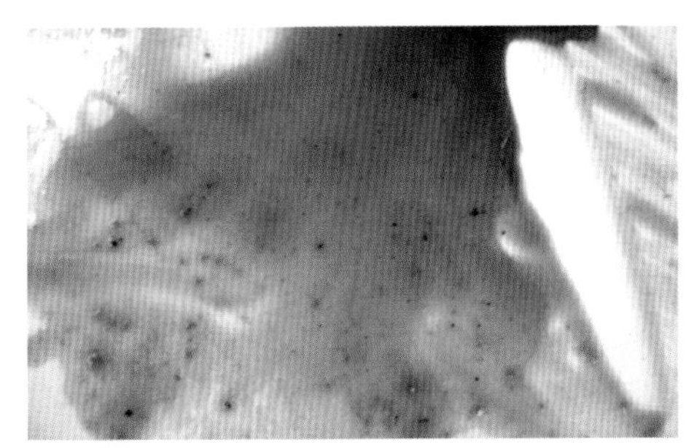

图 5–31　羔羊大肠杆菌病症状（排黄色稀粪）

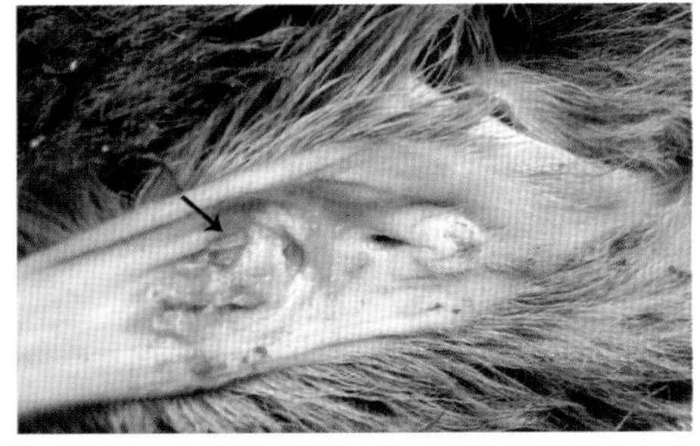

图 5–32　羔羊大肠杆菌病症状（黄色稀粪黏附于肛门口）

4. 病理变化

①败血型。胸腔、腹腔、心包内有大量积液，并有纤维素性物质渗出。关节肿大，脑膜充血、出血。

②肠炎型。皱胃、小肠、大肠黏膜充血、出血，瘤胃和网胃出现黏膜脱落，皱胃内充满白色内容物（图 5–33），小肠内充满黏液和气泡（图 5–34）。

5. 诊断

根据流行病学、临床症状和病理变化可做出初步诊断。必要时可取病羊的内脏或胃肠内容物进行细菌分离培养及鉴定。在临床上，本病需与羔羊痢疾、羊沙门菌病鉴别诊断。

图 5-33　羔羊大肠杆菌病病理变化（皱胃内充满白色内容物）

图 5-34　羔羊大肠杆菌病病理变化（小肠内充满黏液和气泡）

6. 防治

平时加强饲养管理，做好羊舍环境卫生。发病时可选用盐酸土霉素、硫酸新霉素、磺胺类药物等进行内服治疗，同时还要配合肌内注射恩诺沙星或磺胺类药物等，予以对症治疗。

（八）羊沙门菌病

羊沙门菌病又称羊副伤寒，是由肠杆菌科沙门菌属中的鼠伤寒沙门菌、都柏林沙门菌和羊流产沙门菌引起的羊细菌性传染病。

1. 病原

本病病原属于肠杆菌科沙门菌属中的几个成员，形态呈直杆状，大小（0.7~1.5）微米 ×（2.0~5.0）微米。有鞭毛，能运动。对热、各种消毒药、外界环境抵抗力强，也易产生耐药性。

2. 流行特点

各年龄羊均可发生本病，其中以断奶后的羔羊和怀孕后期母羊较易感。一年四季均可发生，其中羔羊常见于夏季和早秋季节，怀孕母羊常见于晚冬和早春季节。舍饲的羊较放牧羊易发。各种不良环境应激因素（如卫生不良、拥挤、运输、寄生虫病困扰等），均易促使本病的发生。

3. 临床症状

①下痢型。多见于羔羊，主要表现精神沉郁、体温升高和腹泻症状，排出的稀粪带血和黏液（图 5-35），并有恶臭。若治疗不及时，可在 1~5 天内死亡，发病率 30% 左右，死亡率 25% 左右。

②流产型。多发生于怀孕绵羊的最后 2 个月，病羊流产或产死胎。流产之前，病羊有轻微的体温升高、食欲减退症状。流产之后，母羊阴道有粉红色分泌物流出（图 5–36）。严重时可导致母羊死亡。在母羊群有一定的传染性，严重时流产率可达 60% 以上，流产母羊的死亡率也可达 5%~7%。

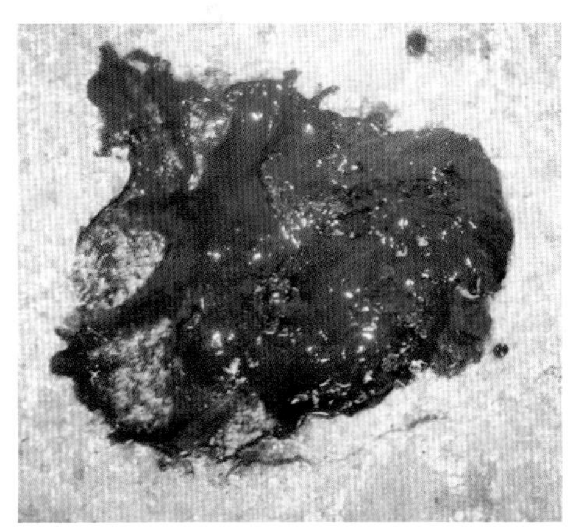

图 5–35　羊沙门菌病症状（羔羊排出带黏液稀粪）

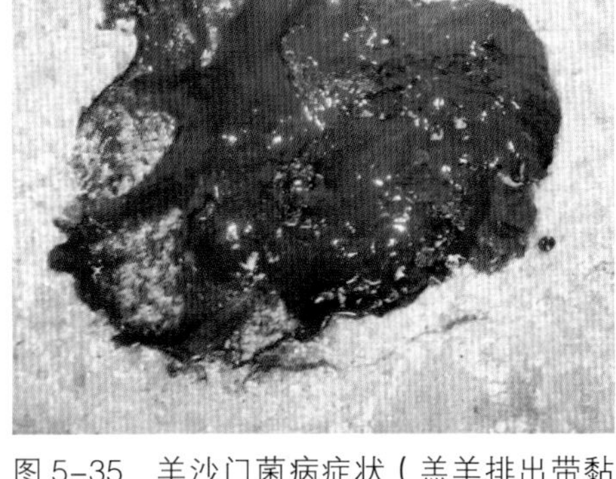

图 5–36　羊沙门菌病症状（母羊阴道排粉红色分泌物）

4. 病理变化

①下痢型。羔羊的后躯常被粪便污染，全身脱水明显，皱胃空虚，小肠内容物稀薄，小肠黏膜充血、出血。

②流产型。流产的胎儿呈败血症病变（皮下组织水肿，肝脏、脾脏肿大和坏死，胎盘水肿出血）。死亡母羊的子宫表现急性子宫炎，子宫内充满炎症组织和滞留胎盘。

5. 诊断

根据流行病学、临床症状及病理变化可做出初步诊断。必要时可取病羊或流产胎儿进行细菌分离培养及鉴定。临床上，本病还需与羔羊痢疾、大肠杆菌病、衣原体病等鉴别诊断。

6. 防治

在生产中要加强对羔羊和怀孕母羊的饲养管理，消除各种不良应激因素。发现病羊要及时隔离治疗。对病羊可肌内注射氟苯尼考注射液（每千克体重 30 毫克），或恩诺沙星注射液（每千克体重 2.5~3 毫克），或环丙沙星注射液（每千克体重 2.5~5 毫克），也可配合内服盐酸土霉素或磺胺嘧啶等进行治疗。对脱水严重的病羊要配合静脉注射抗生素和补液盐等，以提高本病的治愈率。

（九）羊链球菌病

羊链球菌病是由链球菌引起的羊急性热性传染病。成年羊多表现败血症，而羔羊则以浆液性纤维素性肺炎为特征。绵羊最易感，常发于冬春季节。

1. 病原

本病病原是C群马链球菌兽疫亚种，革兰阳性。病料中呈球形，单个或成对存在，偶见3~5个相连成短链，有荚膜。对外界环境的抵抗力较强，对热敏感，对一般消毒剂抵抗力较弱。

2. 流行特点

绵羊易感，山羊次之。在老疫区多为散发，在新疫区多见于冬春季节。常经呼吸道和损伤的皮肤而感染。发生过本病的地区易形成疫源地。

3. 临床症状

病羊体温升高，呼吸困难，咽喉部及下颌淋巴结肿大明显，有咳嗽症状，鼻流浆液性或带脓血的分泌物，眼结膜发绀，病程短，病死前会出现磨牙呻吟及抽搐现象。有时表现突然死亡（图5–37），无任何先兆症状。

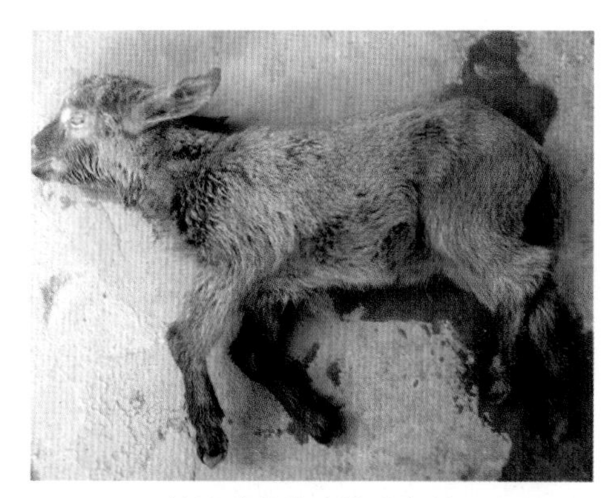

图5–37　羊链球菌病症状（急性死亡）

4. 病理变化

以败血病变为主，主要表现尸僵不明显，皮下出血（图5–38），胸腔积液，内脏器官广泛性出血（图5–39），肺水肿并有肉样病变。内脏器官表面常覆有丝状纤维素样物。

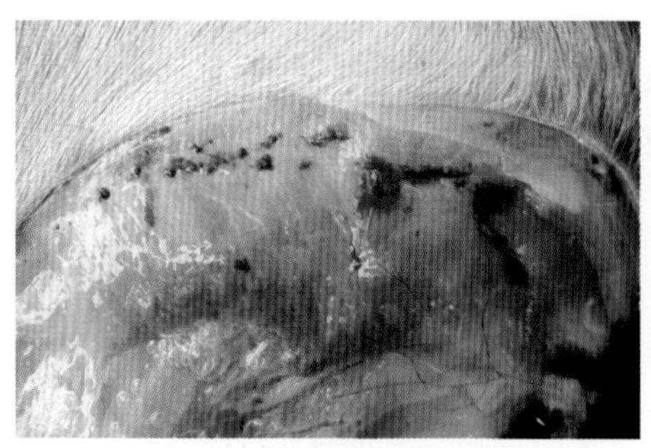

图5–38　羊链球菌病病理变化（皮下出血）

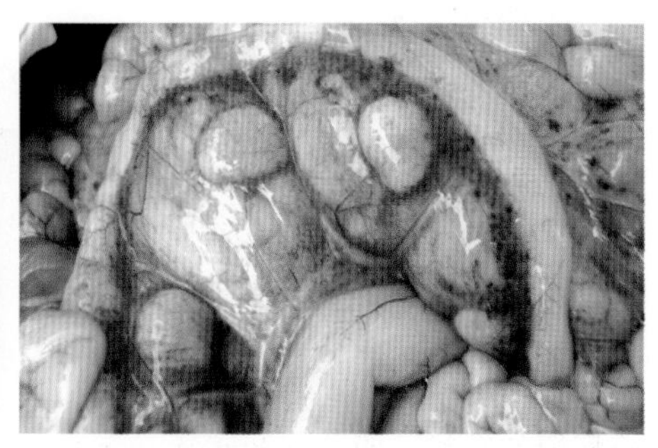

图5–39　羊链球菌病病理变化（内脏器官广泛性出血）

5. 诊断

取内脏器官组织或心血进行涂片染色镜检，可见双球状或3~5个菌体连成的短链状细菌（图5-40）。必要时需进行细菌分离培养及鉴定。在临床上本病需与羊巴氏杆菌病、传染性胸膜肺炎、梭菌性疾病鉴别诊断。

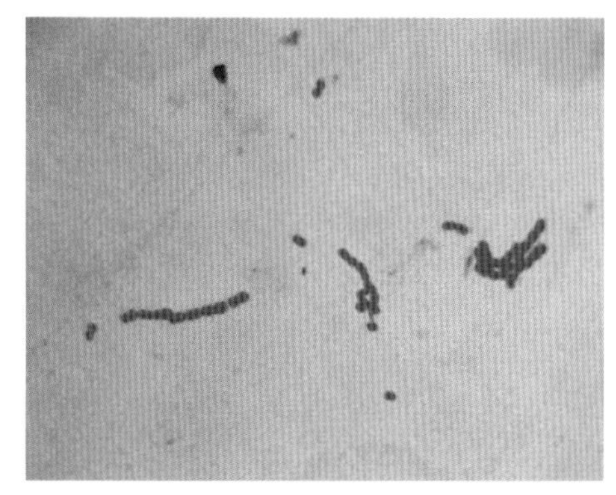

图5-40 链球菌形态

6. 防治

疫区可在疫病流行季节来临之前，接种羊败血性链球菌病灭活疫苗预防。平时要加强羊群消毒或病羊隔离工作。在发病早期可使用青霉素或磺胺类药物进行治疗，如青霉素80万~160万单位，每天肌内注射2次，连用2~3天；或10%磺胺嘧啶钠注射液5~10毫升，每天2次，连用2~3天。

（十）羊破伤风

羊破伤风又称“锁口风”，是由破伤风梭菌引起的羊急性、创伤性、人畜共患传染病。

1. 病原

本病病原破伤风梭菌菌体细长，大小（0.4~0.6）微米 ×（4.0~8.0）微米，两端钝圆，为正直或稍弯曲大型杆菌。多数菌株有鞭毛，能运动，在动物体内外均可形成芽孢（呈鼓槌状），不形成荚膜，革兰阳性，可产生外毒素。芽孢型破伤风梭菌的抵抗力很强，不易被杀灭。

2. 流行特点

破伤风梭菌在自然界中广泛存在，只要羊有适当的伤口就有可能感染发病。各种家畜均有易感性，其中幼龄动物易感性更强。羊的感染多见于各种创伤之后一段时间（如钉伤、刺伤、断角、断脐、阉割、剪毛等）。本病无季节性，通常为零星散发。

3. 临床症状

本病潜伏期为1~2周，有的会更长。病羊初期表现精神呆滞，起卧困难。随着病情的发展，四肢逐渐变硬，行走不便，不时倒地。严重时开口困难，采食和咀嚼障碍或牙关紧闭。最后表现流涎，不能采食和饮水，并有瘤胃臌气和角弓反张症状（图5-41），几天后衰竭死亡，死亡率几乎为100%。

4. 病理变化

除创口局部有炎症反应外，内脏器官一般无明显病变。

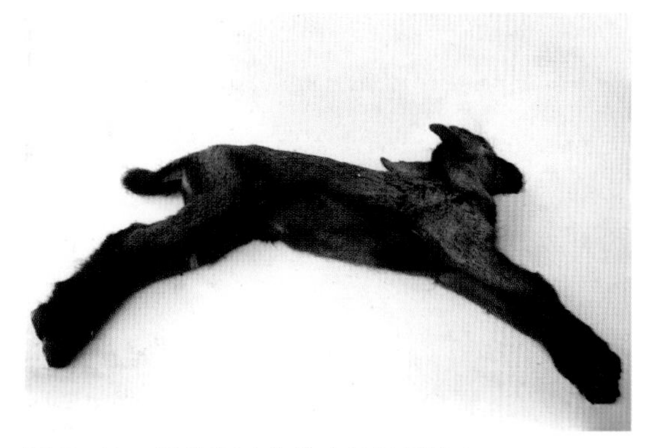

图 5-41　羊破伤风症状（角弓反张）

5. 诊断

根据流行病学、临床症状和病理变化可做出初步诊断。必要时对创伤局部进行细菌分离培养及鉴定。在临床上，本病还需与羊狂犬病、急性风湿症、马钱子中毒等鉴别诊断。

6. 防治

平时加强羊群的饲养管理，防止羊只意外受伤。在进行阉割、断脐或动手术时要做好有关器械的消毒和伤口消毒工作。

在本病常发地区可在手术之前先注射破伤风抗毒素（每只羊皮下注射 1 万 ~2 万国际单位）进行预防。发生本病后一般做淘汰处理。对于贵重的种羊，可采取局部处理、注射抗毒素及对症治疗相结合的措施。局部治疗要对深部创口或小创口进行扩创，并用3% 过氧化氢溶液进行反复清创，之后用2% 碘酊溶液进行消毒，同时用青霉素和硫酸链霉素进行创口注射和肌内注射，每日 1~2 次，连用 7 天。此外，每天肌内注射或皮下注射 10 万 ~20 万国际单位的精制破伤风抗毒素（分早、中、晚 3 次）。对症治疗可采取如下几个方案：当病羊兴奋不安时，可肌内注射氯丙嗪注射液（每千克体重 2 毫克），也可使用硫酸镁或普鲁卡因等药物；当病羊出现衰竭时，每天要输液处理，提高病羊抵抗力；当病羊出现瘤胃臌气时，要灌食用油或用温水灌肠。在内服灌药或灌食用油时要采取小剂量、多次灌服方法，以免羊因咽喉麻痹造成异物性肺炎而死亡。

（十一）羊李氏杆菌病

羊李氏杆菌病是由产单核细胞李氏杆菌引起的羊散发性人畜共患传染病。其特征为脑膜脑炎引起的神经症状，发病率低，死亡率高。绵羊李氏杆菌病较为多见。

1. 病原

产单核细胞李氏杆菌为规整的短杆菌，菌端钝圆，大小（0.4~0.5）微米 ×（0.5~2.0）微米，革兰阳性。在感染组织或液体培养物中常呈类球形，在抹片中多单个散在或 2 个并列或排成 V 字形，无芽孢和荚膜。产单核细胞李氏杆菌为微嗜氧菌，对外界环境抵抗力不强，一般消毒剂可将其灭活。

2. 流行特点

各种家畜、人均可感染。羊品种中以绵羊多见，山羊也可感染。各年龄均可感染，其中以羔羊和妊娠母羊较容易感染。无明显的发病季节，多为散发。

3. 临床症状

病羊发病初期体温升高，不久就会降至常温。羔羊多表现败血症症状，精神沉郁，流鼻液，采食停止或减少，死亡快。年龄稍大的羔羊多表现脑膜脑炎症状，头向一侧弯曲，视力减退，倒地呈游泳姿势，最后昏迷衰竭死亡（图 5-42）。感染母羊表现流产，并出现急性败血症而迅速死亡。本病的发病率较低，但死亡率较高。

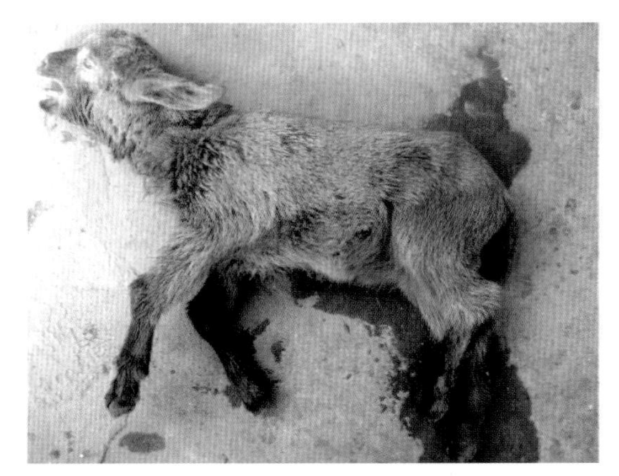

图 5-42　羊李氏杆菌病症状（倒地呈游泳姿势）

4. 病理变化

剖检可见明显的脑膜充血、出血、水肿病变（图 5-43），同时可见脑脊液增多、稍混浊。流产母羊的胎盘充血、出血明显，子宫水肿。血浆和病变组织中的单核细胞增多。

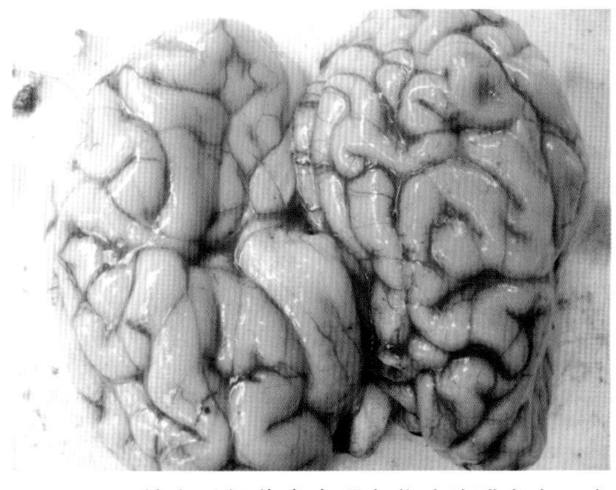

图 5-43　羊李氏杆菌病病理变化（脑膜充血、出血和水肿）

5. 诊断

根据流行病学、临床症状及病理变化可做出初步诊断。必要时进行细菌分离培养及鉴定。在临床上，本病还需与羊脑多头蚴病及有流产症状的其他一些疾病鉴别诊断。

6. 防治

发病早期可采取大剂量的磺胺类药物和广谱抗生素药物交替治疗。具体来说，可用 20% 磺胺嘧啶钠（每千克体重 50~60 毫克）或硫酸庆大霉素（每千克体重 1000~1500 单位）进行肌内注射，连用 3~4 天。当病羊出现脑神经症状时，可结合肌内注射盐酸氯丙嗪（每千克体重 1~3 毫克）进行治疗，有一定效果。

（十二）羊副结核病

羊副结核病又称羊副结核性肠炎，是由副结核分枝杆菌引起的羊慢性接触性传染病。其特征病变为特异性增生性肠炎，临床主要特征为顽固性腹泻和进行性消瘦。

1. 病原

副结核分枝杆菌为革兰阳性小杆菌，无运动能力，不形成荚膜和芽孢，具有抗酸染色特性。对外界抵抗力较强，在粪便中可存活 4~8 个月。但对热及紫外线敏感，75% 酒精和 10% 含氯石灰能很快将其杀死。

2. 流行特点

牛、羊均可发生本病，幼龄家畜对本病易感性更强，多数家畜都是幼年时感染，经过长期潜伏，到成年时表现出症状。病畜排泄物污染场所、草料、水源，经消化道感染。本病流行缓慢，多为零星发生。

3. 临床症状

病初表现间歇性腹泻，粪便稀薄带恶臭，病羊体温、食欲、精神等无明显异常。后期表现持续性腹泻，甚至水样喷射状下痢，有时粪便带血。病羊消瘦、衰弱、脱毛、卧地，末期可并发肺炎。病程一般 3~4 个月，有些病例可达 6 个月至 2 年，最终因衰竭而死亡。病死羊极度消瘦。

4. 病理变化

可视黏膜苍白，皮下与肌间脂肪呈胶冻样水肿。回肠、盲肠和结肠的肠壁明显增厚，肠黏膜表面形成许多皱襞，或粗糙不平，呈结节状。肠黏膜固有层和黏膜下层有程度不等的上皮样细胞、淋巴细胞、巨细胞增生，抗酸染色时上皮样细胞中有大量红色副结核分枝杆菌。肠系膜淋巴结肿大、坚实，切面灰白或灰红，均质，呈髓样变，组织切片可见淋巴窦内有大量巨噬细胞和上皮样细胞增生。

5. 诊断

根据临床症状、特征病变及抗酸染色（病理组织切片或粪便黏液涂片），可确诊。必要时还可进行细菌分离培养和鉴定，以及变态反应诊断。变态反应诊断方法是：用副结核菌素或禽型结核菌素 0.1 毫升，注射于颈中部或尾根皱褶皮内，经 48~72 小时，如注射局部发红、肿胀，判定为阳性。本病初期症状不明显，易被忽视。如怀疑本病而进行粪便检查时，应采取新鲜粪便的黏液，最好重复检查数次。羊胃肠道寄生虫病、营养不良、沙门菌病等也常有腹泻或消瘦症状表现，应注意鉴别。但这些疾病均无肠道的特征病变。

6. 防治

病羊无治疗价值。对羊群可采用提纯的副结核菌素进行皮试，每年检疫 4 次，及时淘汰有临床症状或皮试反应呈阳性的病羊。用 20% 含氯石灰混悬液或 20% 石灰乳彻底消毒圈舍、用具等。

（十三）羊葡萄球菌病

羊葡萄球菌病是由金黄色葡萄球菌引起的羊传染病，为人畜共患病。以组织器官化脓性炎症或全身性脓毒败血症为特征。

1. 病原

金黄色葡萄球菌为革兰阳性菌，常呈葡萄穗状排列，能产生血浆凝固酶，还能产生多种能引起急性胃肠炎的肠毒素。

2. 流行特点

金黄色葡萄球菌在自然环境中分布极为广泛，是动物体表及呼吸道的常在菌。多种动物及人均易感，各种途径均可感染，其中常见的是经破损的皮肤和黏膜感染。此外，金黄色葡萄球菌也常成为其他传染病混合或继发感染的病原。

3. 临床症状

病羊常表现急性化脓、坏疽性乳腺炎。可见乳房发红、发热、严重胀大（图 5-44）、疼痛，其分泌物呈红色或黄色，有恶臭，母羊不让羔羊吮乳。羔羊则表

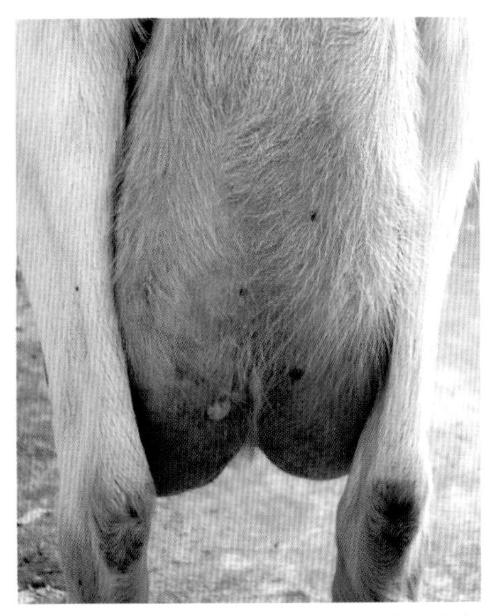

图 5-44　羊葡萄球菌病症状（母羊乳房发红，高度肿胀）

现为化脓性皮炎或脓毒血症。

4. 病理变化

内脏器官可见大小不等的脓肿（图 5-45），切开可见脓肿物为糊状或浓稠的黄色脓汁，脓肿周围可见明显的包囊。

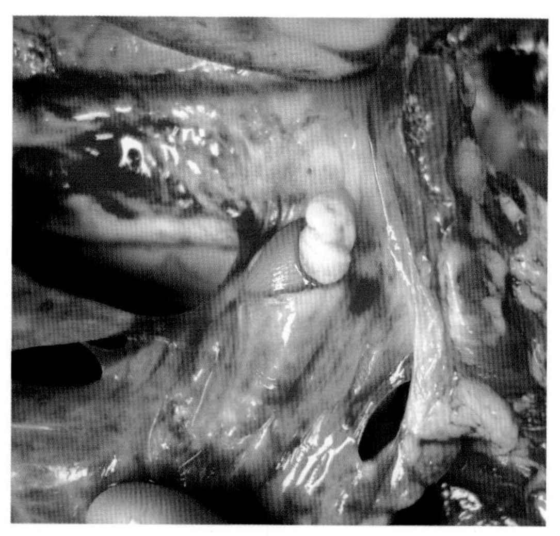

图 5-45　羊葡萄球菌病病理变化（肺脏脓肿）

5. 诊断

根据化脓、坏疽性乳腺炎，皮下、肌肉和其他脏器有脓肿，可做出初步诊断，确诊还需要进行细菌学检验。如有条件，可对从病羊体内分离的菌株进行抑菌试验，选择敏感药物用于治疗。

6. 防治

加强饲养管理，改善羊舍的环境卫生，避免外伤，提高机体的抵抗力等，可大大降低本病的发生概率。治疗以青霉素为首选药物，硫酸庆大霉素及硫酸卡那霉素等也有较好疗效。

（十四）羊结核病

羊结核病是由结核分枝杆菌属的 3 种分枝杆菌引起的羊慢性传染病，为人畜共患病。其特征是组织器官形成结核结节，即结核性肉芽肿。

1. 病原

本病病原是分枝杆菌属的3个种，即结核分枝杆菌、牛分枝杆菌和禽分枝杆菌。牛分枝杆菌和禽分枝杆菌可感染绵羊，结核分枝杆菌可感染山羊。分枝杆菌为革兰阳性菌，不产生芽孢和荚膜，不能运动。常用抗酸染色法来观察形态。

2. 流行特点

患有结核病的羊是本病的传染源，可通过呼吸道、消化道和损伤皮肤感染，其中呼吸道感染为主。本病一般散发或呈地方流行性，季节性不明显，发病程度与饲养管理关系较大。奶山羊易感性较强。

3. 临床症状

羊结核病一般呈慢性经过，初期无明显症状，后期病羊明显消瘦，呼吸困难，有时流黄色鼻液，甚至流含血丝鼻液。湿性咳嗽，肺部听诊有明显湿啰音。有的病羊体表淋巴结肿大发硬，乳房有肿大结节（图5–46）。

图 5–46　羊结核病症状（乳房肿大结节）

4. 病理变化

肺脏表面聚集有黄色或白色结节状脓肿（图 5–47），喉头和气管黏膜偶见溃疡。偶见心包膜内有大小不等的结节，内含有豆渣样内容物。肝脏表面有大小不等的脓肿，或聚集成片的小结节。

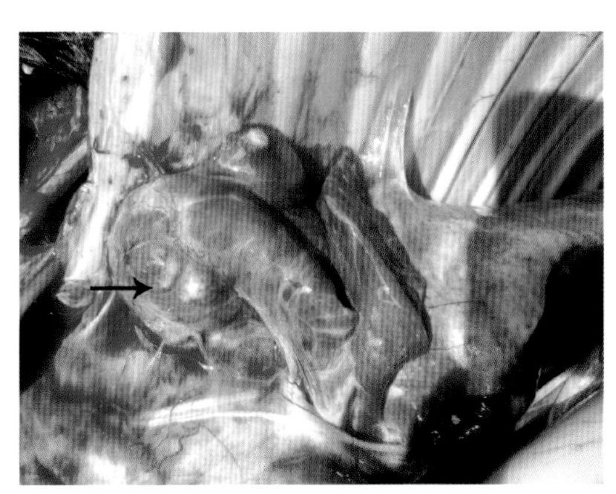

图 5–47　羊结核病病理变化（肺脏有黄白色结节状脓肿）

5. 诊断

依据流行病学、病理变化、结核菌素试验、细菌学和血清学试验等进行综合诊断。病羊生前很难做出诊断，只有当呼吸道症状特别明显时才可能引起怀疑，此时可用实验室诊断方法确诊。

6. 防治

本病以检疫、扑杀、消毒、净化饲养场等为主要防制措施，杜绝输入性病例。一般不予治疗，必要时可选用异烟肼、硫酸链霉素、利福平等药物进行治疗。

（十五）羊坏死杆菌病

羊坏死杆菌病是由坏死梭杆菌引起的羊慢性传染病。其特征为蹄部腐烂和口咽部黏膜坏死，有时在其他脏器（如肝脏）也可见转移性坏死灶。

1. 病原

本病病原为坏死梭杆菌，革兰阴性，严格厌氧，具有多形性。小者呈球杆状，大者为长丝状，染色时因着色不均而呈串珠状。坏死梭杆菌对热、常用消毒剂以及 4% 的醋酸均敏感。

2. 流行特点

坏死梭杆菌可侵害多种动物，如绵羊、山羊、猪、牛、马等。病畜及带菌动物是本病的传染源。主要是经损伤的皮肤和黏膜而感染，新生幼畜可经脐带感染。一年四季均可发生。

3. 临床症状

绵羊患坏死杆菌病多于山羊，常侵害蹄部，以蹄部皮肤、韧带和骨骼的进行性坏死为特征。病羊初期跛行，多为一肢患病。蹄间隙、蹄踵和蹄冠皮肤红肿，继而发生坏死和溃疡（图 5–48），挤压有恶臭的脓液流出。随病程的发展，关节也坏死，严重者蹄壳脱落。病轻者能很快恢复，重者往往由于内脏（肝脏、肺脏）形成转移性坏死灶而死亡。羔羊发生坏死性杆菌病时，易引发坏死性口炎，表现发热、流涎、呼吸困难、口腔疼痛、不吃草等症状。

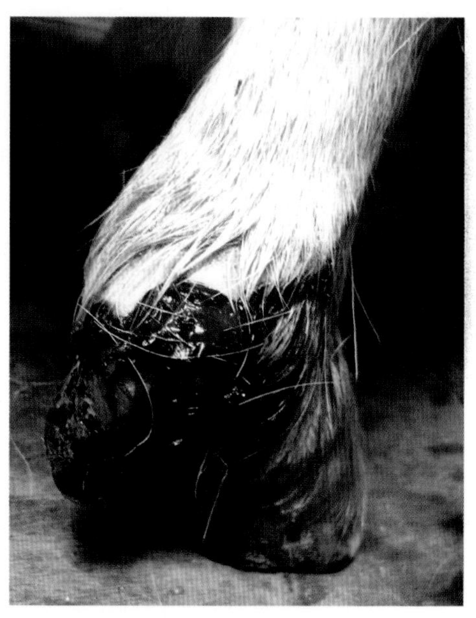

图 5–48 羊坏死杆菌病症状（蹄部皮肤红肿、坏死和溃疡）

4. 病理变化

在病羊的蹄部皮肤和角质交界处发生炎症，出现蹄叶炎或腐蹄病变。个别出现肝脏肿大或肝脏脓肿。羔羊可发生坏死性口腔炎（又称白喉），齿龈、颊、硬腭、舌及咽喉黏膜肿胀、坏死，形成假膜，强行剥开则露出溃疡面。

5. 诊断

根据蹄部、口腔黏膜坏死病变和临床症状可做出初步诊断。必要时从病羊的局部病灶与健康组织的交界处采取病料涂片，用稀释石炭酸复红或碱性美蓝染色，镜检如见着色不匀、犹如串珠样的细长丝状菌即可确诊。本病的病变部位多在蹄部和口腔，因此应注意与羊口蹄疫、传染性脓疱鉴别诊断：口蹄疫呈急性流行，牛、猪常同时发病；传染性脓疱无蹄部坏死病变。

6. 防治

本病无特异性疫苗可用于预防，只有采取综合预防措施，加强饲养管理，保持环境清洁、干燥，防止皮肤和黏膜发生损伤。如皮肤破损，要及时用5%碘酊消毒处理，发病后采用局部疗法。如发生转移性病灶，应进行全身治疗，以注射磺胺嘧啶钠注射液或盐酸土霉素效果较好，同时配合使用强心和解毒药物，可加速康复，提高治愈率。

①局部疗法。对腐蹄，要彻底切除坏死组织，并用10%~20%硫酸铜或5%福尔马林或1%高锰酸钾溶液清洗蹄部，再撒以磺胺粉，并用青霉素水剂浸湿的绷带包扎，每天或隔天换药1次。或洗蹄后涂上抗生素软膏，再用绷带包扎。对坏死性口膜炎，要先除去口腔内的坏死物，再用0.1%高锰酸钾液冲洗，然后涂抹碘甘油或撒布冰硼散进行治疗。

②全身疗法。采用20%复方磺胺嘧啶钠注射液，肌内注射8毫升，每天2次，连用5天；或采用盐酸土霉素（每千克体重20毫克），肌内注射，每天1次，连用5天；或采用硫酸庆大霉素注射液16万~32万单位，加维生素C注射液2~4毫升、维生素B_1注射液2毫升，静脉注射，每天2次，连用3~5天；或采用龙骨30克、枯矾30克、乳香20克、乌贼骨15克，共研细末，以适量撒布于患部，每天1~2次，连用3~5天。

本病治疗时不能只注重病变部位的处理，还应注意全身抗菌治疗，并做好病羊的护理工作。

六、羊其他传染病诊治

（一）羊传染性胸膜肺炎

羊传染性胸膜肺炎是由多种支原体引起的羊高度接触性传染病，以高热、咳嗽，肺脏和胸膜发生浆液性和纤维素性炎症为特征，急性或慢性经过，死亡率较高。

1. 病原

本病病原主要有丝状支原体和绵羊支原体。培养特性呈油煎蛋形状（中央乳头状突起，中心脐明显），显微观察呈多形性，球杆状或丝状。革兰阴性，姬姆萨染色多呈蓝紫色或淡蓝色。对理化因素的抵抗力不强，56℃时经 40 分钟，能达到杀菌目的。

2. 流行特点

丝状支原体只感染山羊，尤其是 3 岁以下的山羊最易感，而绵羊支原体对山羊和绵羊均有致病作用。本病在冬春季节发病率高，常形成地方流行性。主要经呼吸道感染，也可经母羊垂直传播。

3. 临床症状

病羊主要表现发热，咳嗽，呼吸困难，鼻流浆液性或脓性分泌物（图 6–1），严重的可导致眼结膜发炎粘连（图 6–2）。病羊往往精神沉郁、吃食减少，怀孕

图 6–1　羊传染性胸膜肺炎症状（鼻流脓性分泌物）

图 6–2　羊传染性胸膜肺炎症状（眼结膜发炎粘连）

母羊易流产，有的病羊会并发口腔溃疡或发生瘤胃臌气现象。用药治疗后遇天气转变或淋雨后易复发。本病可严重影响羊的生长速度。

4. 病理变化

胸腔积液，一侧或两侧的肺脏出现不同程度的肉样病变或粘连（图 6-3 至图 6-5），严重时肺脏表面有纤维素性物质渗出（图 6-6）。此外，鼻甲骨、气管等上呼吸道也有不同程度的充血、出血（图 6-7）。个别并发结膜炎病变。

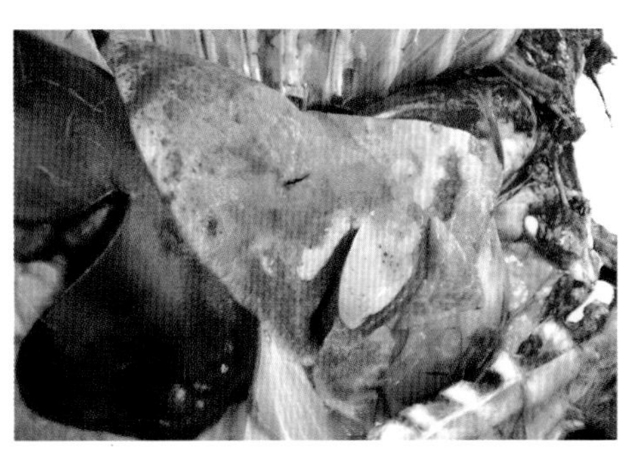

图 6-3　羊传染性胸膜肺炎病理变化（肺脏肉样病变）

5. 诊断

根据流行病学、临床症状及病理

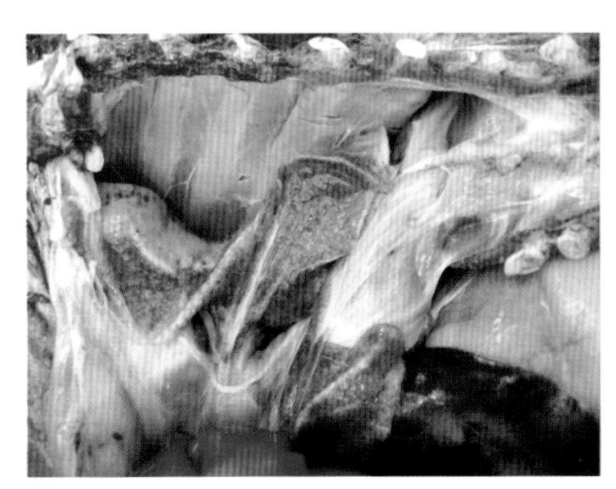

图 6-4　羊传染性胸膜肺炎病理变化（肺脏肉样病变和粘连）

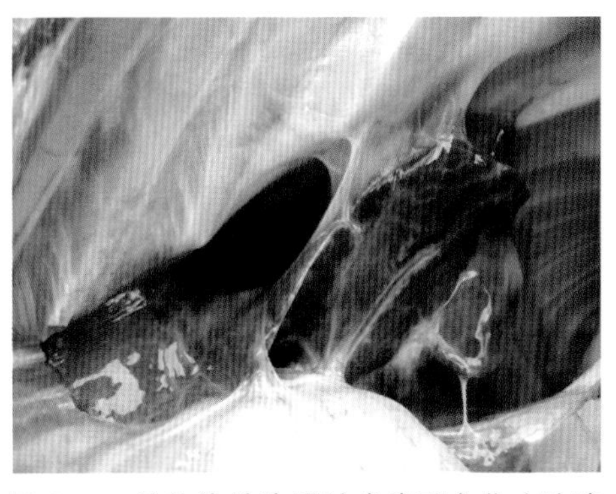

图 6-5　羊传染性胸膜肺炎病理变化（肺脏与肋骨膜粘连）

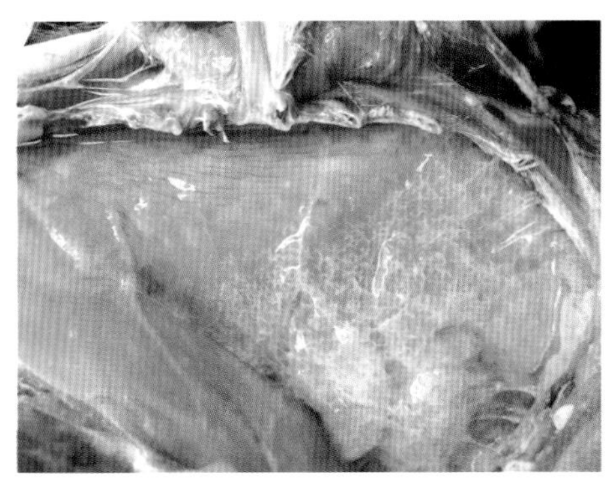

图 6-6　羊传染性胸膜肺炎病理变化（肺脏表面纤维素性物质渗出）

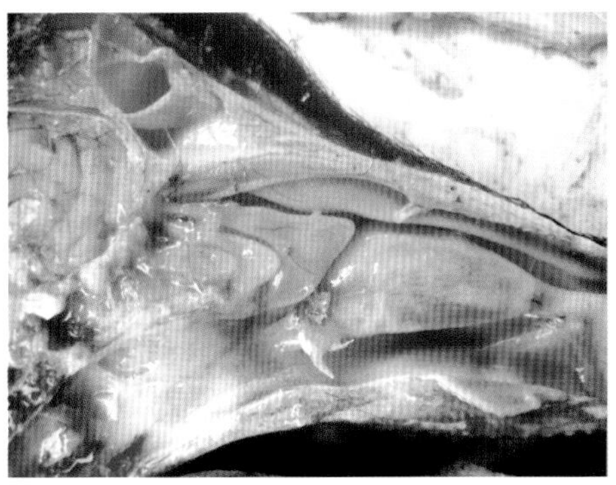

图 6-7　羊传染性胸膜肺炎病理变化（上呼吸道黏膜充血、出血）

变化可做出初步诊断，必要时进行支原体的分离培养和鉴定。在临床上，本病还需与羊巴氏杆菌病、链球菌病鉴别诊断，值得注意的是本病常与羊巴氏杆菌病、链球菌病等并发感染。

6. 防治

一方面要加强饲养管理，提倡自繁自养，在引种时防止引入病羊或带菌病羊。在气候发生转变时要做好保护和管理工作。另一方面，根据羊群或本病流行情况适当地安排山羊传染性胸膜肺炎灭活疫苗免疫工作，大羊每只接种 5 毫升，小羊每只接种 3 毫升，有一定预防效果。对病羊要隔离治疗，可使用的药物有很多，包括林可–壮观霉素、恩诺沙星、氟苯尼考、硫酸卡那霉素、丁胺卡那霉素、盐酸土霉素、酒石酸泰乐菌素、替米考星及磺胺嘧啶钠等注射液，采用肌内注射，均有一定的效果。治疗要连续几天，并采取必要的对症治疗措施。遇到天气转变时，这些病羊有可能还会复发，须做好防范工作。

（二）羊衣原体病

羊衣原体病是由衣原体引起的羊（猪、牛等也可感染）传染病，为人畜共患病。临床症状以发热、流产、死胎和产弱羔为特征，部分病羊表现为关节炎、结膜炎等症状。

1. 病原

本病病原在分类上属于衣原体科衣原体属，为革兰阴性菌，姬姆萨染色呈深蓝色。衣原体是专性细胞内寄生的微生物，只能在易感宿主细胞质内生长增殖。

2. 流行特点

山羊、绵羊及其他畜禽对衣原体均易感。在临床上本病可导致羊出现肺炎、肠炎、结膜炎、脑炎、母羊流产、羔羊多发性关节炎等多种病症。病羊和隐性感染羊是本病的传染源，传播途径大多经消化道感染，有时也可通过交配或昆虫传播。

3. 临床症状

本病主要表现以下 3 个病型。

①流产型。母羊怀孕最后一个月易流产，流产前无特征性先兆，流产后从母羊阴户流出粉红色或奶油样分泌物，胎衣不下或滞留。羊群流产率可达 20%~30%。

②关节炎型。主要发生于羔羊，表现为一肢或四肢跛行，关节肿胀（图 6–8），

触摸有热痛感。这些病羊由于行动迟缓，影响采食和运动，生长缓慢。发病率达30% 或更高。

③结膜炎型。又称滤泡型结膜炎，主要发生于绵羊。最初眼睑、眼结膜出血、水肿（图 6–9），畏光流泪，接着眼角膜出现不同程度的混浊（产生翳膜）（图 6–10），严重时出现溃疡、穿孔甚至瞎眼。经 3~4 天在眼睑上可形成一些直径 1~10 毫米的淋巴滤泡。

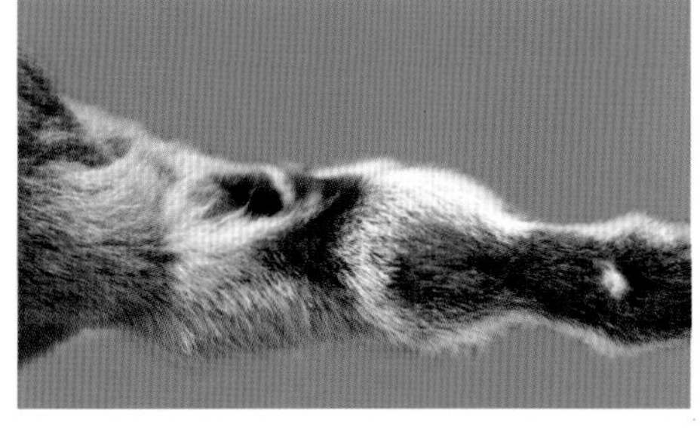

图 6–8　羊衣原体病症状（四肢关节肿胀）

图 6–9　羊衣原体病症状（眼睑水肿）

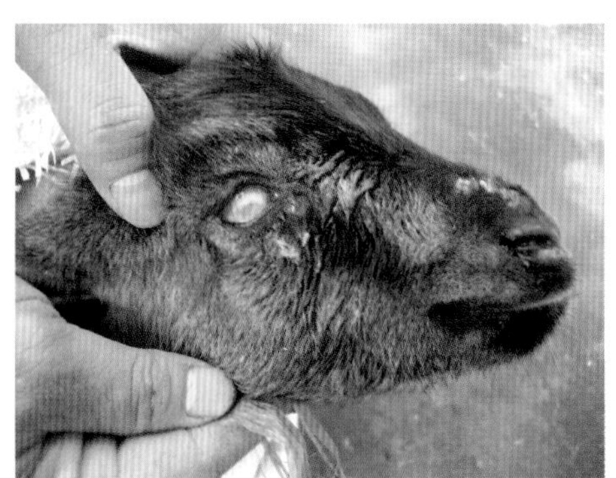

图 6–10　羊衣原体病症状（眼睛翳膜）

4. 病理变化

①流产型。流产胎儿全身水肿，皮下出血，剖检可见胎儿皮下胶样浸润，腹腔和胸腔有大量红色渗出液。母羊子宫内膜和子叶出现炎症坏死（红褐色或土黄色）（图 6–11）。

②关节炎型。羔羊关节肿大，关节内有炎症，有黏液样物质渗出。

③结膜炎型。早期导致结膜炎症发红，中后期眼角膜坏死混浊。

5. 诊断

根据流行病学、临床症状、病理变化可做出初步诊断。必要时可接种鸡胚进行病原分离培养及鉴定，或采用血清学方法进行诊断。

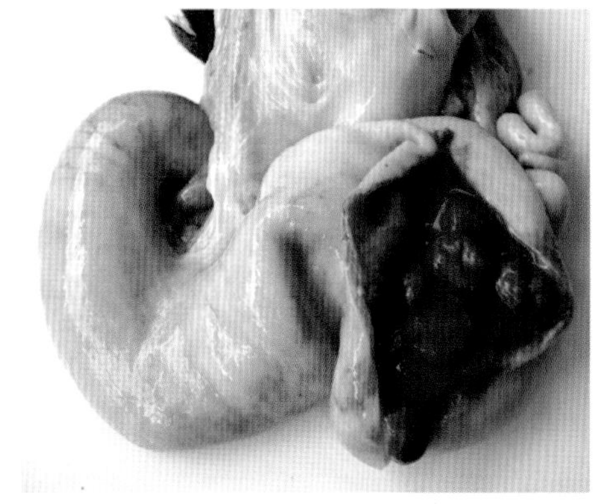

图 6–11　羊衣原体病病理变化（子宫内膜、子叶炎症坏死）

6. 防治

在本病流行地区可接种羊衣原体病灭活疫苗进行预防。此外，还需做好环境的消毒及流产胎儿和胎衣的无害化处理。

发病时可采用青霉素或盐酸四环素类等药物进行治疗。对关节炎型要配合使用磷酸地塞米松和安痛定等；对结膜炎型要配合使用氯霉素眼药水或利福平眼药水或 1%~2% 黄降汞软膏等做局部处理。

（三）羊钩端螺旋体病

钩端螺旋体病简称钩体病，是羊和哺乳动物及人共患的一种自然疫源性传染病。临床上以可视黏膜黄染、尿液呈暗红色为特征。

1. 病原

本病病原为钩端螺旋体，一端或两端弯成钩状，大小为（6.0~20.0）微米 ×（0.1~0.2）微米，在暗视野显微镜下呈细长的串珠状，运动活泼，革兰染色阴性，但着色不良。镀银染色较好，呈棕黑色，但菌体变粗，螺旋不清。对热敏感，一般消毒药也易杀灭。

2. 流行特点

本病是人畜共患病，鼠类最易感本病。带菌鼠在本病的传播上起重要作用，多发生于春秋季气候温暖、潮湿多雨、鼠类活动频繁的地区，如长江流域。每年的 7~10 月份是流行高峰，其他季节多为散发。各种年龄的羊均可发生，但羔羊发病时病情较重。主要通过消化道或皮肤黏膜感染。本病的发生与羊在野外放牧（特别在水田、池塘、沼泽地、淤泥等地方）接触到钩端螺旋体有关。羊钩端螺旋体病感染发病率相对较低。

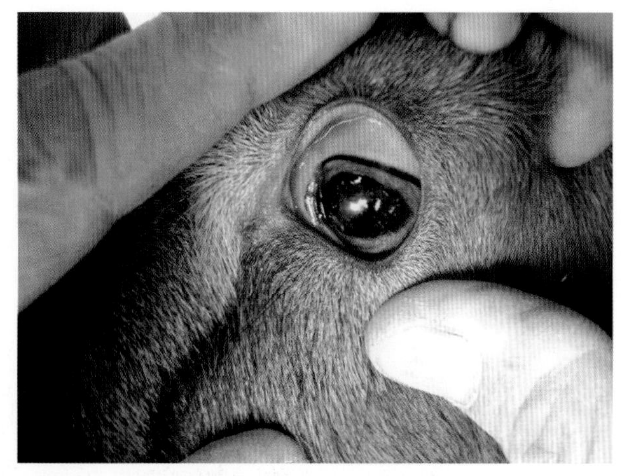

图 6–12 羊钩端螺旋体病症状（眼结膜黄染）

3. 临床症状

病羊体温升高，呼吸加快，可视黏膜黄染（图 6–12），尿液为暗红色。

有时也有结膜炎，鼻流浆液性或脓性分泌物。有时可导致怀孕母羊流产。

4. 病理变化

病死羊可视黏膜黄染，皮下组织水肿，胸腹腔黄色液体增多，肝脏肿大、呈黄褐色（图 6–13），肾脏明显增大、被膜易剥离、切面骨髓质和皮质界限消失，膀胱积血红蛋白尿（图 6–14）。血液稀薄如水，心脏淡红色。

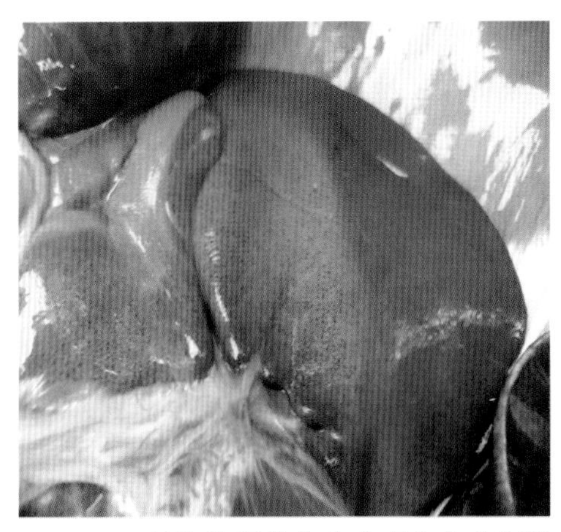

图 6–13　羊钩端螺旋体病病理变化（肝脏肿大、呈褐色）

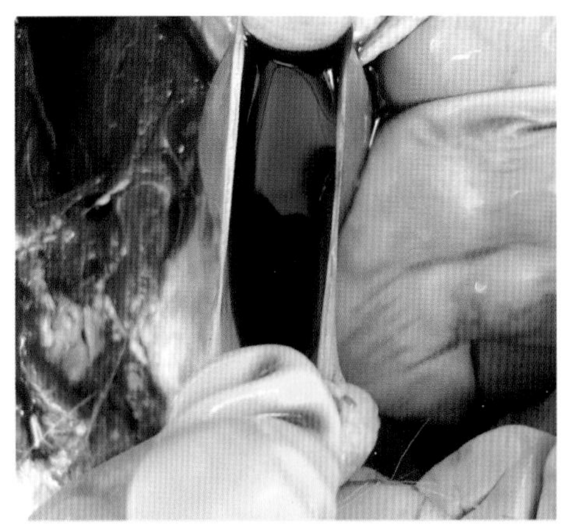

图 6–14　羊钩端螺旋体病病理变化（膀胱积血红蛋白尿）

5. 诊断

对本病诊断可采取以下 3 种方法。

①直接镜检。取血液、尿液、体液经离心后取沉淀物进行压片，在显微镜下检查菌体；或将病死羊内脏组织研磨后经离心取上清液，再离心后取沉淀物进行显微观察。

②血清学检查。可用间接血凝试验、酶联免疫吸附试验等进行诊断。

③动物接种。取病羊的血、尿、肝脏、胃等病料制成混悬液，取 1~3 毫升接种仓鼠或豚鼠或仔兔。3~5 天后接种动物出现体温升高、黄疸症状，扑杀发病动物并观察病变，进行病原检查确诊。

6. 防治

平时做好环境卫生，定期灭鼠工作。提倡自繁自养，不到疫区引种羊。在本病常发地区，可使用疫苗进行免疫接种，有一定的效果。治疗上可选择使用青霉素或盐酸四环素类等药物，使用新砷凡钠明也有一定的效果。在治疗过程中要禁止病羊进出，并做好羊舍粪便及污染物的无害化处理（如采用粪便堆积发酵），并用消毒水进行严格消毒，防止病原扩散和本病的复发。

（四）羊附红细胞体病

羊附红细胞病是由附红细胞体引起的羊传染病，为人畜共患病。在临床上以贫血、黄疸和发热为特征。

1. 病原

本病病原为嗜血支原体，有多种形态（环形、星形、半月形、杆形、球形等），大小为（1.0~2.5）微米 ×（0.8~1.0）微米。附在红细胞上并以 1 个或 2 个排列，也有游离于血浆中。革兰阴性，姬姆萨染色呈淡红色或淡紫色。

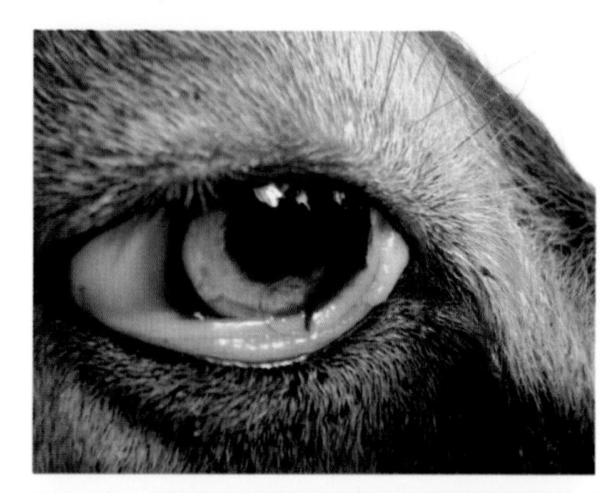

图 6–15　羊附红细胞体病症状（眼结膜黄染）

2. 流行特点

多种动物和人均可发生本病，但是每种动物有其相应宿主特异性。一年四季均可发生，以夏秋季节多发。本病的发生与环境中存在某些传播媒介（如蚊子、苍蝇、羊虱、牛蜱等）有关，也与饲养环境的不良应激有关。

3. 临床症状

病羊主要表现发热，精神委顿，食欲不振，可视黏膜黄染（图 6–15），拉血尿。此外，有的病例还有心跳、呼吸加快及流产等症状。严重时可导致病羊死亡。

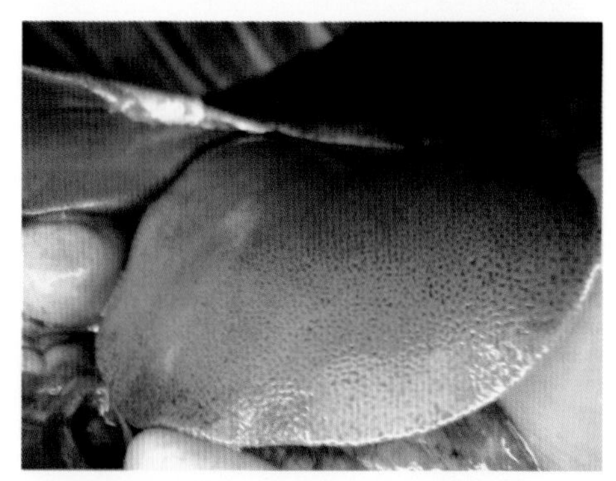

图 6–16　羊附红细胞体病病理变化（肝脏肿大黄染）

4. 病理变化

病羊血液稀薄，凝固不良。肝脏和脾脏肿大黄染（图 6–16），有的在肝脏表面还有坏死灶，其他内脏器官也有不同程度的黄染病变。

5. 诊断

根据临床症状、病理变化可做出初步诊断。要确诊需采血滴加生理盐水直接镜检，或采血涂片染色后镜检，可见红细胞表面存在一些星形或点状的黑色颗粒即可诊断（图 6–17）。有时在血浆中也可见游离的附红细胞体。

6. 防治

预防上平时要及时驱杀昆虫等传染媒介，加强羊群的饲养管理，减少各种应激因素。治疗上可用三氮脒（每千克体重 3.5~4 毫克），肌内注射，每天 1 次，连用 2~3 天。也可选用盐酸四环素或盐酸土霉素，均有一定效果。此外，在治疗过程中，还需配合使用退热、止血、助消化药物以及提高造血功能、增加机体抵抗力的药物（如维生素 B_1、维生素 B_{12} 等）。

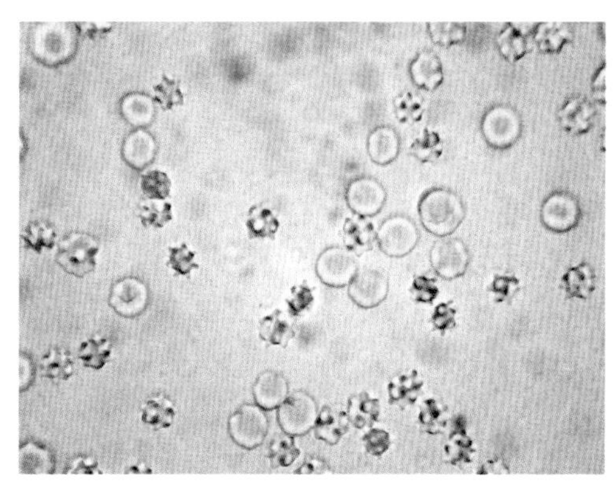

图 6-17　红细胞表面星形或点状颗粒

七、羊寄生虫病诊治

（一）羊片形吸虫病

羊片形吸虫病是肝片形吸虫或大片形吸虫寄生于羊（牛等其他反刍动物也可感染）肝脏胆管中而引起的一种常见寄生虫病。临床上多呈慢性经过，表现消瘦、发育障碍、生产力下降。急性感染时引起肝炎和胆管炎，并表现全身性中毒现象和营养障碍，可导致小羊等大批死亡，严重威胁养羊业的发展。

1. 病原

本病病原为肝片形吸虫和大片形吸虫，属于片形科片形属。

肝片形吸虫的虫体扁平（图 7–1），呈两侧对称的叶片状。新鲜虫体呈棕红色，固定后为灰白色，大小为（21~41）毫米 ×（9~14）毫米。虫体前端突出而呈锥形，基部较宽似“肩”，从“肩”往后逐渐变窄。口吸盘位于头锥前端，腹吸盘在“肩”部水平线中部。生殖孔位于腹吸盘前方。睾丸有 2 个，呈分枝状，前后排列于虫体的中后部。卵巢呈鹿角状，位于腹吸盘后方右侧。虫卵呈椭圆形（图 7–2），黄褐色，大小为（133~157）微米 ×（74~91）微米，前端较窄，有一个不明显的卵盖，后端较钝。卵壳较薄、半透明，卵内充满卵黄细胞和一个胚细胞。

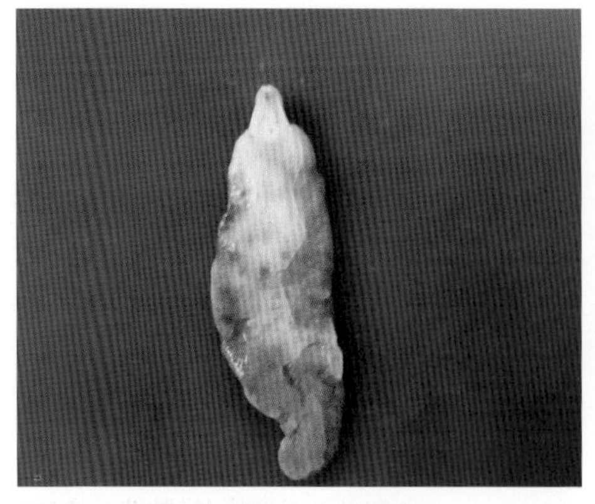

图 7–1 羊肝片形吸虫虫体形态

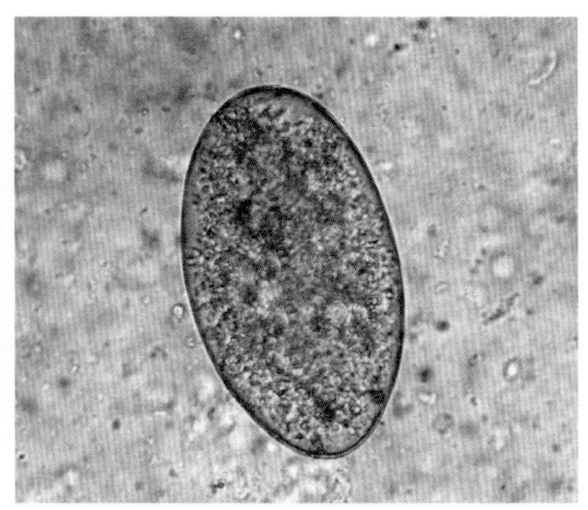

图 7–2 羊肝片形吸虫虫卵形态

大片形吸虫呈长叶状（图 7–3），大小为（25~75）毫米 ×（5~12）毫米。大片形吸虫与肝片形吸虫的不同之处在于：大片形吸虫虫体前端无明显的头锥突起，“肩”部不明显；虫体两侧缘几乎平行，前后宽度变化不大，虫体后端钝圆；腹吸盘较口吸盘大 1.5 倍；虫卵呈深黄色（图 7–4），大小为（150~190）微米 ×（75~90）微米。

图 7–3　羊大片形吸虫虫体形态

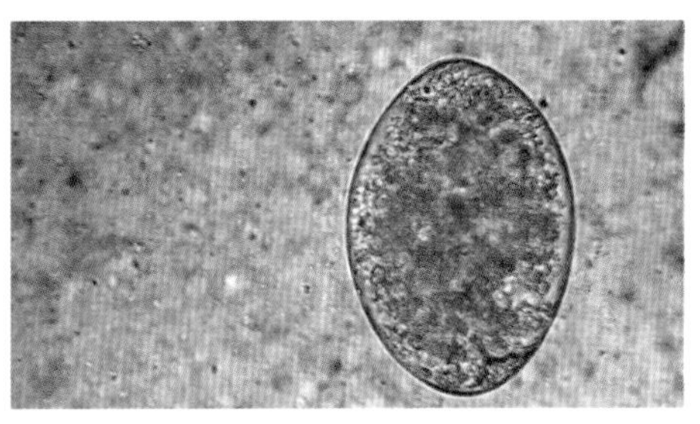

图 7–4　羊大片形吸虫虫卵形态

2. 流行特点

本病多见于有采食水草（受淡水螺污染）的牛羊等反刍动物。各日龄羊均可发生，其中 6 月龄以上羊多见。具体来说，有五大特点：

①分布广泛，在世界各地，包括我国各地均有存在。

②宿主范围广，除牛羊外，人、猪、马属动物、兔以及一些食草野生动物均会感染。

③经口感染是本病的唯一感染途径。

④季节性较强，多见于春末、夏秋季节，这与中间宿主淡水螺在春夏季节大量繁殖有关。

⑤具有较强的地方流行性，特别是在雨水多、地势低的地方，沼泽地带，水田地，溪边放牧的牛羊易发生本病。

3. 临床症状

临床表现可分为急性和慢性两种类型。

①急性型。多见于夏末和秋季。主要表现病羊精神沉郁，体温升高、食欲减少或废绝，拉溏状稀粪或黏液性稀粪（图 7–5），可视黏膜苍白（图 7–6），肝区触摸有压痛感。常在出现症状 3~5 天内死亡。

图 7–5　羊片形吸虫病症状（排黏液性稀粪）

②慢性型。多见于冬春季节。病羊逐渐消瘦，被毛粗乱，食欲不振，贫血，在眼睑、颌下、胸部、腹部皮肤出现水肿（图 7–7），便秘和下痢交替出现，最后因全身衰竭而死亡，感染较轻的病羊也会耐过。

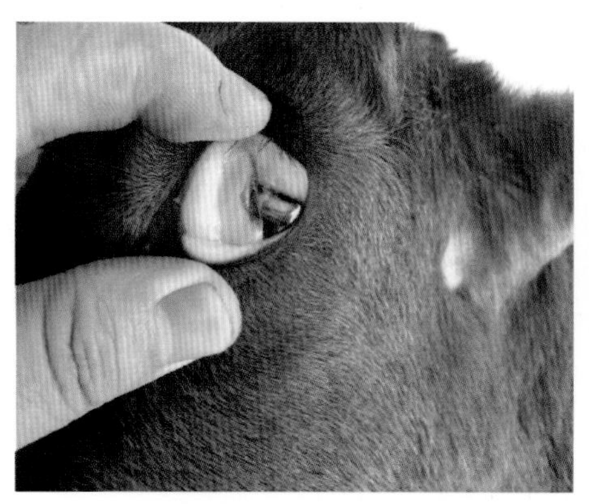

图 7–6　羊片形吸虫病症状（眼结膜苍白）

图 7–7　羊片形吸虫病症状（颌下皮肤水肿）

4. 病理变化

剖开病死羊腹腔可见腹水明显增多，肝脏肿大硬化（图 7–8），色泽为暗灰色，肝脏小叶间结缔组织增生并呈绳索样突出于肝脏表面（图 7–9）。有些肝脏表面有干酪样纤维素物质渗出，且肝脏与腹膜粘连（图 7–10）。切开胆囊和胆管可见一些片形吸虫（图 7–11）。胆管壁发炎，并有磷酸钙等

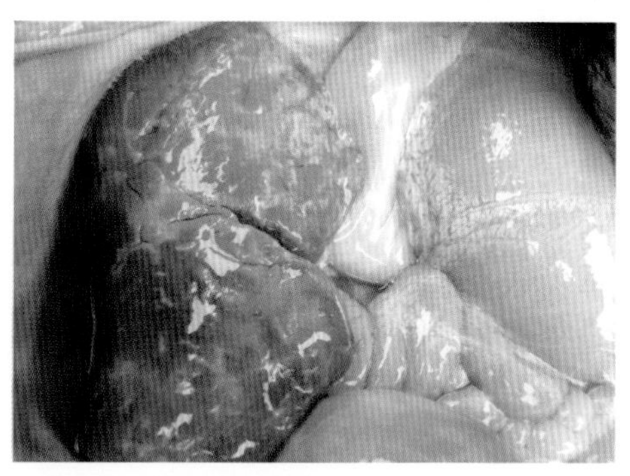

图 7–8　羊片形吸虫病病理变化（腹水增多，肝硬化）

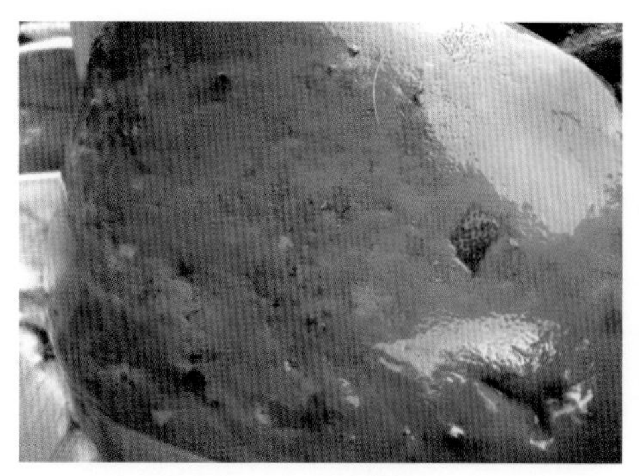

图 7–9　羊片形吸虫病病理变化（肝脏小叶增生）

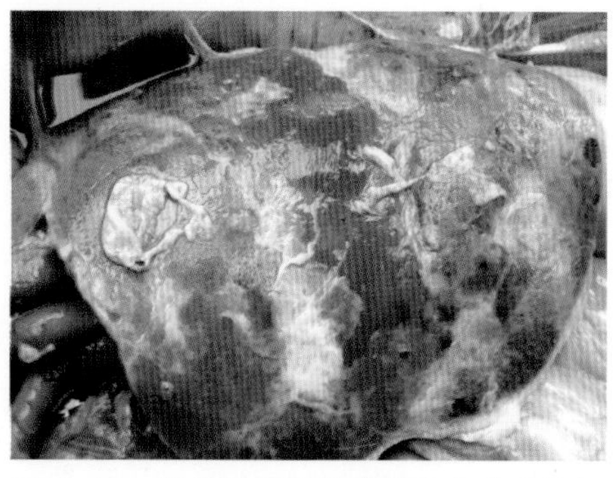

图 7–10　羊片形吸虫病病理变化（肝脏与腹膜粘连）

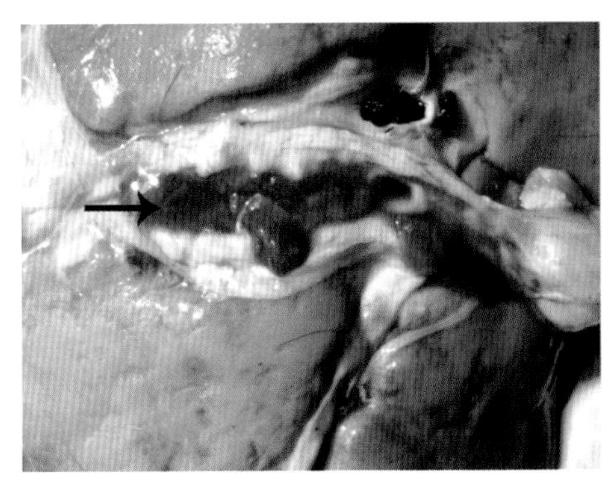
图 7-11 羊片形吸虫病病理变化（胆管内片形吸虫）

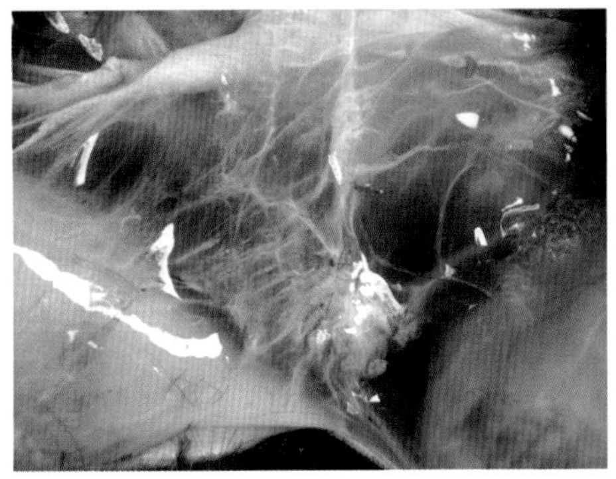
图 7-12 羊片形吸虫病病理变化（肠系膜胶冻样水肿）

盐类沉淀，肝脏静脉管腔内聚集数量不等的片形吸虫。皮肤和肠系膜上可见不同程度的胶冻样水肿（图 7-12），个别病羊还可见到肠炎病变。

5. 诊断

粪便检查检出片形吸虫虫卵即可诊断（图 7-13）。也可通过解剖病死羊，在肝脏、胆管内找到片形吸虫的虫体而做出诊断。此外，还可通过有关免疫学、血清学试验做出诊断。肝片形吸虫和大片形吸虫在形态上很相似，但也有些不同点，如肝片形吸虫在形态上相对较小、较宽，而大片形吸虫相对较长、较窄。

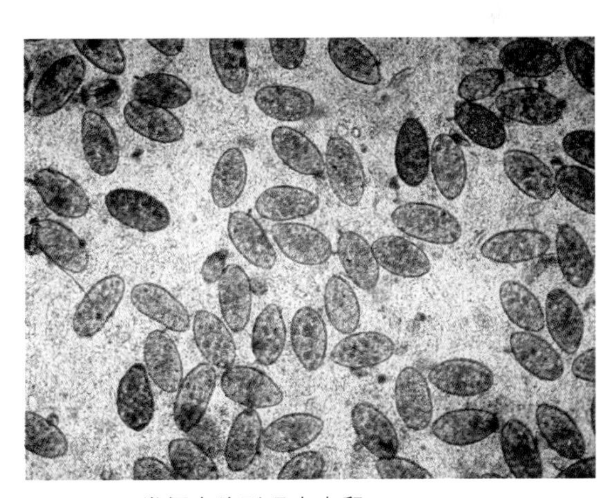
图 7-13 粪便中片形吸虫虫卵

6. 防治

（1）预防

①定期驱虫。对本病流行的羊场，每年要对羊群进行 6 次驱虫（每隔 2 个月驱 1 次）。此外，粪检检出片形吸虫的虫卵数量达每克粪便 100 个以上时，必须予以驱虫。可选用的药物有三氯苯达唑、硝氯酚、碘醚柳胺、溴酚磷、阿苯达唑等。

②粪便堆积发酵。对舍内的粪便要采用堆积发酵的办法来杀灭虫卵，防止虫卵再次污染牧草和场所。

③消灭中间宿主。在有较多中间宿主淡水螺的地方要经常性采用灭螺措施，包括化学灭螺、生物灭螺或改变牧区水土结构等方法。中间宿主淡水螺少了，那么本病也就少了。

④改变饲养方式。要尽量选择在地势干燥的地方放牧，避免到低洼潮湿地方放牧，采用舍内圈养。

（2）治疗

治疗羊片形吸虫病的药物有很多，主要有以下 6 种。

①三氯苯达唑。对片形吸虫的成虫、幼虫均有很好的效果，用量为每千克体重 5~10 毫克，1 次灌服。严重的病例可在 10 天后再次用药。

②硝氯酚。对成虫效果好，用量为每千克体重 4~5 毫克，1 次灌服。本品有一定毒性，不可加量使用。

③溴酚磷。对成虫、童虫均有效，用量为每千克体重 16 毫克，1 次灌服。

④碘醚柳胺。对成虫以及幼虫均有效。用量为每千克体重 7.5 毫克，1 次灌服或肌内注射。

⑤硫双二氯酚。对成虫有效果，用量为每千克体重 80~100 毫克，1 次灌服。

⑥阿苯达唑。广谱驱虫药，对本病的成虫有一定效果，但剂量要大；对童虫效果差；怀孕母羊要慎用。用量为每千克体重 30~40 毫克，1 次灌服。

（二）羊阔盘吸虫病

羊阔盘吸虫病是双腔科阔盘属的数种吸虫寄生于羊胰管引起的一种寄生虫病。本病可发生于牛羊等反刍动物，还可感染猪、兔、猴和人等。

1. 病原

寄生于羊的阔盘吸虫主要有胰阔盘吸虫、腔阔盘吸虫、枝睾阔盘吸虫和福建阔盘吸虫等，其中以胰阔盘吸虫最为常见。

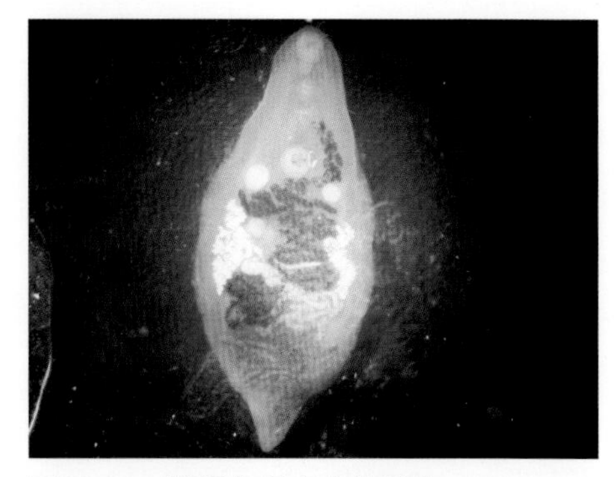

图 7–14 胰阔盘吸虫虫体形态

胰阔盘吸虫虫体扁平（图 7–14），较厚，呈长卵圆形，棕红色，大小为（8~16）毫米 ×（5.0~5.8）毫米。口吸盘大于腹吸盘。咽小，食道短，2 个睾丸呈圆形或稍分叶，位于腹吸盘水平线的稍后方。生殖孔位于肠管分支处稍后方。卵巢分 3~6 瓣，位于睾丸之后，体中线附近。卵黄腺呈颗粒状，成簇排列，分布于虫体中部两侧。子宫弯曲，充于虫体后部。两条排泄管沿肠管外侧分布于虫体两侧。虫卵呈黄棕色或深褐色，椭圆形，两侧稍不对称，一端有卵盖（图 7-15），大小为（42~50）微米 ×（26~33）微米。卵壳厚，内含一个椭圆形的毛蚴。

图 7-15　胰阔盘吸虫虫卵形态

腔阔盘吸虫虫体较短小，呈短椭圆形，后端有一个明显的尾突（图 7-16），大小为（7.48~8.05）毫米 ×（2.73~4.76）毫米。卵巢多呈圆形，少数有缺刻或分叶。睾丸大都为圆形或椭圆形。虫卵大小为（34~47）微米 ×（26~36）微米。

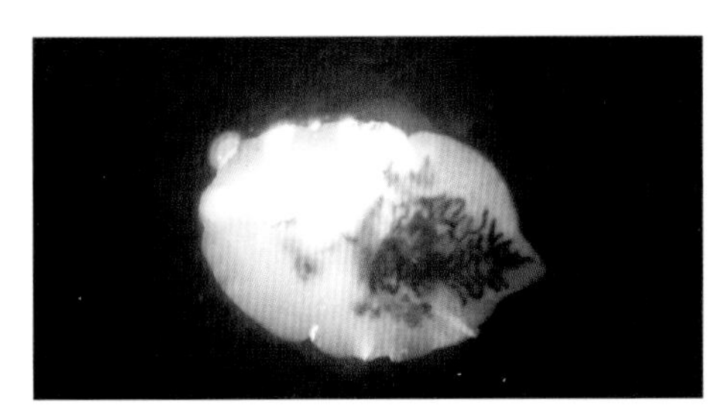

图 7-16　腔阔盘吸虫虫体形态

枝睾阔盘吸虫虫体呈瓜子状或长纺锤体状（图 7-17），前端稍尖，后端膨大，大小为（4.49~10.64）毫米 ×（2.17~3.08）毫米。口吸盘位于亚顶端，腹吸盘位于体前端。无前咽，食道长，肠支盲端达体后端 1/5~1/4 水平处。睾丸分支，对称排列于腹吸盘后半部之后的两侧。雄茎囊位于腹吸盘前方。生殖孔开口于肠分叉之前。卵巢位于睾丸后方体中横线附近的次中央，卵黄腺丛粒小。子宫几乎充满两肠支之间所有的空隙。虫卵大小为（45~52）微米 ×（30~34）微米。

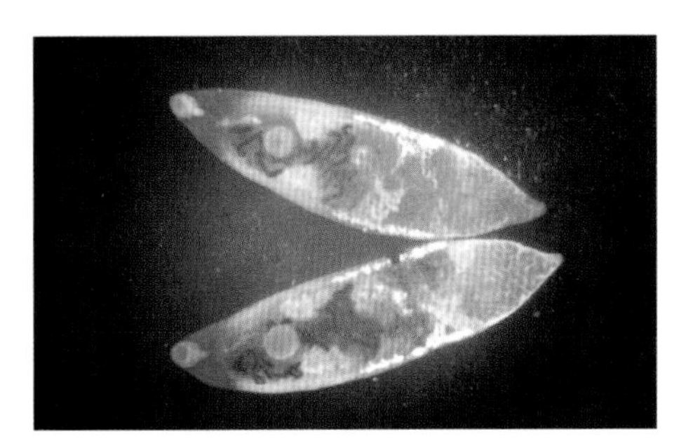

图 7-17　枝睾阔盘吸虫虫体形态

福建阔盘吸虫虫体窄而长，后端部分稍宽（图 7-18），大小为 12.76 毫米 ×2.78 毫米。口吸盘位于亚顶端，腹吸盘位于体前端，两肠支盲端达体后端的 1/7~1/6 水平处。睾丸长而分支，

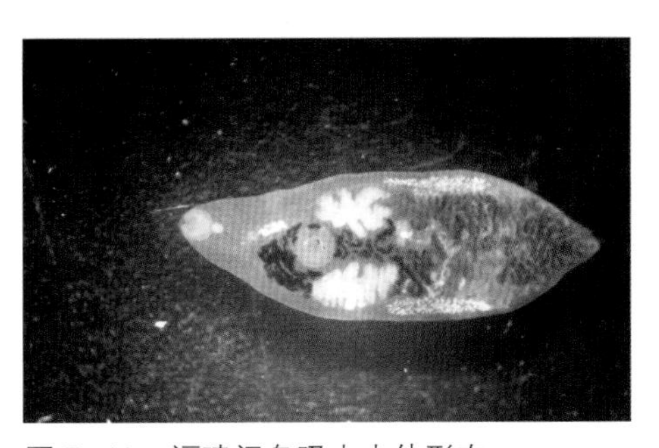

图 7-18　福建阔盘吸虫虫体形态

支瓣粗短，2 个对称地排列于腹吸盘后方两侧。雄茎囊长瓶状，位于腹吸盘的前方，底部靠近腹吸盘的前缘。生殖孔开口于靠近咽食道的一旁。卵巢分 3~6 瓣，位于体中线前方。卵黄腺丛粒大，串列于体中部两侧，前端开口于睾丸后部及后缘水平处，后端未达到肠支盲端。子宫充满两肠支内侧全部间隙。虫卵大小为（39~47）微米 ×（27~30）微米。

2. 流行特点

本病在牛、羊、骆驼、猪、人均可感染。潜伏期长，临床症状多见于 1 岁以上的中大羊和种羊。一年四季均可发生，多在冬春季节发病。本病的流行与陆地的蜗牛、草螽的分布和活动有密切关系。在全国各地均有本病的发生。

3. 临床症状

本病多呈慢性发病过程，当感染虫体数量少时多为隐性感染；当感染严重时病羊常表现消化不良、精神沉郁、消瘦、贫血、胸腹部皮下水肿、腹泻等症状，母羊产奶量降低，孕羊可能流产，时常可见排出黄色或暗红色尿液，严重时衰竭死亡。

4. 病理变化

胰腺区胰管高度扩张，管壁增厚，并有出血、溃疡和炎症浸润，外观可见不规则黑色线条突起或黑斑，剥开胰腺可见胰管中存在数量不等的黑褐色阔盘吸虫（图 7–19）。整个胰腺增生，有慢性增生性胰腺炎。在肠系膜可见胶冻样水肿，腹腔内腹水偏多。

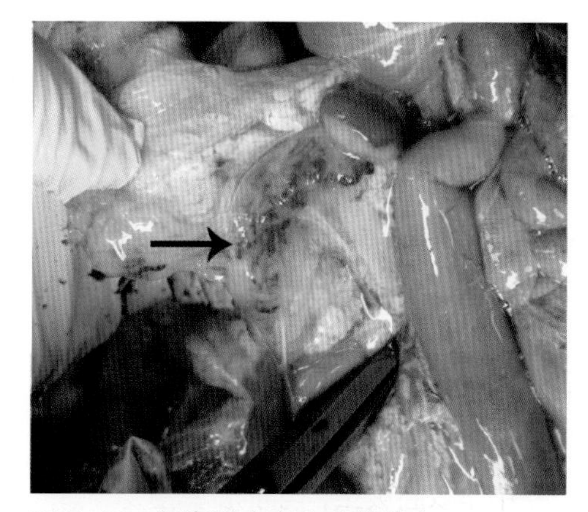

图 7–19　阔盘吸虫寄生在胰腺内

5. 诊断

粪检检出阔盘吸虫的虫卵即可诊断（图 7–20）。虫卵为黄褐色或深褐色、圆形、卵壳厚、一端有卵盖，内有毛蚴，易于鉴别。此外，在胰腺检出阔盘吸虫也可直接诊断。

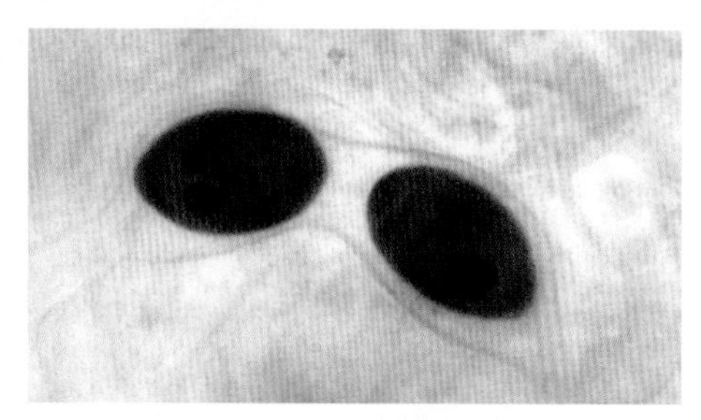

图 7–20　粪便中深褐色带黑点的虫卵

6. 防治

本病存在地区要定期驱虫，每 3~4 个月驱虫 1 次，并做好粪便堆积发酵工作。同时，要做好中间宿主（蜗牛、草螽）的消灭工作。在临床上可使用吡喹酮（每千克体重 60~70 毫克，1 次灌服）或六氯对二甲苯（每千克体重 0.4~0.6 克，1 次灌服，隔日 1 次，连用 3 天）治疗本病，均有较好效果。

（三）羊双腔吸虫病

羊双腔吸虫病是双腔吸虫寄生于羊（牛等反刍动物也可感染）的肝脏胆管和胆囊内引起的一种寄生虫病。

1. 病原

本病病原为双腔科双腔属的矛形双腔吸虫、中华双腔吸虫等。

矛形双腔吸虫，呈矛形（图 7–21），棕红色，固定后为灰白色，大小为（6.67~8.34）毫米 ×（1.61~2.14）毫米。肠管简单。腹吸盘大于口吸盘。睾丸圆形或边缘具缺刻，前后排列或斜列于腹吸盘后。雄茎囊位于肠分叉与腹吸盘之间。生殖孔开口于肠分叉处。卵巢圆形，居于后睾之后。卵黄腺简单。子宫位于后半部。虫卵呈卵圆形，褐色，具卵盖，大小为（34~44）微米 ×（30~33）微米，内含毛蚴（图 7–22）。

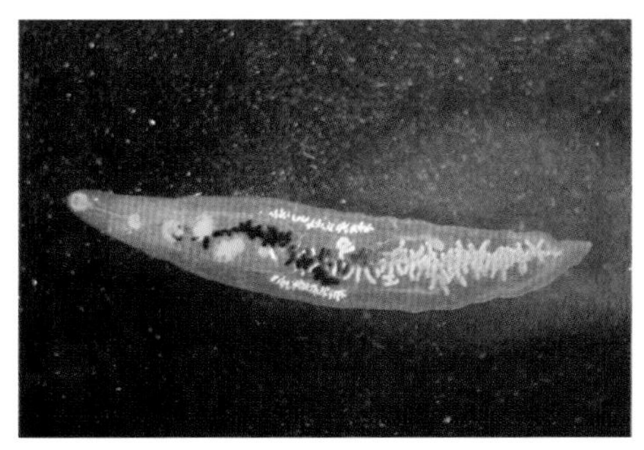

图 7–21　矛形双腔吸虫虫体形态

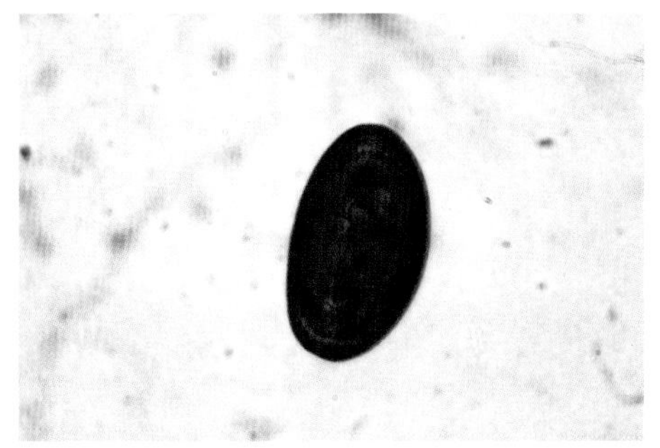

图 7–22　矛形双腔吸虫虫卵形态

中华双腔吸虫，与矛形双腔吸虫相似，但虫体较宽扁，其前方体部呈头锥形，后两侧呈肩样突，大小为（3.54~8.96）毫米 ×（2.03~3.09）毫米。2 个睾丸呈圆形，边缘不整齐或稍分叶，左右并列于腹吸盘后。虫卵大小为（45~51）微米 ×（30~33）微米。

2. 流行特点

本病分布广，多呈地方性流行。在我国主要分布于东北、华北、西北和西南诸省和自治区，尤其以西北各省、自治区和内蒙古较为严重。宿主动物极其广泛，除牛、羊、骆驼、鹿、马和兔等家畜外，许多野生的偶蹄类动物均可感染。双腔吸虫在其发育过程中，需要 2 个中间宿主参加，第一中间宿主为陆地螺（蜗牛），第二中间宿主为蚂蚁。在温暖潮湿的南方地区，动物几乎全年都可感染；而在寒冷干燥的北方地区，中间宿主要冬眠，动物的感染明显具有春秋两季特点，但动物发病多在冬春季节。动物随年龄的增加，其感染率和感染强度也逐渐增加。虫卵对外界环境条件的抵抗力较强，在土壤和粪便中可存活数月，仍具感染性。据调查，不同地区羊矛形双腔吸虫的感染率差别较大，有些地区羊的感染率高达100%。

3. 临床症状

羊双腔吸虫病的症状与片形吸虫病症状相似。多数羊只在感染双腔吸虫初期，其症状轻微或不表现症状。严重感染时，表现为慢性消耗性疾病的临床特征，如病羊精神沉郁，食欲不振，眼结膜黄染，消化紊乱，颌下水肿，血便，顽固性腹泻，贫血，逐渐消瘦，体温升高，肝区触诊有痛感等。严重时可致死亡。

4. 病理变化

胆管出现卡他性炎症，管壁增生呈索状、肥厚，胆囊肿大（图 7-23），胆汁暗褐色，胆管周围结缔组织增生。肠系膜严重水肿，腹腔、心包积液。胆管和胆囊内有大量棕红色狭长虫体。寄生数量较多时，可使肝脏发生硬变、肿大，肝脏表面形成瘢痕。

图 7-23 羊双腔吸虫病病理变化（胆囊肿大）

5. 诊断

根据临床症状和流行病学可做出初步诊断。通过实验室检验、粪便虫卵检查，结合剖检及虫体形态鉴定，即可确诊。

6. 防治

预防上应定期做好预防性驱虫工作。驱虫后的粪便应堆积发酵，做无害化处理。具体防治措施可参照羊片形吸虫病的防治措施。

（四）羊同盘吸虫病

羊同盘吸虫病是同盘科各属的吸虫寄生于羊（牛、鹿等反刍动物也可感染）瘤胃、胆管等脏器引起的一种寄生虫病的总称。成虫寄生于瘤胃内，童虫寄生于皱胃、小肠、胆管和胆囊内。多为隐性感染，寄生数量大时也可发病。

1. 病原

同盘吸虫种类繁多，常见的同盘吸虫有同盘属的鹿同盘吸虫、后藤同盘吸虫、细同盘吸虫，殖盘属的小殖盘吸虫，杯殖属的杯殖杯殖吸虫等。

鹿同盘吸虫的虫体呈圆锥形或纺锤形（图 7–24），乳白色，大小为（8.8~9.6）毫米 ×（4.0~4.4）毫米。口吸盘位于虫体前端，腹吸盘位于虫体亚末端，口吸盘与腹吸盘大小之比为 1 : 2。缺咽，肠支甚长，经 3~4 个回旋弯曲，伸达腹吸盘边缘。睾丸 2 个，呈横椭圆形，前后相接排列，位于虫体中部。贮精囊长而弯曲，生殖孔开口于肠支起始部的后方。卵巢呈圆形，位于睾丸后侧缘。子宫在睾丸后缘经数个回旋弯曲后，沿睾丸背面上升，开口于生殖孔。卵黄腺发达，呈滤泡状，分布于肠支两侧，前自口吸盘后缘，后至腹吸盘两侧中部水平。虫卵呈椭圆形，淡灰色，卵黄细胞不充满整个虫卵，大小为（125~132）微米 ×（70~80）微米。

后藤同盘吸虫的虫体呈长圆锥形，前端稍窄，后端钝圆（图 7–25），体后 1/3 部位最宽，虫体表皮呈乳头状突起，虫体大小为（8.20~10.2）毫米 ×（2.6~3.4）毫米。口吸盘位于顶端，前部平切，后部钝圆呈瓶状，腹吸盘呈圆盘状，口吸盘与腹吸盘大小之比为 1:1.8，腹吸盘直径与体长之比为 1:4.5。两肠支呈微波状弯曲，末端达卵巢与腹吸盘之间。睾丸边缘不规则或具有 2~4 个浅分瓣，前后排列于虫体中部、两肠支之间。卵黄腺始自肠分叉附近，向后沿肠支两侧伸至腹吸盘前缘。子宫回旋弯曲，末端开口于生殖孔，内含多数虫卵。虫卵椭圆形，大小为（128~138）微米 ×（70~80）微米。

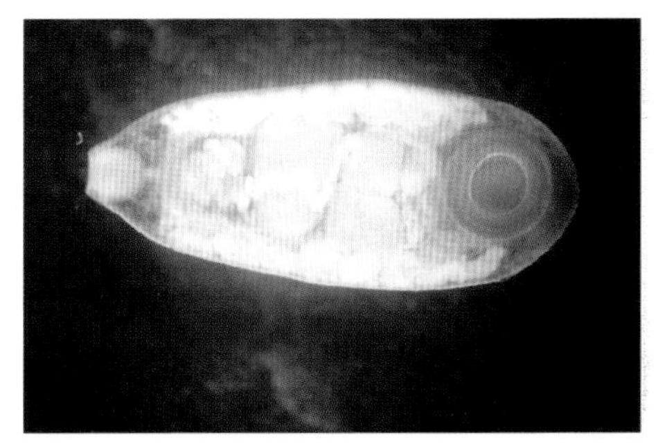

图 7–24　鹿同盘吸虫虫体形态

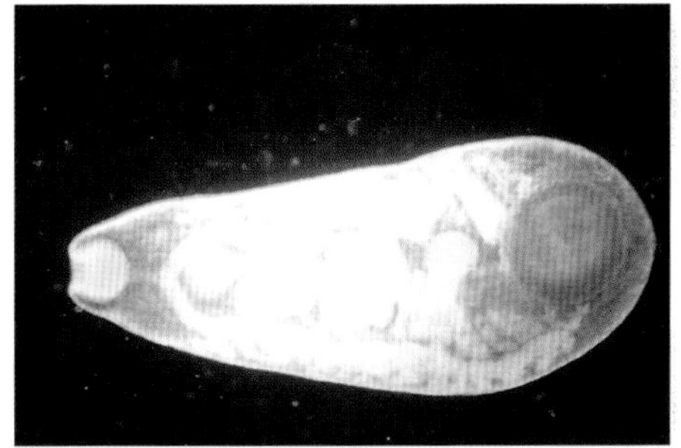

图 7–25　后藤同盘吸虫虫体形态

细同盘吸虫的虫体细长，呈圆柱状（图 7–26），大小为（6.2~10.8）毫米 ×（1.8~2.8）毫米。口吸盘位于虫体前端，口吸盘与腹吸盘的大小比例为 1 : 2。两肠支较短，略弯曲，后止于卵巢后方。睾丸 2 个有浅分瓣，前后排列于虫体中后部。生殖孔开口于肠叉后方。卵巢类球形。虫卵椭圆形（图 7–27），大小为（103~128）微米 ×（62~78）微米。

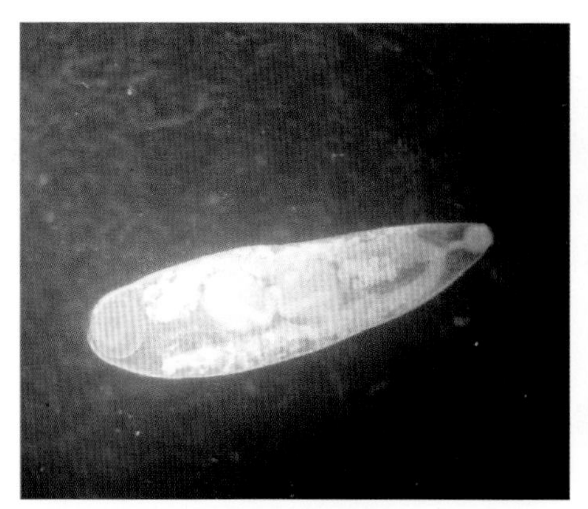

图 7-26 细同盘吸虫虫体形态

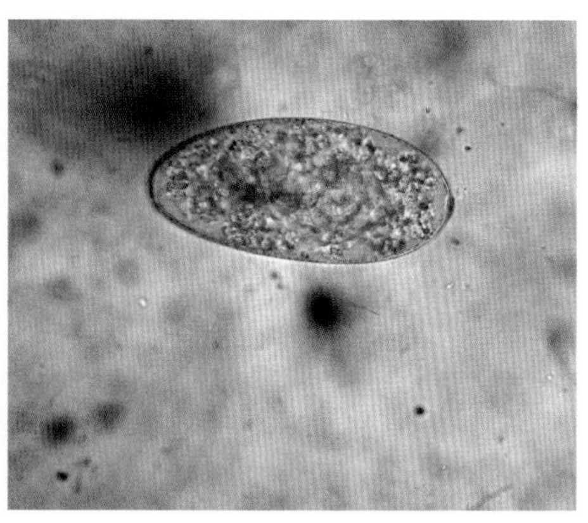

图 7-27 细同盘吸虫虫卵形态

小殖盘吸虫的虫体细小呈圆锥形（图 7-28），大小为（4.9~5.3）毫米 ×（1.62~1.73）毫米。口吸盘位于体前端，腹吸盘位于体后端，口吸盘与腹吸盘大小之比为 1∶2.5。两肠支略弯曲，达后睾丸后缘。2 个睾丸呈球形，前后排列于虫体中后部，生殖孔开口于肠叉之后，具有生殖吸盘。卵巢呈类圆形，位于腹吸盘前缘。子宫长而弯曲，内有较多虫卵。卵黄腺分布于虫体两侧，起于肠叉，止于腹吸盘边缘。虫卵椭圆形，大小为（109~118）微米 ×（61~69）微米。

杯殖杯殖吸虫的虫体呈圆锥形（图 7-29），淡红色，体表光滑，前端有乳突状的小突起，虫体大小为（13.8~16.8）毫米 ×（5.8~8.6）毫米。虫体 1/3 处最宽，体宽长之比为 1∶2.1。口吸盘位于顶端，呈梨形；腹吸盘位于虫体亚末端，呈球形，口吸盘与腹吸盘大小之比为 1∶2.6。两肠支经 4~5 个弯曲伸达腹吸盘边缘。睾丸类球形，左右斜列于虫体中部的稍后方，具有生殖盂和生殖乳突。卵巢位于前睾丸的后方，类球形。卵黄腺始自口吸盘后缘，终于腹吸盘边缘。子宫长而弯曲，内含多数虫卵。虫卵椭圆形，大小为（115~130）微米 ×（64~78）微米。

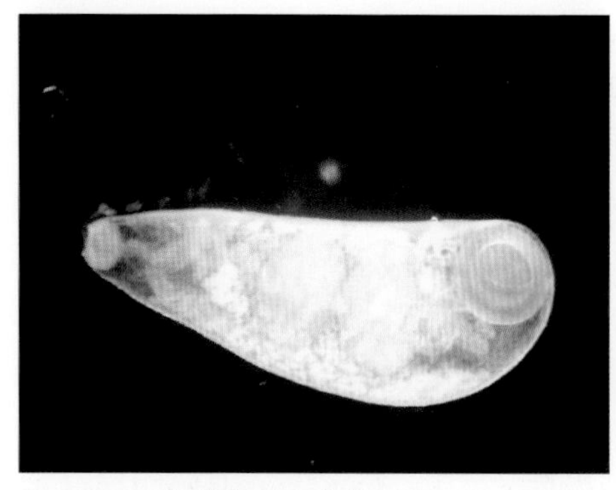

图 7-28 小殖盘吸虫虫体形态

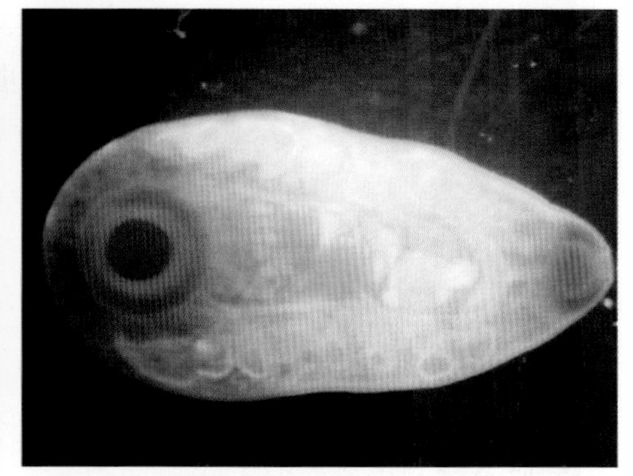

图 7-29 杯殖杯殖吸虫虫体形态

2. 流行特点

本病在我国分布广泛，羊、牛、鹿均可感染，一年四季均可有发生。常见于6月龄以上的羊。日龄越大，感染率越高，感染强度越大。同盘吸虫的发育过程需要中间宿主扁卷螺，尾蚴离开螺体后在水草上形成囊蚴，终末宿主采食到含有囊蚴的牧草后受感染。童虫在小肠内脱囊，而后在胆囊、皱胃内移行，最终在瘤胃发育为成虫。

3. 临床症状

多数无明显病症，严重感染时可表现食欲减退、消瘦、贫血、水肿、腹泻等症状，特别严重时也可导致衰竭死亡。

4. 病理变化

剖检在瘤胃壁上（靠网胃区）可见一些粉红色虫体或乳白色虫体，类似米粒状（又称米粒虫）（图7–30）。有些病例的内脏（肝脏、胆囊、小肠等）可见童虫移行导致的器官炎症病变。

图 7–30　羊同盘吸虫病病理变化（同盘吸虫寄生在瘤胃壁上）

5. 诊断

通过剖检在瘤胃内壁检到虫体或粪便检到虫卵而诊断。至于是哪一种同盘吸虫所引起，需对虫体做进一步鉴定。

6. 防治

在预防上羊群要定期驱虫，尽量不要在低洼、潮湿的地方放牧或饮水，有条件的地方可用化学或生物的方法灭螺（消除中间宿主扁卷螺）。在治疗上，可使用硫双二氯酚进行驱虫，用量是每千克体重 80~100 毫克，1 次灌服。此外，使用阿苯达唑、氯硝柳胺等药物杀灭同盘吸虫的童虫也有一定的效果。

（五）羊日本分体吸虫病

羊日本分体吸虫病又称羊日本血吸虫病，是分体科分体属的日本分体吸虫寄生于羊（人和牛、猪、犬、猫、啮齿类动物及 20 多种野生哺乳动物也可感染）门静脉系统的小血管内引起的一种人畜共患寄生虫病。临床症状以体温升高、严重贫血等为主要特征。

1. 病原

日本分体吸虫呈线状（图7-31），雌雄异体。雌虫细长，呈暗褐色，大小为（12~22）毫米 ×（0.1~0.3）毫米。雄虫呈乳白色，体表有细棘，大小为（9~18）毫米 ×0.5 毫米。口吸盘位于虫体前端，后面不远处为腹吸盘。体表光滑，仅吸盘内和抱雌沟边缘有小刺。体壁自腹吸盘后方至尾部，两侧向腹面卷起形成抱雌沟，雌虫常居雄虫抱雌沟内，呈合抱状态。雄虫有6~8个睾丸，于腹吸盘后下方纵行排列。虫卵为椭圆形、黄褐色，大小为（70~10）微米 ×（50~65）微米。卵壳较薄，无盖，在其侧方有一小刺，卵内含毛蚴。

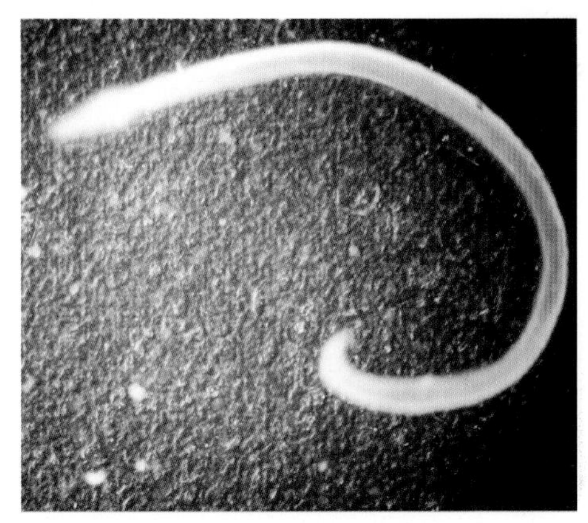

图 7-31　日本分体吸虫虫体形态

2. 流行特点

目前日本分体吸虫主要分布于中国、日本、菲律宾及印度尼西亚等国家，近年来在马来西亚也有报道。在我国主要分布于长江流域。主要危害人和牛、羊等家畜。由于钉螺是该虫的中间宿主，因此钉螺阳性率高的地区，人、畜的感染率也高。成熟的日本分体吸虫尾蚴逸出钉螺后会主动钻入宿主皮肤。日本分体吸虫病在羊上的症状较轻。

3. 临床症状

羊若突然感染大量尾蚴则会导致急性发病，表现为体温升高，食欲减退甚至废绝，呼吸促迫，此外可见急性死亡。少量感染时症状不明显，多呈慢性经过，或为无症状带虫者。

4. 病理变化

尸体明显消瘦、贫血，腹腔内常有大量腹水。急性病死羊肝脏肿大，有出血点，后期肝脏组织有不同程度结缔组织增生，肝脏萎缩、硬化，肝脏表面可见灰白色小米粒大到高粱米大的坏死性虫卵结节，肝脏表面凹凸不平。肠壁出现阶段增厚，有出血点或坏死灶、溃疡或瘢痕。肠系膜静脉内可见雌雄合抱状态的成虫。肠系膜上可见虫卵性肉芽肿、淋巴结水肿。

5. 诊断

根据临床症状、病理变化及实验室检查结果进行诊断。常用的病原学诊断方法有虫卵毛蚴孵化法、沉淀法、尼龙绢袋集卵法。血清学诊断方法包括间接血球凝集试验和酶联免疫吸附试验。

6. 防治

本病防治需采取综合性措施，一方面要做好人畜粪便管理、水源管理和污水无害化处理工作，另一方面要做到安全放牧，防止人畜相互感染。

预防性驱虫应根据流行区的具体情况而定，一般来说，每年至少在春秋两季对羊各驱虫 1 次。结合人畜饮水改造工程或用灭螺药物杀灭中间宿主钉螺，阻断血吸虫的循环途径。疫区内羊粪便要进行堆肥发酵或制作沼气，杀灭虫卵。选择无螺水源，提倡用清洁自来水或者干净水源作为人畜饮水，以杜绝尾蚴感染。

本病治疗可选用下列药物：硝硫氰胺（每千克体重 4 毫克，配成 2%~3% 无菌水悬液，颈部静脉注射）、吡喹酮（每千克体重 30~50 毫克，1 次灌服）、敌百虫（每千克体重绵羊 70~100 毫克，山羊 50~70 毫克，1 次灌服）。

（六）羊东毕吸虫病

羊东毕吸虫病是东毕属的几种寄生虫感染羊（牛等其他多种动物也可感染）门静脉、肠系膜静脉内引起的一类寄生虫病。

1. 病原

本病病原为土耳其斯坦东毕吸虫，雌雄异体，雌雄虫常呈抱合状态，虫体呈线形（图 7–32）。口吸盘与腹吸盘相距较近，无咽，食道在腹吸盘前方分为两条肠支，在体后部合并成单支，抵达体末端。雄虫乳白色，大小为（4.39~4.56）毫米 ×（0.36~0.42）毫米。腹面有抱雌沟。睾丸细小，呈颗粒状，位于腹吸盘后下方，呈不规则的双行排列，数目为 78~80 个。生殖孔开口于腹吸盘后方。雌虫暗褐色，大小为（3.95~5.73）毫米 ×（0.07~0.116）毫米。卵巢呈螺旋状扭曲，位于两肠支合并处之前方，卵黄腺在肠单支的两侧。子宫短，在卵巢前方，内通常只有 1 个虫卵。虫卵大小为（72~74）微米 ×（22~26）微米，无卵盖，两端各有 1 个附属物，一端较尖，另一端钝圆。

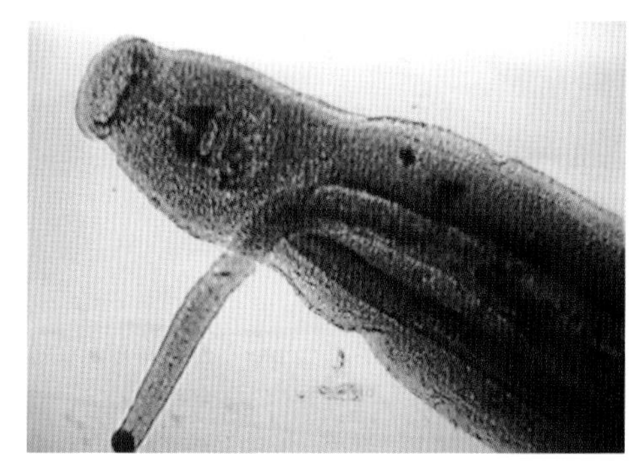

图 7–32　土耳其斯坦东毕吸虫虫体形态（李祥瑞）

2. 流行特点

东毕吸虫可引起牛、羊、马、驴、兔、猪等动物发病。在我国，本病主要分布在长江流域及北方各省、自治区。在北方广大牧区普遍存在。东毕吸虫的发育需要经虫卵、毛蚴、母胞蚴、尾蚴、童虫等阶段，其中母胞蚴及尾蚴需在中间宿主椎实螺中发育和繁殖。牛、羊在饮水或涉水过程中，尾蚴直接钻入皮肤内或经过消化道黏膜而感染。

3. 临床症状

本病多呈慢性经过，只有感染大量尾蚴后才表现为急性发病。急性病例表现为体温升高、类似感冒症状，食欲减少，呼吸急促，并有流鼻液、下痢、消瘦等症状，可造成大批死亡。耐过者则转为慢性。慢性病例一般表现为可视黏膜苍白和黄染，下颌及腹下皮肤水肿，腹围增大，消化不良。母羊还表现不发情、不孕或流产等症状。

4. 病理变化

尸体明显消瘦、贫血。腹腔内有大量腹水。肠系膜有胶冻样水肿，淋巴结水肿坏死。肠系膜静脉内有成虫寄生。肝脏初期肿大明显，中后期萎缩变硬，表面凹凸不平，并布满大小不等的灰白色结节。

5. 诊断

根据流行特点、临床症状和病理变化可做出初步诊断。肠系膜静脉内找到病原的成虫或粪便检查到虫卵，即可确诊。

6. 防治

本病的预防可采取定期驱虫、消灭中间宿主、改变饲养方式等方法。常用的治疗药物有吡喹酮（每千克体重60~80毫克，内服）、硝硫氰胺（每千克体重4毫克，配成2%溶液进行静脉注射）、六氯对二甲苯（每千克体重700毫克，分7天内服）。此外，也可用敌百虫、硫酸铜等药物杀死水源内的毛蚴和尾蚴，防止牛羊被感染。

（七）羊腹袋吸虫病

羊腹袋吸虫病是腹袋科腹袋属、菲策属的多种吸虫成虫寄生于羊（牛等其他反刍动物也可感染）瘤胃和网胃内引起的寄生虫病，临床上以持续性或间歇性腹泻为特征。

1. 病原

本病病原有腹袋属的中华腹袋吸虫等多种腹袋吸虫，以及菲策属的长菲策吸虫、卵形菲策吸虫、狭窄菲策吸虫等多种菲策吸虫。

中华腹袋吸虫虫体呈圆锥形（图 7-33，图 7-34），前端稍尖，中部膨大，后部平切，体表光滑，大小为（6.30~8.48）毫米 ×（3.50~4.45）毫米。体宽长之比为 1∶1.8。腹袋开口于口吸盘的后缘，终于两睾丸的后端、腹吸盘的前缘。口吸盘位于顶端，呈梨形。腹吸盘位于虫体的中部，呈浅盘状，口吸盘与腹吸盘大小比为 1∶（3~4.5）。两肠支呈波浪状弯曲于虫体的两侧，末端伸达睾丸后缘。睾丸呈椭圆形，边缘光滑不分瓣，左右排列于虫体后 1/3 处，左右睾丸大小几乎相等。贮精囊发达，有 4~5 个回旋，生殖孔开口于食道末端的腹袋内，具生殖窦和生殖乳头。卵巢呈椭圆形，位于两睾丸之间偏向一侧。卵黄腺起于食道末端，终于睾丸后缘水平处。子宫向上弯曲回旋至肠分叉处，开口于生殖孔，内含多数虫卵。虫卵椭圆形（图 7-35），大小为（105~133）微米 ×（56~81）微米。

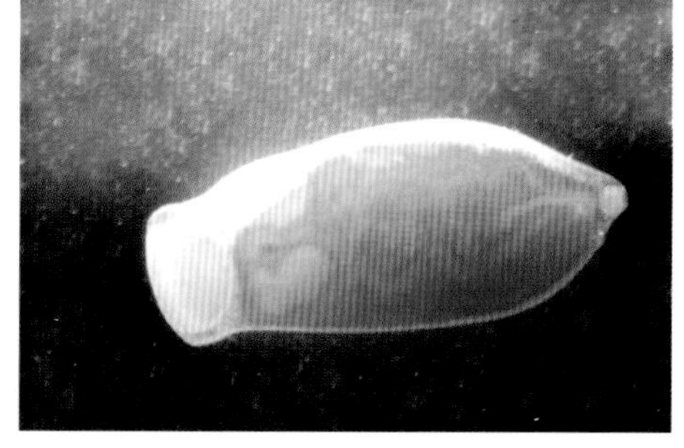
图 7-33　中华腹袋吸虫虫体形态

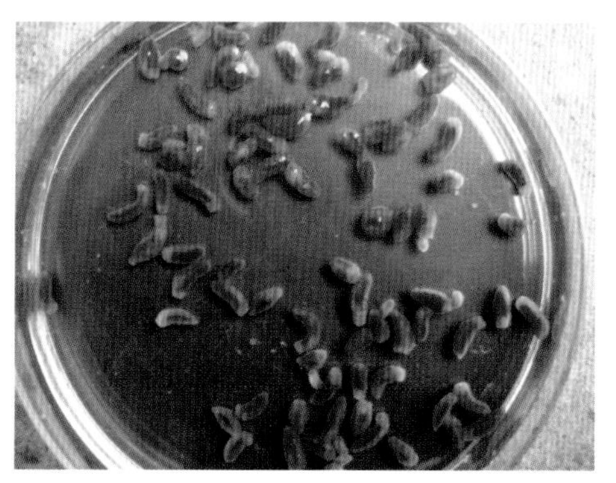
图 7-34　中华腹袋吸虫虫体肉眼形态

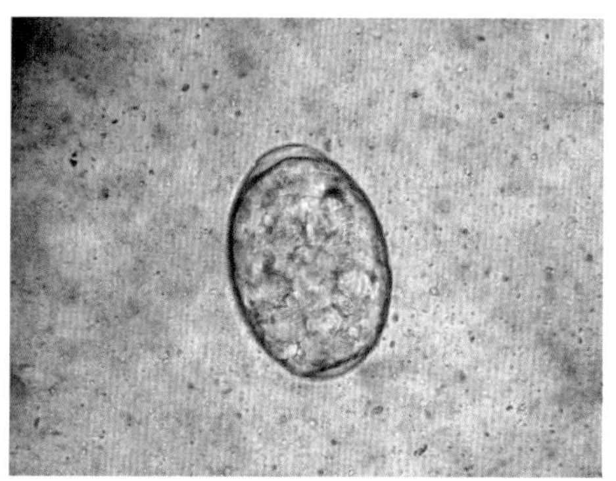
图 7-35　中华腹袋吸虫虫卵形态

长菲策吸虫虫体呈圆柱形或类三菱形，纵轴稍向腹面弯曲（图 7-36），体前端稍狭小，中部较宽，后端钝圆，虫体大小为（14~24）毫米 ×（3.5~5.5）毫米。体宽长之比为 1∶4.2。腹袋前端开口于口吸盘的后缘，后端伸至两睾丸的前缘。口吸盘位于顶端，近似球状，腹吸盘位于虫体末端，呈半球状，口吸

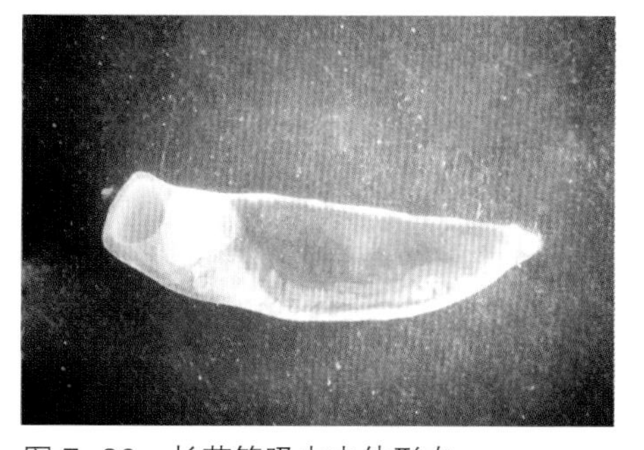
图 7-36　长菲策吸虫虫体形态

盘与腹吸盘的大小比例为 1∶2.6。两肠支较短，呈波浪状弯曲，末端达虫体中部之前。睾丸边缘常分 3~4 瓣。生殖孔开口于食道后方的腹袋颈部内。卵巢位于前睾丸后侧。卵黄腺呈散在的小滤泡状，前自生殖孔的后缘开始，后至两睾丸之间。子宫沿虫体中线弯曲上升接两性管，开口于生殖孔，内含多数虫卵。虫卵大小为（128~152）微米 ×（68~78）微米。

卵形菲策吸虫虫体枣红色，呈卵圆形（图 7–37），大小为（6.6~8.9）毫米 ×（3.16~3.90）毫米。腹袋开口于口吸盘后缘，后端达睾丸的前缘。腹吸盘呈杯状，口吸盘与腹吸盘的大小比例为 1 ∶ 2.6。两肠支各有 3~4 个弯曲，后达虫体中部。睾丸呈球形，背腹排列于虫体后部。生殖孔开口于肠叉前的腹袋内。卵巢呈球形，位于两睾丸之间。子宫弯曲，沿两睾丸之间上升，内充满虫卵。卵黄腺分布于虫体腹侧，始自肠叉，止于背睾丸的中部。排泄管与劳氏管平行，不交叉。虫卵大小为（126~130）微米 ×（82~91）微米。

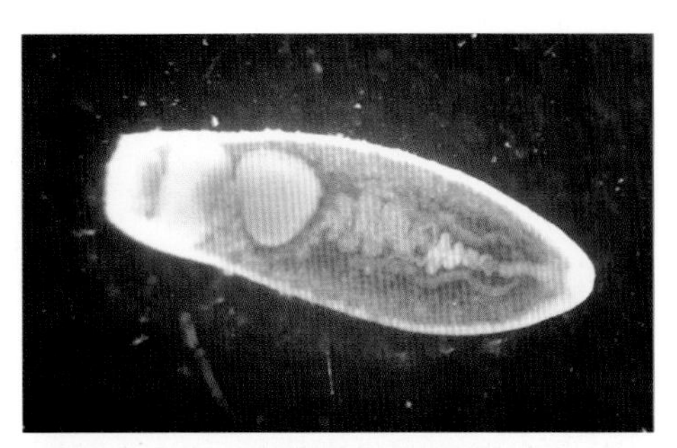

图 7–37 卵形菲策吸虫虫体形态

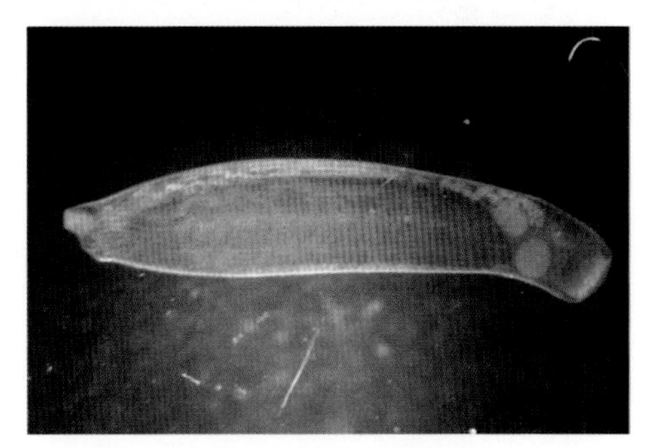

图 7–38 狭窄菲策吸虫虫体形态

狭窄菲策吸虫虫体细小，呈长圆锥形（图 7–38），大小为（3.78~5.89）毫米 ×（1.02~1.58）毫米。腹袋开口于口吸盘后端，终于腹吸盘的前缘。口吸盘呈梨形，腹吸盘呈钵状，口吸盘与腹吸盘的大小比例为 1∶3.6。两肠支粗短，止于虫体中部。睾丸边缘有 2~3 个浅瓣，前后斜列于虫体后部。生殖孔开口于食道中部的腹袋内。卵巢位于两睾丸之间或后睾丸的背部。子宫沿虫体中轴上升。卵黄腺分布于虫体两侧，前起于肠叉，止于后睾丸。虫卵大小为（106~135）微米 ×（58~74）微米。

2. 流行特点

本病呈世界性分布，我国各地几乎都有不同程度的流行，以南方地区多见。一年四季均可发生，多见于夏秋两季。腹袋科吸虫的成虫寄生在羊的瘤胃和网胃壁上，危害不大，但其幼虫在发育过程中会移行于皱胃、小肠、胆管、胆囊等部位，可造成严重的病症或死亡。中间宿主为多种淡水螺，终末宿主有牛羊等反刍动物。

3. 临床症状

成虫危害不大，多为隐性感染。但大量幼虫寄生时可引起严重的症状，甚至造成大量死亡。病羊主要表现精神沉郁，厌食，消瘦，几天后出现顽固性拉稀，粪便呈粥状或水样，恶臭。后期精神委靡，极度衰竭，眼睑、颌下、腹胸下部水肿，最终衰竭死亡。

4. 病理变化

皮下不同程度水肿，眼结膜苍白，眼球下陷，在瘤胃（靠网胃区）可见粉红色或紫红色腹袋吸虫成虫（图 7–39），它们成簇寄生，寄生局部胃绒毛脱落。童虫则会引起移行经过器官或寄生器官（如皱胃、小肠、胆囊）的炎症病变。

图 7–39　羊腹袋吸虫病病理变化（腹袋吸虫寄生在瘤胃壁上）

5. 诊断

本病的生前诊断比较困难，尽管在粪便中可以检出相应的虫卵。腹袋科吸虫与同盘科吸虫的虫卵极为相似，两者不易鉴别诊断。本病的确诊有赖于死后在瘤胃内发现粉红色或紫红色腹袋吸虫的成虫。至于是哪一种腹袋吸虫，还要对吸虫的大小、形态、内部结构做进一步鉴定。

6. 防治

本病的防治措施可参照羊同盘吸虫病的防治措施。

（八）羊列叶吸虫病

羊列叶吸虫病是背孔科列叶属的多种列叶吸虫寄生于羊（牛等其他反刍动物也可感染）小肠内引起的寄生虫病，临床上以顽固性或间歇性腹泻为特征。

1. 病原

本病病原是背孔科列叶属的羚羊列叶吸虫、印度列叶吸虫、鹿列叶吸虫等。这里仅介绍羚羊列叶吸虫。

羚羊列叶吸虫虫体呈长叶形（图 7–40，图 7–41），两端钝圆，大小为（2.0~2.6）毫米 ×（0.64~0.68）毫米。虫体前部表面有小刺。口吸盘位于亚顶端，类圆形。

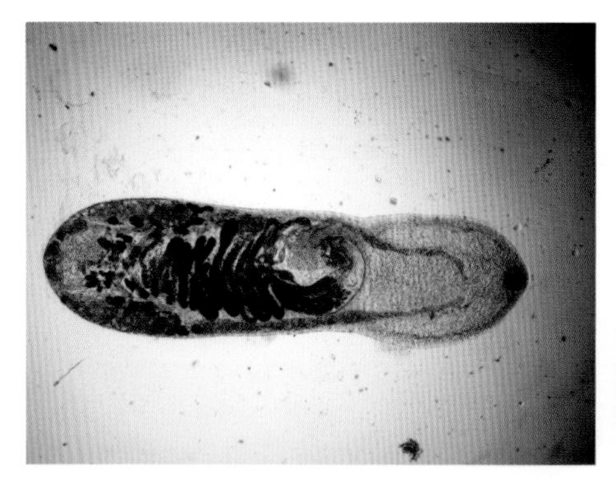
图 7-40 羚羊列叶吸虫虫体形态

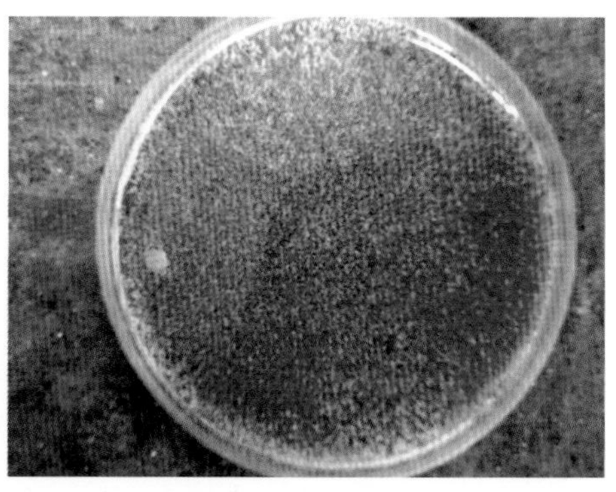
图 7-41 羚羊列叶吸虫肉眼形态

咽缺。两肠支伸至虫体后部 1/4 处。睾丸长柱形，边缘具有多数分瓣。雄茎囊发达，位于体前 1/3~2/3 处，弯曲成半弧形。生殖孔位于体 1/3 的亚腹面。卵巢位于体末端中央，呈椭圆形。卵黄腺分布于体后 1/3 处，始自睾丸前缘，终于睾丸亚末端，两侧滤泡后部逐渐向体中央靠近。子宫回旋于梅氏腺与雄茎囊中部之间，边缘伸出两肠支外，后接子宫末段至生殖孔，内含大量虫卵。虫卵小，不对称（图 7-42），两端具卵丝，大小为（20~24）微米 ×（12~15）微米。

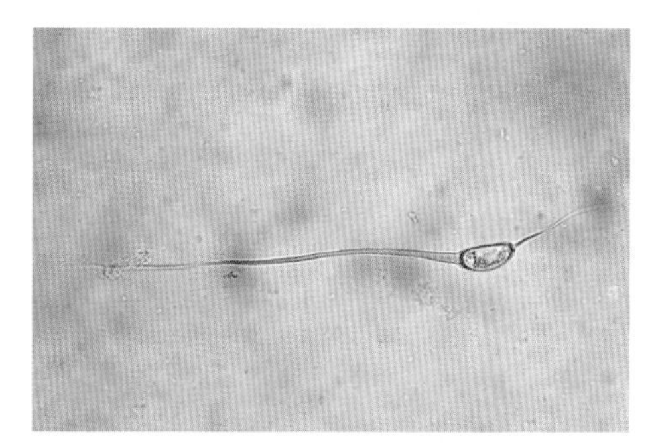
图 7-42 羚羊列叶吸虫虫卵形态

2. 流行特点

本病分布较广，在我国南方多省、自治区均有分布。印度列叶吸虫可寄生在羊、牛、鹿以及熊猫小肠，而羚羊列叶吸虫和鹿列叶吸虫只寄生在山羊和绵羊小肠。列叶吸虫发育史目前尚未明了，据了解需 1 个中间宿主，可能与陆地螺有关。一年四季均可感染，以夏秋季节多见。

3. 临床症状

临床上本病主要表现病羊急性肠炎或间歇性肠炎，排出的粪便为粥状或水样，黏附于肛门口（图 7-43），恶臭，有时排出黏液状粪便。精神沉郁、厌食，常倒地不起，个别严重的可导

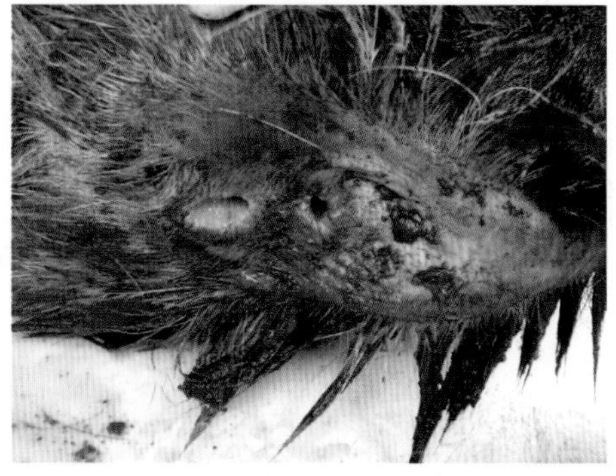
图 7-43 羊列叶吸虫病症状（粥状粪便黏附于肛门口）

致脱水衰竭死亡。

4. 病理变化

剖检可见皮下脱水，小肠外观呈灰白色，内充满卡他性分泌物（图7-44）。小肠黏膜充血、出血，仔细观察在小肠内容物中可见细小的吸虫在蠕动。

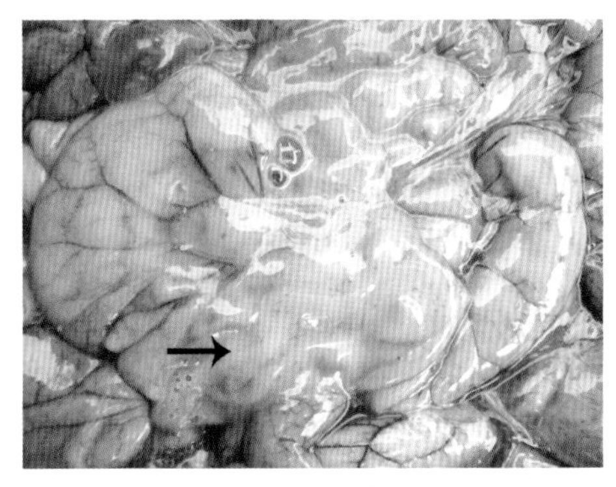

图 7-44　羊列叶吸虫病病理变化（小肠卡他性肠炎）

5. 诊断

挑取小肠内容物或粪便进行镜检，检出特征性丝状虫卵即可确诊（图7-45）。此外，可用沉淀检查法对小肠内容物中的虫体进行分离、鉴定。

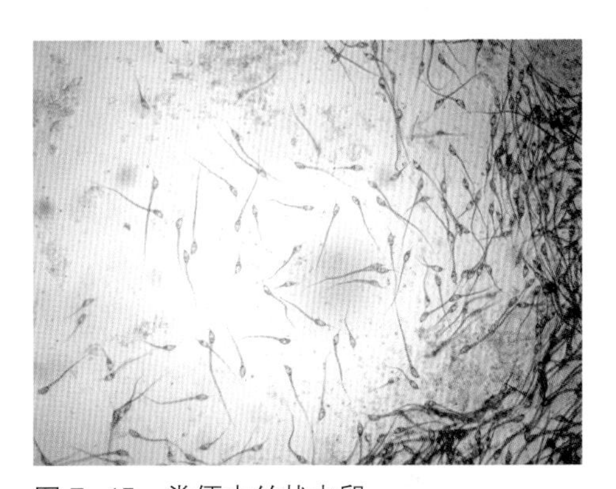

图 7-45　粪便中丝状虫卵

6. 防治

本病的预防一方面要改变饲养方式，减少放牧，避免羊只采食到含病原囊蚴的牧草而感染；另一方面定期选用硫双二氯酚、阿苯达唑、吡喹酮、氯硝柳胺等药物进行预防性驱虫。

本病治疗采用硫双二氯酚（每千克体重 80 毫克拌料或灌服）或阿苯达唑（每千克体重 30 毫克拌料或灌服），疗效较好。间隔 2 个月后还要重复用药。

（九）羊野牛平腹吸虫病

羊野牛平腹吸虫病是同盘科平腹属的野牛平腹吸虫寄生于羊（牛等其他反刍动物也可感染）的盲肠和结肠内引起的寄生虫病。

1. 病原

野牛平腹吸虫虫体呈淡红色，前部狭小，中部膨大，后 1/4 又缩小，背部隆起（图 7-46），腹部扁平布满小乳突（图 7-47），大小为（9.5~12.5）毫米 ×（5.3~6.8）毫米。体宽与体长的比例为 1 : 1.8。口吸盘位于体前端，口吸盘后缘左右各具有

图 7-46 野牛平腹吸虫背面形态

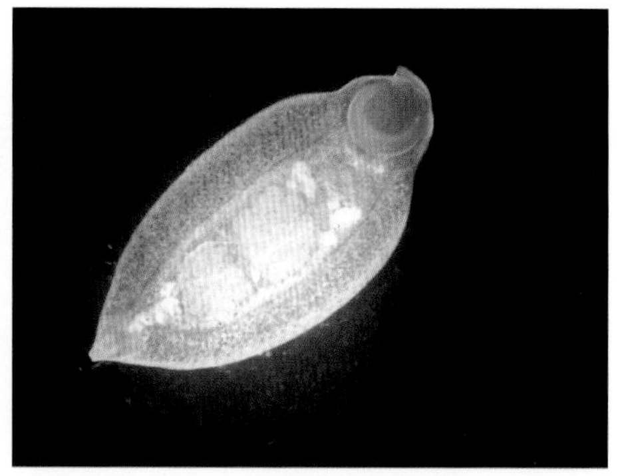
图 7-47 野牛平腹吸虫腹面形态

一个口支囊。腹吸盘位于虫体末端，呈类球形。口吸盘与腹吸盘的大小比例为1∶3.9。食道细长，肠支呈弧形，伸达腹吸盘的前缘。睾丸位于虫体中央，前后排列，边缘具多数深裂瓣。贮精囊短，经2~3个弯曲接射精管和两性管，开口于生殖孔，生殖孔位于食道中部边缘。卵巢呈椭圆形，位于后睾丸与腹吸盘之间。卵黄腺分布于虫体两侧，前自肠分支处开始，后至腹吸盘的前边缘。排泄囊呈圆囊状，位于腹吸盘前缘。子宫内含有多数虫卵，虫卵大小为（108~126）微米 ×（60~64）微米。

2. 流行特点

本病分布较广，我国多数地区有分布。本病的发生除了要有传染源（虫卵）外，还需要中间宿主（淡水螺）。发生的季节多见于夏秋两季。终末宿主除羊外，还有黄牛、水牛、野牛等。

3. 临床症状

在临床上本病主要表现为肠炎，病羊排出的粪便为粥状或水样，恶臭，有时排出黏液性粪便。此外，病羊还表现精神沉郁、厌食、卧地不起等症状。

4. 病理变化

盲肠或结肠肿大，内充满黏稠状内容物，在肠壁或内容物中可见淡红色黄豆大小的虫体（图7-48）。

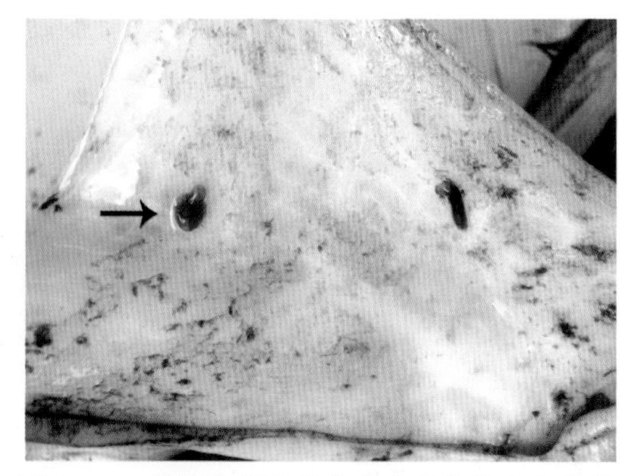
图 7-48 羊野牛平腹吸虫病病理变化（野牛平腹吸虫寄生在盲肠壁上）

5. 诊断

野牛平腹吸虫虫体为淡红色，呈瓜子状，背部隆起，腹部扁平布满小乳突，压片可见2个睾丸边缘具深裂瓣。据此可做出诊断。

6. 防治

本病的防治措施可参照羊同盘吸虫病的防治措施。

（十）羊捻转血矛线虫病

羊捻转血矛线虫病是毛圆科血矛属的捻转血矛线虫寄生在羊（牛、骆驼等也可感染）的皱胃、小肠内引起的寄生虫病。

1. 病原

活体的捻转血矛线虫雄虫为淡红色（图 7–49），雌虫红白相间。虫体的体表分布有纵纹和横纹，具有退化的口囊，其内有一角质的口矛，食道呈管状（图 7–50）。雄虫细长（图 7–51），大小为（15.14~19.72）毫米 ×（0.239~0.286）毫米。交合伞由 2 个对称的侧叶和 1 个不对称的小背叶组成。腹腹肋较侧腹肋短小，两肋均达伞缘。侧肋起于共同主干，前侧肋和中侧肋又有共同的支干，前侧肋直伸达伞缘，远端与中侧肋相距较远；中后两侧肋大小相近，远端相靠很紧，并向背侧弯曲。腹腹肋和前侧肋在各肋中最粗壮。背肋“人”字形，末端稍弯曲，与其他各肋不相连。1 对交合刺棕色，等长，其近端较宽，远端窄小，末端膨大成一小结。在每个交合刺的窄部上，各具有 1 个鱼钩状倒刺。雌虫尾部较雄虫尖

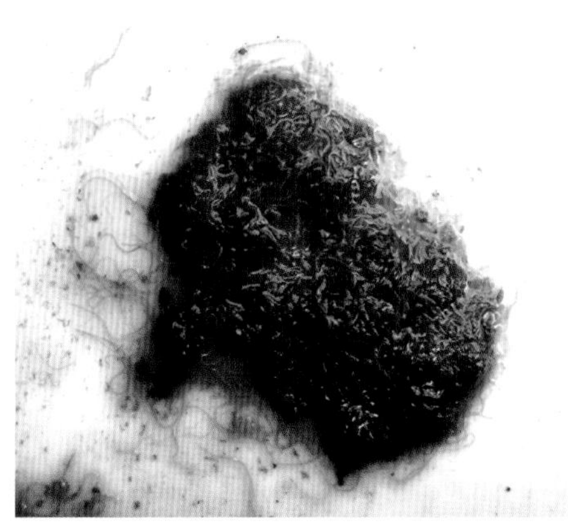

图 7–49　捻转血矛线虫虫体肉眼形态

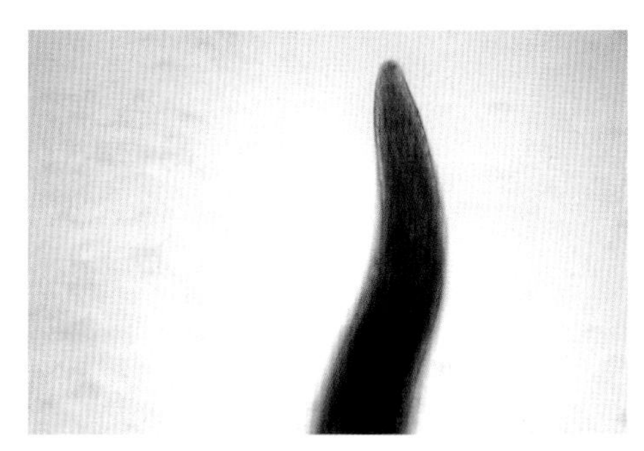

图 7–50　捻转血矛线虫虫体头部形态

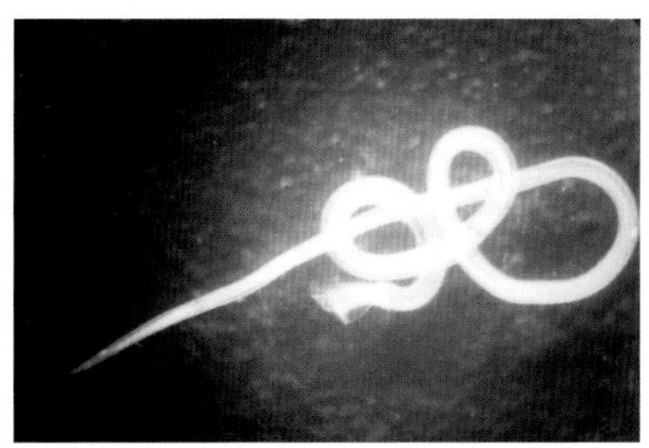

图 7–51　捻转血矛线虫雄虫形态

锐（图 7–52），大小为（22.90~27.92）毫米 ×（0.43~0.56）毫米。阴门上有增厚的突出物，其形状有 4 种：亚球型、舌型、混合型（兼有亚球形和舌形）和光滑型（缺突出物）。排卵器较发达。肛门后尾部渐细，末端略呈圆锥体状。尾部有 2 个侧乳突。虫卵呈椭圆形（图 7–53），大小为（70~80）微米 ×（39~53）微米，卵壳薄而透明，刚排出虫卵多处于桑葚期。

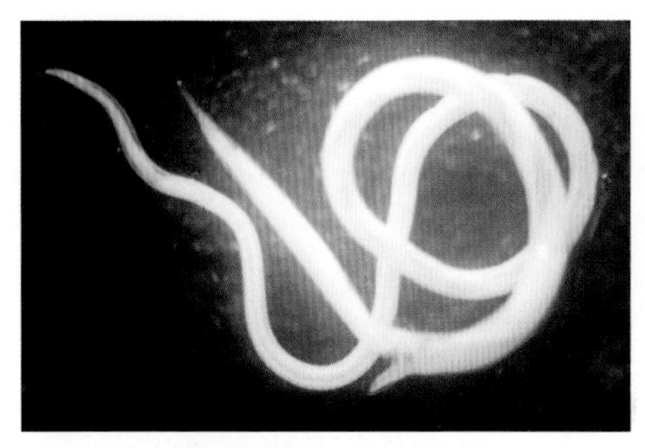

图 7–52　捻转血矛线虫雌虫形态

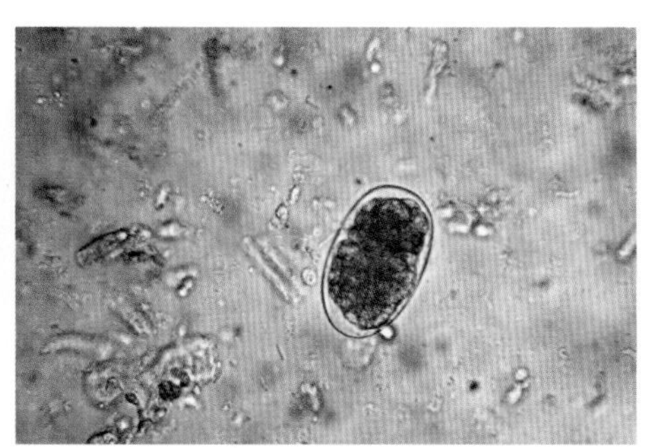

图 7–53　捻转血矛线虫虫卵形态

2. 流行特点

全国分布很广，山上放牧羊的感染率很高。各日龄羊均可发生，但以羔羊发病率和死亡率比较高，成年羊有一定的抵抗力，也常出现“自愈现象”。一年四季均可发生，在春夏季节发病率较高。从第 3 期感染性幼虫发育到成虫，只需 21 天，成虫游离于皱胃中，寿命可达 1 年。

3. 临床症状

病羊消瘦、行走缓慢、消化功能紊乱，常出现下痢和软脚症状（图 7–54），可视黏膜苍白（图 7–55），最后病羊衰竭而死亡。本病对 12 月龄以内的幼羊威胁很大，可导致大面积发病死亡。

图 7–54　羊捻转血矛线虫病症状（软脚）

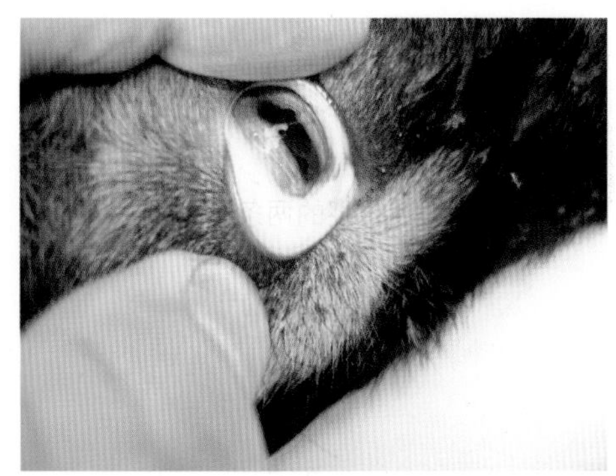

图 7–55　羊捻转血矛线虫病症状（眼结膜苍白）

4. 病理变化

除了贫血外，皮下和肠系膜可出现胶冻样水肿（图 7–56），皱胃黏膜上和皱胃内容物充满大量毛发状粉红色虫体（图 7–57）。雌雄异体。由于雌虫白色的生殖器官环绕于红色富含血液的肠道周围，而形成了红白色相互缠绕的两条线（图 7–58），故称捻转血矛线虫。此外，还会出现不同程度的胃黏膜水肿（图 7–59）、出血及肠炎。

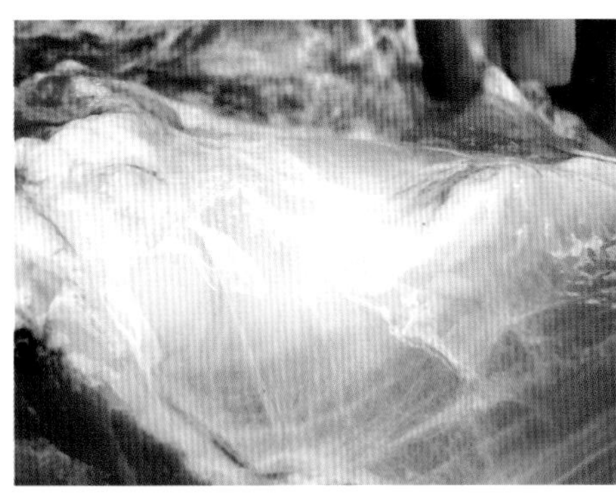

图 7–56　羊捻转血矛线虫病病理变化（皮下胶冻样水肿）

图 7–57　羊捻转血矛线虫病病理变化（皱胃壁上有大量粉红色虫体）

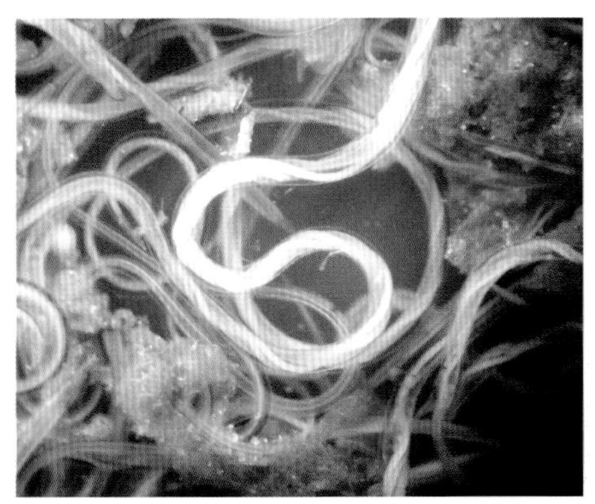

图 7–58　羊捻转血矛线虫病病理变化（雌虫上红白色相互缠绕的两条线）

图 7–59　羊捻转血矛线虫病病理变化（皱胃黏膜水肿）

5. 诊断

在皱胃内或十二指肠内检出粉红色丝状虫体或粪便检出虫卵，即可做出诊断。

6. 防治

羊群每年要采用驱线虫药物（如阿苯达唑、左旋咪唑、伊维菌素）预防性驱虫 6 次。有条件的还要实行划地轮牧，以减少感染机会。羊场的羊粪要经生物发酵处理，减少虫卵传播。平时可定期进行粪便虫卵检查。一般来说，每克粪便中检出虫卵数量达2000个以上，即判定为中度感染，此时就必须驱虫。

在治疗上可选用阿苯达唑（每千克体重10~15毫克，1次灌服）或左旋咪唑（每千克体重6~10毫克，1次灌服）或芬苯达唑（每千克体重10~15毫克，1次灌服）。严重感染时，间隔7~10天再驱虫1次，以后每2个月驱虫1次。阿维菌素和伊维菌素对本病也有较好效果。

（十一）羊毛圆线虫病

羊毛圆线虫病是毛圆科毛圆属的多种毛圆线虫寄生于羊（牛、骆驼、人也可感染）胃肠道内引起的寄生虫病，属于人畜共患病。在临床上以腹泻，甚至死亡为主要特征。

1. 病原

本病的病原有蛇形毛圆线虫、东方毛圆线虫等，这里仅介绍蛇形毛圆线虫。

蛇形毛圆线虫虫体细小，一般长不超过7毫米，呈淡红或褐色（图7-60），缺口囊和颈乳突。排泄孔位于靠近体前端的一个明显的腹侧凹迹内。雄虫交合伞的侧叶大（图7-61），背叶极不明显，腹腹肋特别细小，常与侧腹肋形成直角。侧腹肋与侧肋并行，背肋小，末端分小支。交合刺短而粗，常有扭曲和隆起的脊，呈褐色。有引器。雌虫阴门部位于虫体的后半部内，子宫一向前，一向后。无阴门盖（图7-62），尾端钝。虫卵呈椭圆形，大小为（69~98）微米 ×（34~55）微米，卵壳薄，粪检常见发育到桑葚期（图7-63）。

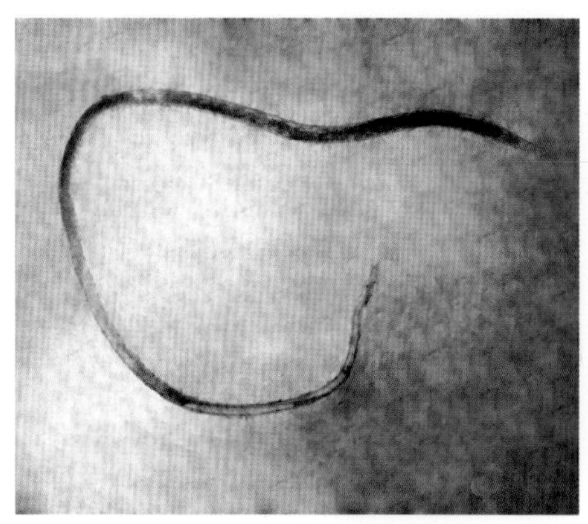

图7-60 蛇形毛圆线虫虫体形态

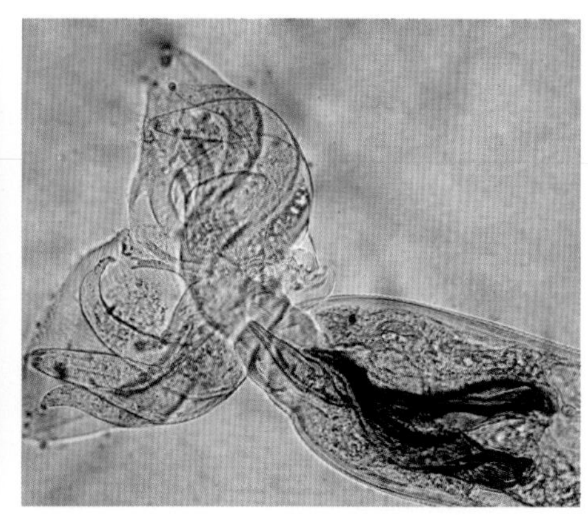

图7-61 雄虫交合伞形态

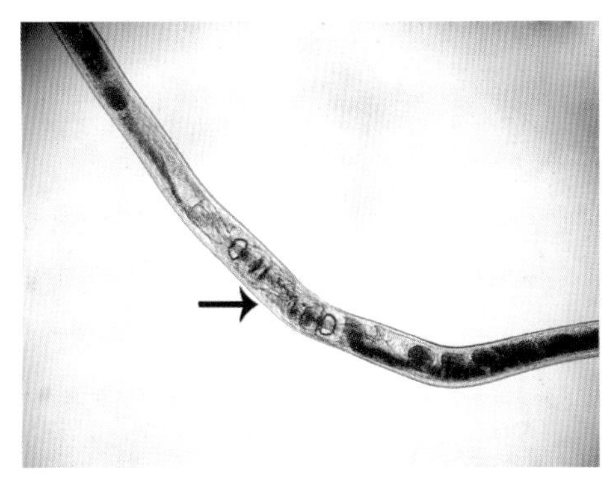

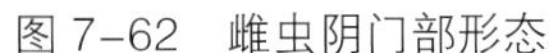
图 7-62　雌虫阴门部形态

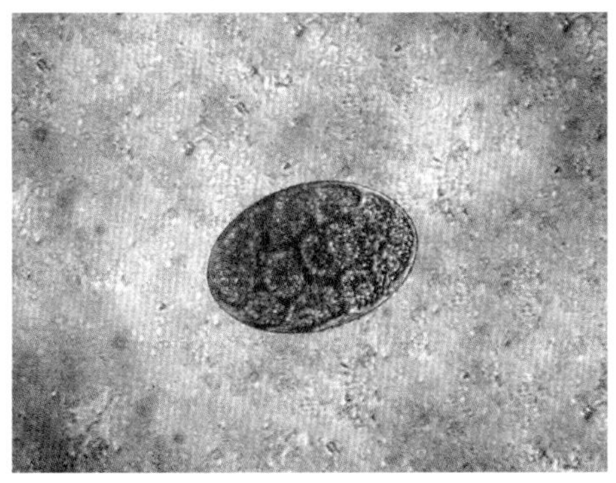

图 7-63　蛇形毛圆线虫虫卵形态

2. 流行特点

断乳至 1 岁的羔羊对毛圆线虫最易感。母羊往往是本病的传染源。第 3 期幼虫对干燥抵抗力强，在土壤中可存活 3~4 个月，且耐低温，可在牧地上过冬。第 3 期幼虫进入羊体内后，在羊胃肠黏膜内发育蜕皮，第 4 期幼虫又返回皱胃或小肠，发育为成虫。本病分布广，可形成地方流行性。

3. 临床症状

感染较轻者，表现食欲不振，生长受阻，消瘦，贫血，皮肤干燥，排软便或腹泻与便秘交替发生；感染严重时可引起急性发作，表现腹泻，急剧消瘦，体重迅速减轻，甚至发病死亡。

4. 病理变化

皱胃和十二指肠黏膜肿胀，轻度充血，覆有黏液（图 7-64），刮取皱胃肠内容物于显微镜下可见到处于不同发育时期的虫体。慢性病例可见尸体消瘦，贫血，肝脏脂肪变性，黏膜肥厚，炎症和溃疡。

5. 诊断

本病诊断以粪便中检出虫卵或剖检发现虫体为准。毛圆线虫种类较多，要认真鉴别。本病在诊断过程中应注意与羊钩虫病鉴别诊断。

6. 防治

预防上应定期驱虫（每年 4~6 次），平时要对羊粪便进行发酵处理，防止虫卵散播而导致疾病传播。可选用以下治疗方法：阿苯达唑（每千克体重

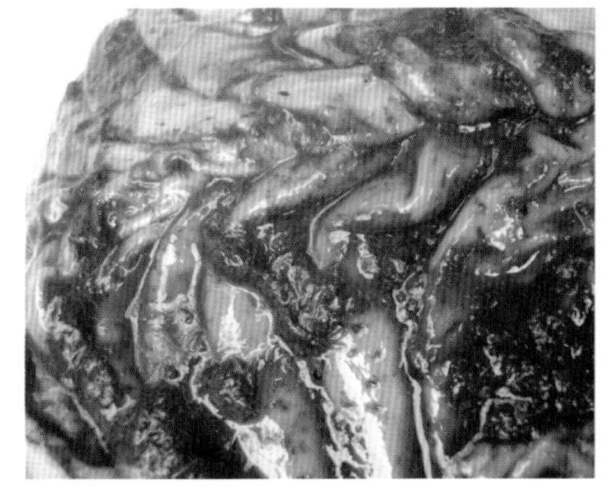

图 7-64　羊毛圆线虫病病理变化（皱胃表面覆有黏液）

20~25毫克），每天1次，连用3天；甲苯咪唑（每千克体重20毫克），每天1次，连用3天；左旋咪唑（每千克体重10毫克），每天1次，连用3天；伊维菌素（每千克体重0.2毫克），内服或皮下注射1次。此外，还可采取补液、补碱、强心、止血、消炎等对症治疗措施。

（十二）羊食道口线虫病

羊食道口线虫病又称羊结节虫病，是夏柏特科食道口属多种线虫的幼虫及其成虫寄生于羊（牛等其他反刍动物也可感染）肠壁而引起的寄生虫病，临床上以消化道功能异常、持续性腹泻、血便，甚至死亡为主要特征。

1. 病原

本病病原为夏柏特科食道口属的粗纹食道口线虫等多种线虫，这里仅介绍粗纹食道口线虫。

粗纹食道口线虫虫体为白色杆状（图7-65），口囊的宽度大于深度的2.2倍。叶冠数目外为10~12个，内为20~24个。头端角皮膨大形成头泡（图7-66）。无侧翼膜。颈乳突位于食道底之后，颈沟位于食道中部的稍前方，神经环位于食道中部，食道漏斗小。雄虫尾部具交合伞（图7-67），雄虫大小为（13~15）毫米 ×（0.40~0.52）

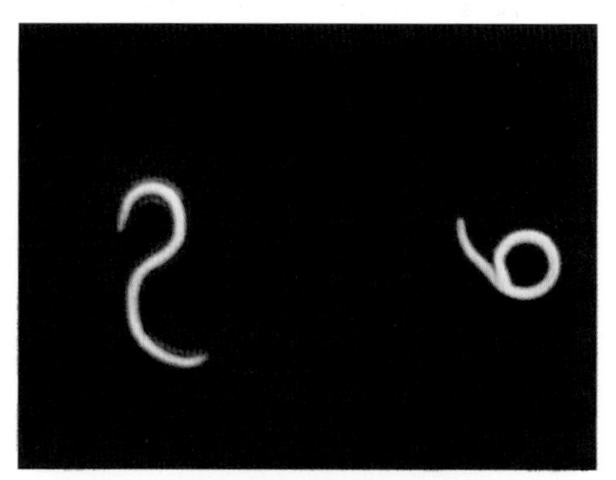

图7-65　粗纹食道口线虫虫体形态

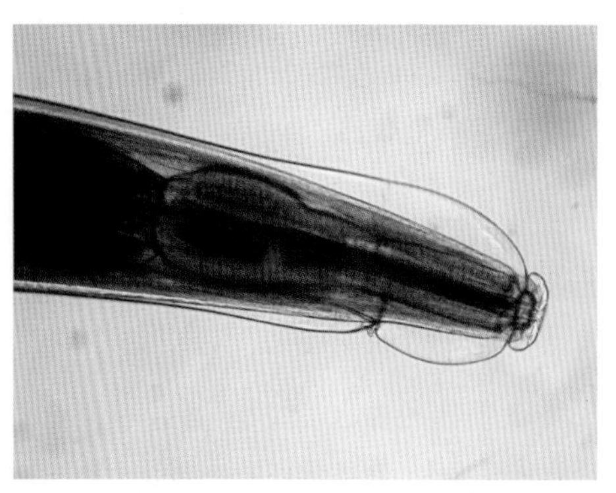

图7-66　粗纹食道口线虫虫体头部形态

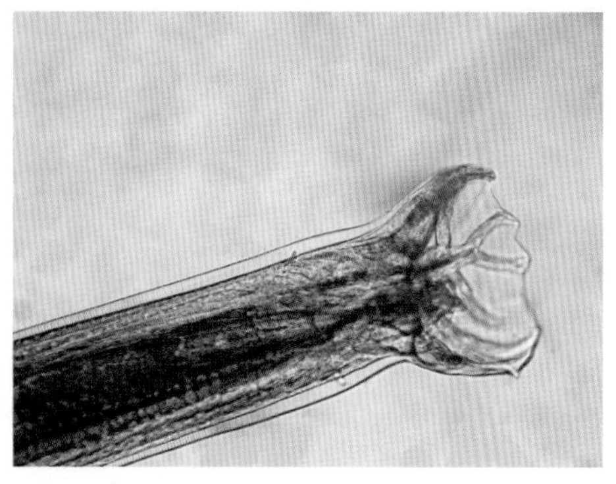

图7-67　粗纹食道口线虫雄虫尾部形态

毫米。雌虫尾部较尖锐（图 7-68），雌虫大小为（17.3~20.3）毫米 ×（0.5~0.7）毫米。虫卵椭圆形（图 7-69），大小为 92 微米 ×46 微米。

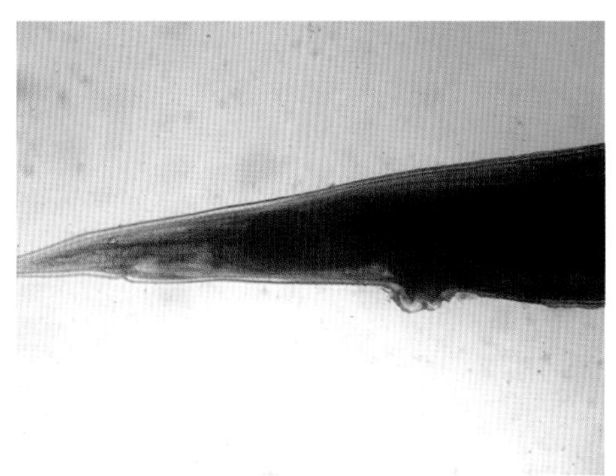

图 7-68　粗纹食道口线虫雌虫尾部形态

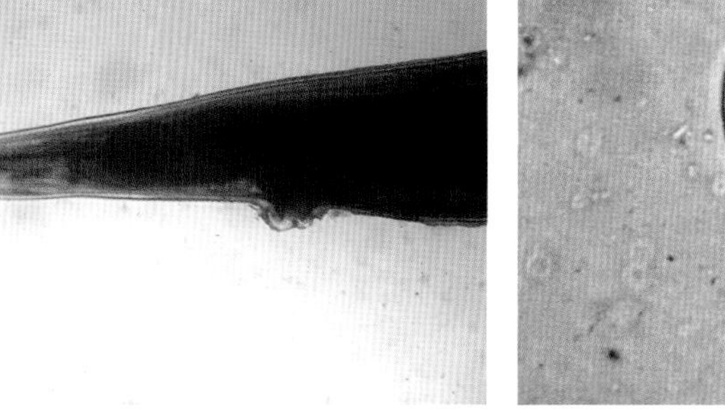

图 7-69　粗纹食道口线虫虫卵形态

2. 流行特点

食道口线虫可在黄牛、山羊、绵羊、水牛、牦牛等动物体内寄生，各日龄羊均可感染（一般见于吃草后 1 个月以上），其中 12 月龄以上羊感染率更高，症状和病变也更为明显。一年四季均可发生，感染率最高在春秋季。在清晨、雨后和多雾天气放牧时易受感染。宿主感染系摄入被感染性幼虫污染的青草和饮水所致。环境温度低于 9℃时虫卵不能发育。

3. 临床症状

急性病例可见病羊眼结膜苍白（图 7-70），出现持续性腹泻，粪便呈暗绿色，夹带黏液，有时还带血液。随着病情发展，病羊消瘦、衰竭，严重的可导致死亡。慢性病例则出现便秘和腹泻交替出现，病程持续时间长，下颌皮下有水肿症状。在成年羊，本病常表现为隐形感染。

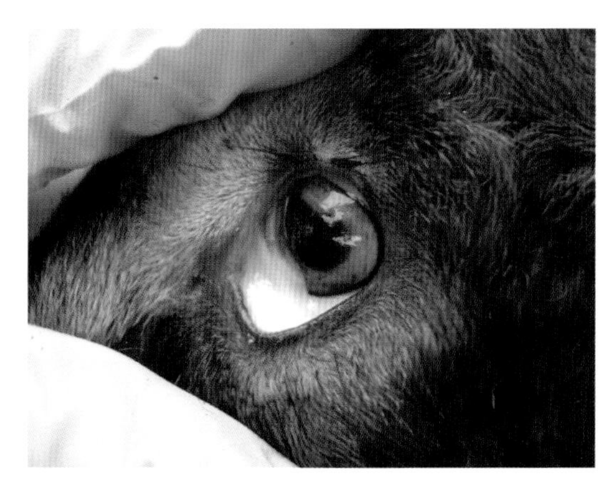

图 7-70　羊食道口线虫病症状（眼结膜苍白）

4. 病理变化

剖检可见盲肠肿大明显，结肠也有不同程度肿大，肠表面可见一些白色或黄白色坏死结节（图 7-71），切开肠壁可见内容物为黑褐色或黄色糊状物，在肠壁上肉眼可见一些白色小虫在蠕动。有时在盲肠腔内也可见白色小虫在蠕动（图 7-72）。

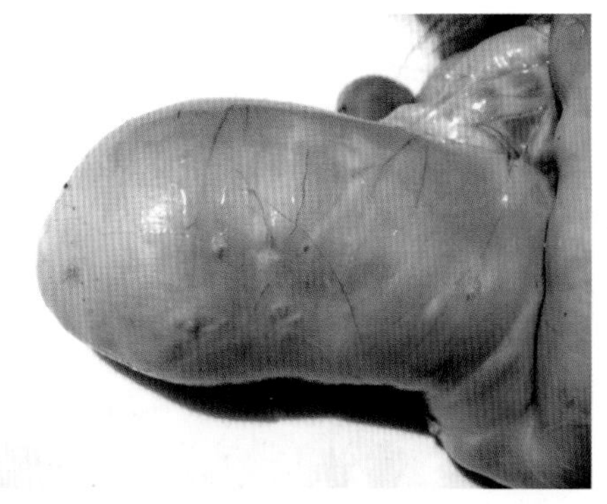
图 7-71　羊食道口线虫病病理变化（盲肠上黄白色坏死结节）

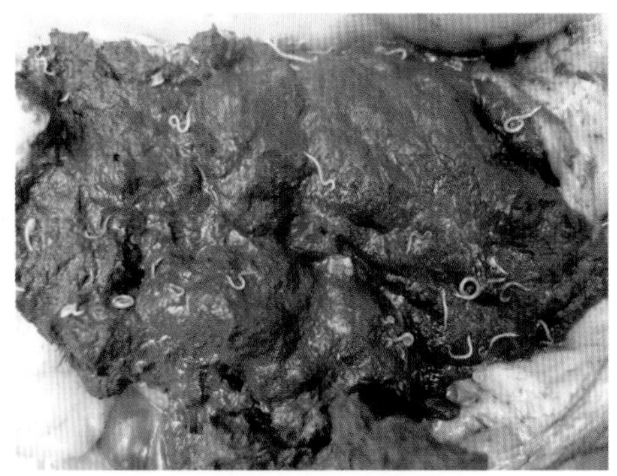
图 7-72　羊食道口线虫病病理变化（盲肠内白色小虫）

5. 诊断

结肠和盲肠内检出大量食道口线虫，即可做出诊断。要确认是哪一种食道口线虫，需对虫体的形态及内部结构做进一步的鉴定。

6. 防治

防治措施可参考羊捻转血矛线虫病的防治措施。

（十三）羊仰口线虫病

羊仰口线虫病是由羊仰口线虫引起的肠道线虫病，又称羊钩虫病。

1. 病原

本病病原为钩口科仰口属的羊仰口线虫。虫体呈乳白色或淡红色（图 7-73）。口囊底部的背侧生有一个大背齿，背沟由此穿出；底部腹侧有 1 对小的亚腹侧齿。雄虫长 12.5~17.0 毫米，交合伞发达。背叶不对称，右外背肋比左外背肋长，并且由背干的高处伸出。交合刺等长，褐色。无引器。雌虫长 15.5~21.0 毫米，尾端钝圆。阴门位于虫体中部前不远处。虫卵大小为（79~97）微米 ×（47~50）微米，两端钝圆，

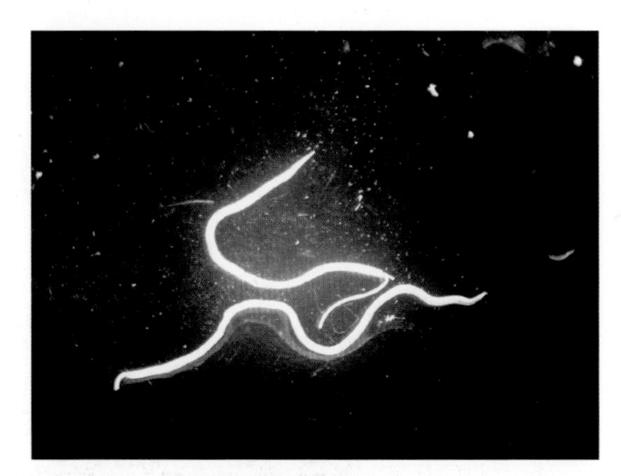
图 7-73　仰口线虫虫体形态

胚细胞大而数量少。

2. 流行特点

羊仰口线虫病分布广泛，多呈地方性流行，一般秋季感染，春季发病。成虫寄生于小肠，卵随宿主粪便排出后，在适宜的温度下，发育成第1期幼虫，再经2次蜕化发育成为感染性幼虫，经口或皮肤感染宿主，其中经皮肤感染为主要途径。感染性幼虫在夏季牧场能存活2~3个月，在春季和秋季存活的时间会更长。严冬寒冷的气候对幼虫具有杀灭作用。

3. 临床症状

当幼虫侵入皮肤时，常导致羊皮炎和发痒，一般不易察觉。幼虫移行到肺脏时可导致羊肺脏出血，但通常无明显临床症状。随着病情发展，病羊表现为进行性贫血、顽固性下痢，严重消瘦，下颌水肿，粪带黑色。幼畜还表现为神经症状，发育受阻，死亡率较高。

4. 病理变化

皮下有浆液性浸润。血液稀薄，水样，凝固不全。肺脏有淤血和出血点。心肌松软，冠状沟水肿。肝脏呈淡灰色，松软，质脆。肾脏呈棕黄色。十二指肠和空肠黏膜发炎并有出血点。

5. 诊断

依靠粪便虫卵检查及死后剖检在小肠中发现大量虫体，即可确诊。

6. 防治

每年每隔3~4个月可选用左旋咪唑（每千克体重7.5毫克，内服），或伊维菌素（每千克体重0.2毫克，皮下注射或内服）驱虫。对危害严重的地区，可依据本病的发病季节动态，每2个月采用相应药物进行预防性驱虫。此外，还可用噻苯唑、阿苯达唑等药物进行驱虫。驱虫后，要对粪便集中发酵处理，并加强对羊圈的消毒处理。

（十四）羊肺线虫病

羊肺线虫病是网尾科和原圆科的某些线虫寄生在羊（牛、骆驼等其他反刍动物也可感染）气管、支气管、细支气管乃至肺实质引起的寄生虫病。

1. 病原

本病病原为网尾科网尾属和原圆科缪勒属的多种线虫。网尾科的线虫虫体较大，其引起的疾病又称大型肺线虫病；原圆科的虫体较小，其引起的疾病又称小型肺线虫病。这里仅介绍常见的网尾科网尾属的丝状网尾线虫。

丝状网尾线虫的虫体呈乳白色丝线状，口囊小，口缘4个小唇片。交合伞的前侧肋独立，中、后侧肋融合，外背肋独立，背肋分为2支，每支末端又分为2~3个小支。交合刺黄褐色，为等长粗短的靴状多孔性构造。有一个多泡性构造的椭圆形引器。雄虫长30毫米，融合的中、后侧肋末端分叉。雌虫长35~44.55毫米。阴门位体中部。卵胎生，虫卵无色，椭圆形，大小为（120~130）微米×（70~90）微米，内含一幼虫。

2. 流行特点

丝状网尾线虫对成年羊易感性比较强，蚯蚓可做其储藏宿主。雌虫在肺部产卵后经咽部进入胃肠道而排出，发育出的幼虫在野外被终末宿主吞食后经血液循环再到肺脏发育为成虫。原圆科线虫的虫卵和幼虫排出后需在中间宿主陆地螺或淡水螺体内发育为感染性幼虫，而网尾科线虫的虫卵可直接发育为感染性幼虫。

3. 临床症状

病羊的主要症状是咳嗽。先是个别羊发生咳嗽，继而成群发作，尤其是在羊只被驱赶和夜间休息时尤为明显，咳出的痰液较浓稠。病羊逐渐消瘦，被毛干枯，贫血，头胸部和四肢水肿，呼吸困难、频率加快，体温一般不高。当病情加剧和接近死亡时，呼吸更加困难，干咳，迅速消瘦，最终死于肺炎或并发症。羔羊一般症状较为严重。如果网尾科线虫和原圆科线虫同时感染，可造成羊群大量死亡。

4. 病理变化

病死羊尸体消瘦，贫血。气管、支气管中有黏性或脓性并混有血丝的分泌物，分泌物中有白色线虫。支气管黏膜有不同程度出血点；肺脏表面隆起，呈灰白色，有不同程度的肺气肿和肺脏膨胀不全，切开支气管可见丝状虫体（图7-74）。原圆科线虫可引起灶状支气管肺炎。

图7-74 羊肺线虫病病理变化（肺支气管内白色虫体）

5. 诊断

根据粪便检出带幼虫虫卵，或鼻分泌液中检出带幼虫虫卵，可做出确诊。至于是哪一种肺线虫，需进一步对虫体做形态学鉴定。

6. 防治

在本病流行区内，每年应对羊群进行 4~6 次预防性驱虫。如发现病羊，应及时隔离治疗。驱虫治疗期应收集粪便进行无害化处理。有条件的地区，可实行轮牧。

治疗时可选用下列药物：阿苯达唑（每千克体重 10~15 毫克，内服），芬苯达唑（每千克体重 5 毫克，内服），左旋咪唑（每千克体重 8~10 毫克，内服），阿维菌素或伊维菌素（每千克体重 0.2 毫克，内服或者皮下注射）。也可采用气管内注射络合碘制剂进行治疗。

（十五）羊鞭虫病

羊鞭虫病是由毛首线虫科毛首线虫属的多种鞭虫引起的羊肠道线虫病，临床上以盲肠和结肠炎症、消化功能紊乱为主要特征。

1. 病原

本病病原有毛首线虫科毛首线虫属的球鞘鞭虫（图 7–75）、同色鞭虫、瞪羚鞭虫、印度鞭虫、羊鞭虫（图 7–76）等多种鞭虫。总的来说，羊鞭虫的虫体前部呈毛发状，所以称毛首线虫。虫体整个外形像鞭子，细的前部像鞭绳，粗的后部像鞭杆，所以又称鞭虫（图 7–77）。虫体乳白色，长 20~80 毫米，前部细长为食道部，由一列食道腺细胞围绕，占虫体全长的 2/3 以上；

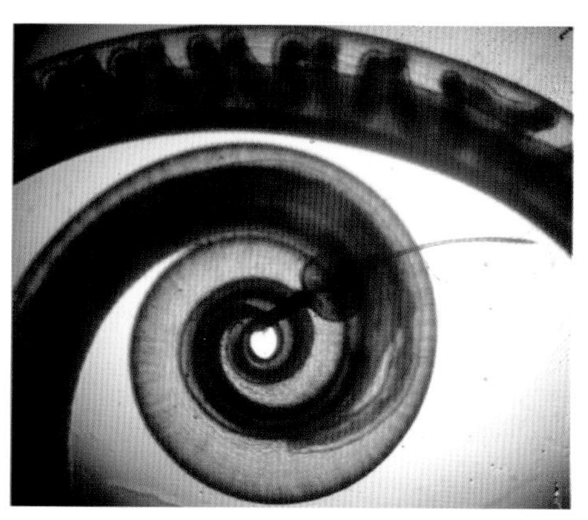

图 7–75　球鞘鞭虫交合刺形态

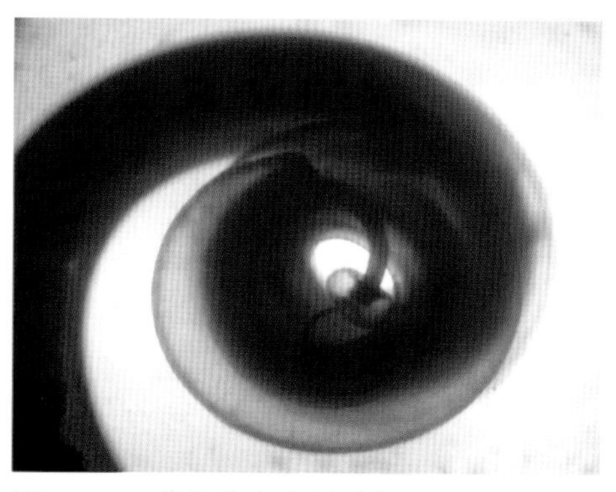

图 7–76　羊鞭虫交合刺形态

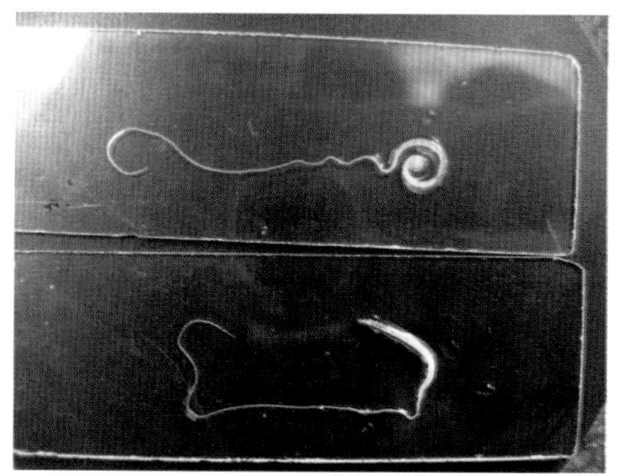

图 7–77　羊鞭虫虫体形态

后部短粗为体部，内有肠及生殖器官。雄虫后部弯曲，泄殖腔在尾端，一根交合刺在有刺的交合刺鞘内。雌虫后端钝圆，生殖器官单管型（图 7–78）。阴门位虫体粗细交界处。卵生。虫卵棕黄色，腰鼓形，卵壳厚，两端有卵塞（图 7–79），内含一个近圆形胚胎。虫卵大小为（70~80）微米 ×（30~40）微米。不同种类的鞭虫结构还有一些细微的差别。

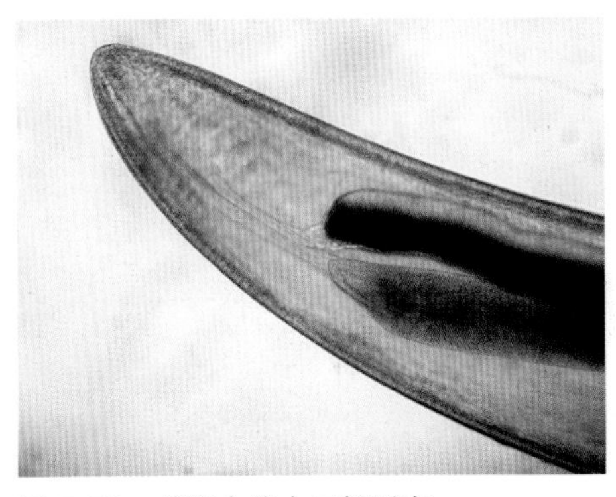

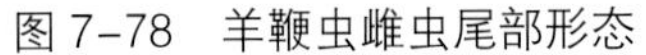

图 7–78　羊鞭虫雌虫尾部形态

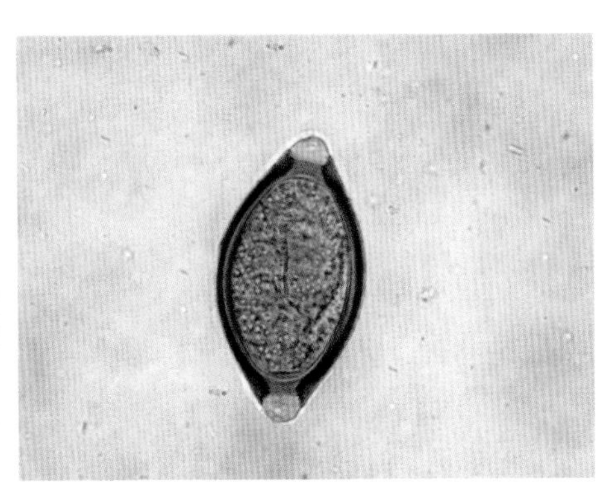

图 7–79　羊鞭虫虫卵形态

2. 流行特点

鞭虫生活史简单，为直接发育型，不需中间宿主，第 1 期幼虫可直接感染宿主。无明显季节性。除羊外，牛、猪、骆驼、人等均可感染。不同种类的鞭虫，感染宿主有所差异。

3. 临床症状

病羊出现间歇性或顽固性拉稀，排出的粪便为黑褐色糊状物，并带有黏液，有时带血液。轻者表现慢性盲肠及结肠卡他性炎症，食欲减退；重者消化功能紊乱，消瘦，甚至死亡。

4. 病理变化

剖检可见盲肠、结肠肿大，肠壁黏膜组织呈现轻度炎症或出血病变，病程长的可见肠黏膜溃疡斑或因肠壁炎症、细胞增生、肠壁增厚而形成的肉芽肿。

5. 诊断

漂浮或沉淀法检出特征性鞭虫虫卵，或在盲肠、结肠内查到鞭虫虫体而确诊。

6. 防治

加强饲养管理，搞好环境卫生，对羊舍粪便进行无害化处理。在流行地区进行治疗性或预防性驱虫。可定期使用阿苯达唑（每千克体重 15~20 毫克，内服）治疗，每隔 2 个月驱虫 1 次。

（十六）羊绦虫病

羊绦虫病是莫尼茨绦虫、曲子宫绦虫及无卵黄腺绦虫寄生于绵羊、山羊的小肠引起的蠕虫病，主要危害羔羊，影响生长发育，有时也导致中大羊顽固性下痢。

1. 病原

羊绦虫病的病原包括裸头科莫尼茨属的扩展莫尼茨绦虫（图 7–80）、白色莫尼茨绦虫（图 7–81）、贝氏莫尼茨绦虫（图 7–82，图 7–83），曲子宫属的盖氏曲子宫绦虫（图 7–84），无卵黄腺属的中点无卵黄腺绦虫（图 7–85）等。虫体均为乳白色背腹扁平的分节链带状。头节小，近似球形，上有 4 个吸盘，无顶突和小钩。绦虫雌雄同体，全长 1~5 米，每个体节上都包括 1~2 组雌雄生殖器官，自体受精。莫尼茨

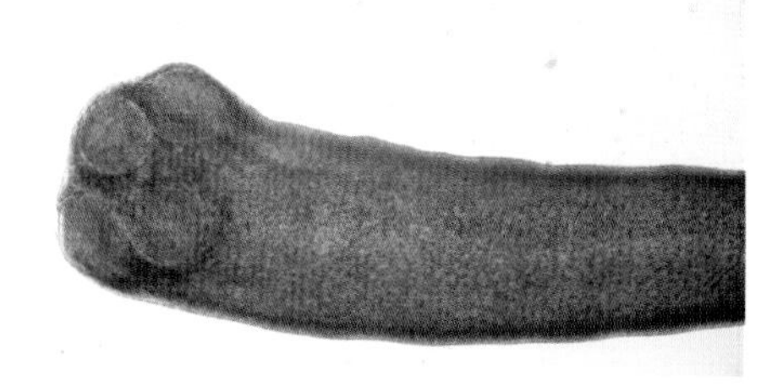
图 7–80　扩展莫尼茨绦虫头节形态

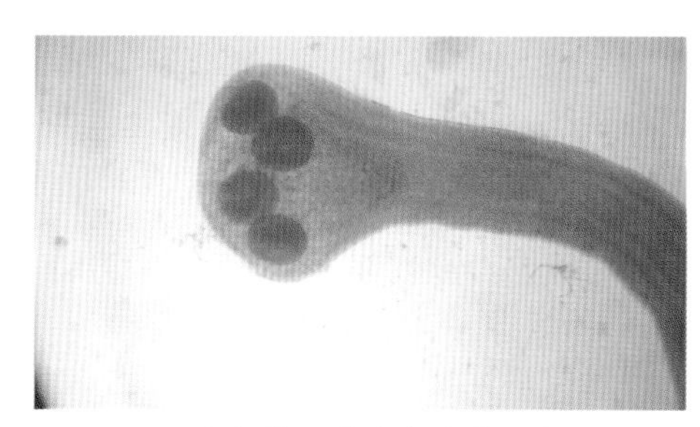
图 7–81　白色莫尼茨绦虫头节形态

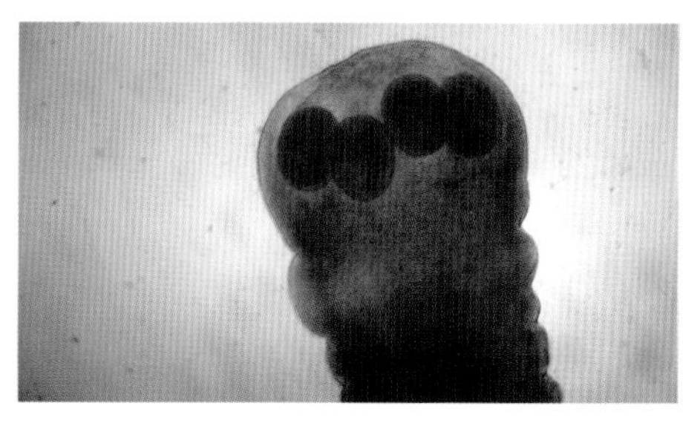
图 7–82　贝氏莫尼茨绦虫头节形态

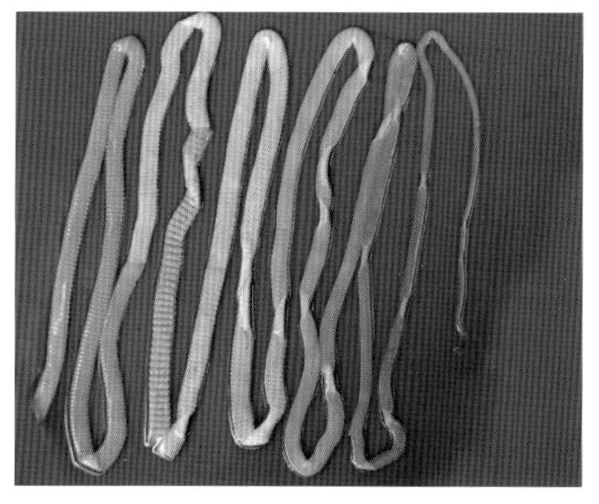
图 7–83　贝氏莫尼茨绦虫虫体形态

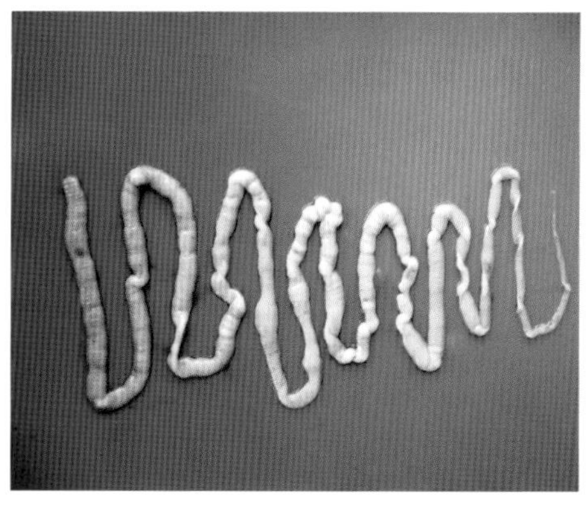
图 7–84　盖氏曲子宫绦虫虫体形态

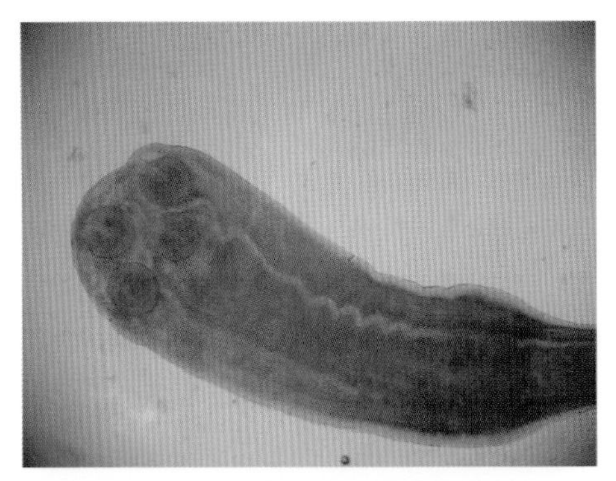

图 7-85 中点无卵黄腺绦虫头节形态

图 7-86 盖氏曲子宫绦虫节片形态

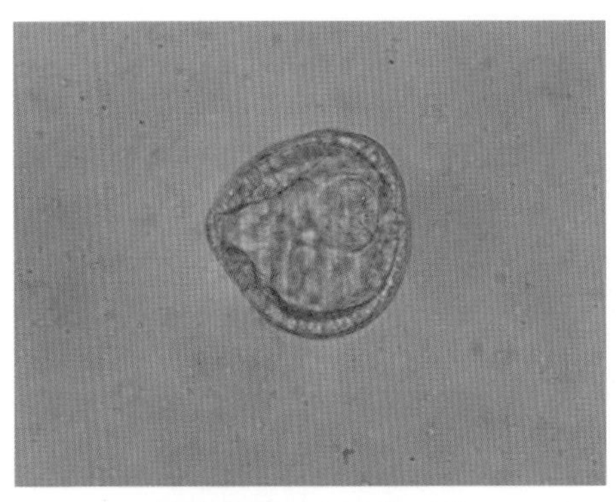

图 7-87 绦虫虫卵形态呈类圆形

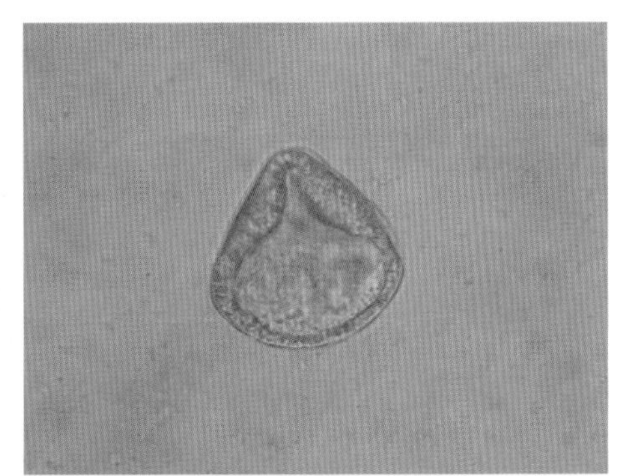

图 7-88 绦虫虫卵形态呈三角形

绦虫的子宫呈网状；盖氏曲子宫绦虫的子宫管状横行，呈波状弯曲，几乎横贯节片的全部（图 7-86）；中点无卵黄腺绦虫的子宫在节片中央，无卵黄腺和梅氏腺。虫卵呈类圆形（图 7-87）、三角形（图 7-88）、四边形，卵内有特殊的梨形器，器内含六钩蚴。不同种类绦虫，还有一些细微的形态结构差异。

2. 流行特点

本病在全国分布很广。一年四季都可发生，其中在南方以 4~6 月份发病率最高，其他季节也可持续感染。本病对 2~7 月龄的羔羊感染率比较高，而对成年羊的感染率比较低。病害传播与地螨有关。

3. 临床症状

轻度感染时无明显症状，严重感染时病羊表现精神沉郁，消瘦，经常消化不良或顽固性下痢（图 7-89），粪便中常夹带有黄白色的绦虫孕节片（图 7-90）。当虫体数量多时，可阻塞肠道而造成病羊剧烈腹痛和腹胀症状。病后期可见病羊有转圈、空嚼、痉挛、弓背等症状，最终衰竭死亡。

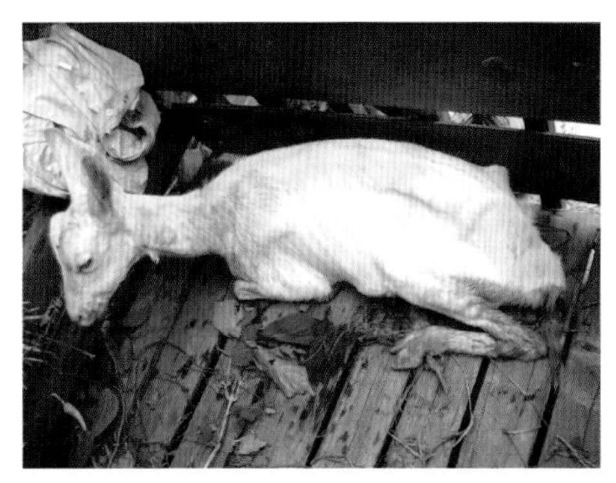

图 7–89 羊绦虫病症状（消瘦，顽固性下痢）

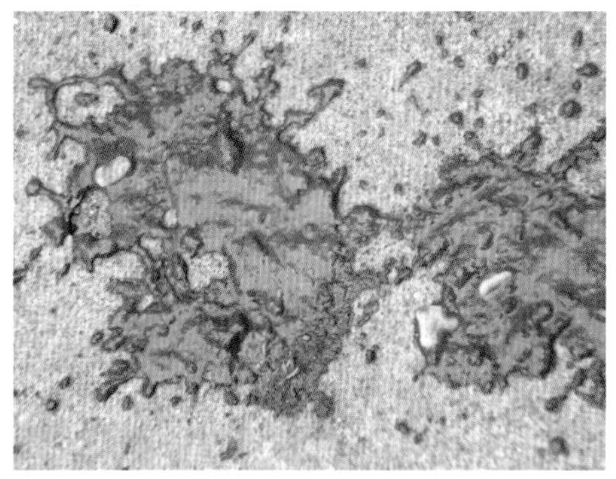

图 7–90 羊绦虫病症状（粪便中夹带绦虫孕节片）

4. 病理变化

病死羊消瘦，脱水，皮下有胶冻样水肿（图 7–91）。剖检可见小肠肿大，外观呈黄白色（图 7–92），切开小肠壁可见小肠内充满面条样绦虫(图 7–93)。肠壁充血、出血，并出现卡他性肠炎病变。

图 7–91 羊绦虫病病理变化（皮下胶冻样水肿）

5. 诊断

根据粪便中检查到特征性虫卵及在病死羊小肠中检出病原虫体即可诊断。本病在临床上常见多种绦虫混合感染，要鉴别诊断。

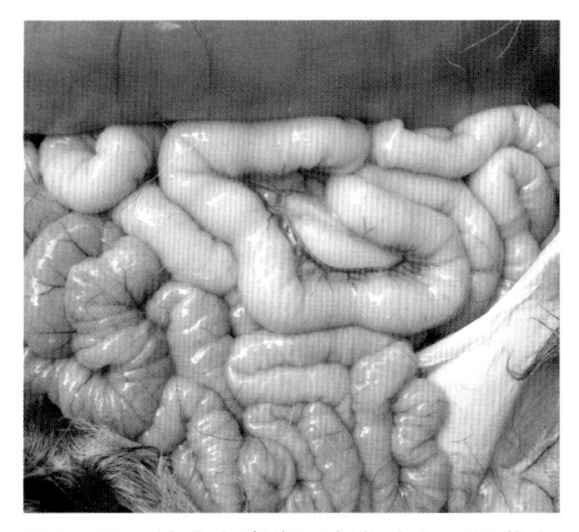

图 7–92 羊绦虫病病理变化（小肠呈黄白色）

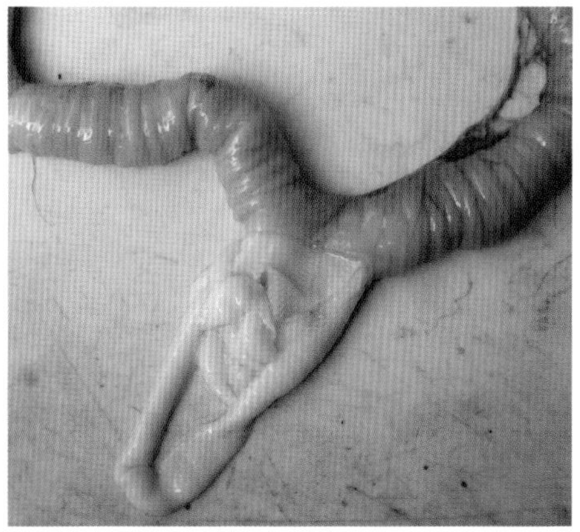

图 7–93 羊绦虫病病理变化（小肠内面条样绦虫）

6. 防治

每年要定期驱虫 6 次（每 2 个月 1 次），同时定期消灭中间宿主（地螨）。有条件的地方还可空闲放牧场所两年以上再放牧，对预防本病有一定效果。常用的治疗药物：氯硝柳胺（每千克体重 100 毫克，1 次灌服），硫双二氯酚（每千克体重 100 毫克，1 次灌服），1% 硫酸铜溶液（每只 15~45 毫升，1 次灌服），阿苯达唑（每千克体重 10~20 毫克，1 次灌服），吡喹铜（千克体重 75 毫克，1 次灌服）。

（十七）羊脑多头蚴病

羊脑多头蚴病是带科多头属的多头绦虫中绦期时寄生在绵羊、山羊（牛等动物也可寄生）的脑及脊髓内引起的寄生虫病，又称羊脑包虫病、羊疯病、羊多头蚴病，临床上以脑炎、脑膜炎及一系列神经症状，甚至死亡为主要特征。

图 7–94　脑多头蚴形态

1. 病原

本病病原为带科多头属的多头绦虫的幼虫。脑多头蚴呈囊泡状（图 7–94），从豌豆大到鸡蛋大，最大的长达 20 多厘米；囊壁薄，呈白色半透明状，囊内充满无色囊液和 150~300 个蚴虫。幼虫头节有 4 个吸盘及钩（图 7–95，图 7–96），其成虫为多头绦虫，呈背腹扁

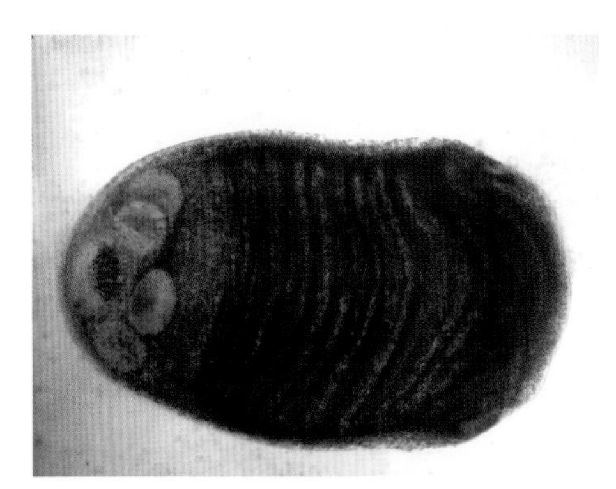

图 7–95　多头绦虫幼虫形态

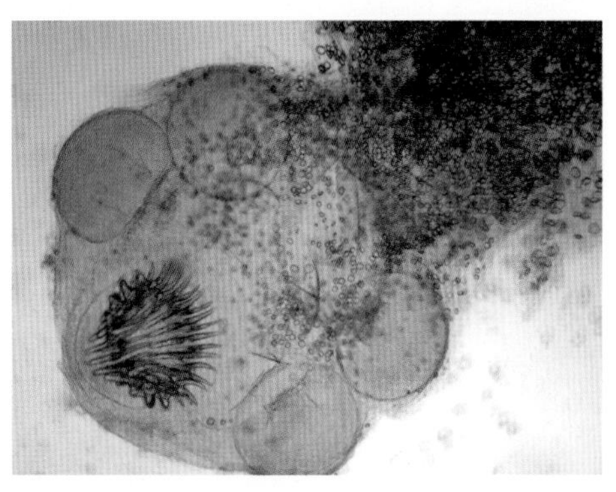

图 7–96　多头绦虫幼虫头节形态

平的分节带状，长 0.4~1 米，由 200~250 个节片组成。头节呈球形，头节上有 4 个圆形吸盘，顶突上有 2 圈小钩，卵巢分 2 叶。虫卵无色，近圆形，直径 27~39 微米，卵内含六钩蚴。

2. 流行特点

本病多见于牛羊，有时也可见于骆驼、猪、马及其他动物，极少见于人。成虫寄生于狗、狼、狐狸的小肠中。在一些地方，本病可形成地方流行性。各日龄羊均可发生，多见于 8 月龄以上的羊。

3. 临床症状

羊感染后 1~3 周体温升高以及脑炎症状。2~7 个月后出现异常的脑神经症状。虫体在不同的寄生部位可出现不同的症状：虫体寄生在大脑前部（额叶）时，病羊头下垂、抵于胸前，行走时向前方直线行动，遇到障碍物时呆立不动（图 7–97）；寄生于大脑左右半球时，病羊常表现转圈运动或出现癫痫样发作（图 7–98），此时病羊的视力减弱或消失；虫体寄生于大脑后部时，病羊头高举，常后退，角弓反张，有的还倒地不起；虫体寄生在小脑时，病羊知觉过于敏感，易惊吓，行走时平衡失调，站立不稳；虫体寄生于腰部脊髓时，可渐进性地引起后躯和膀胱麻痹等，进而引发后躯瘫痪或尿失禁症状，后期衰竭死亡。

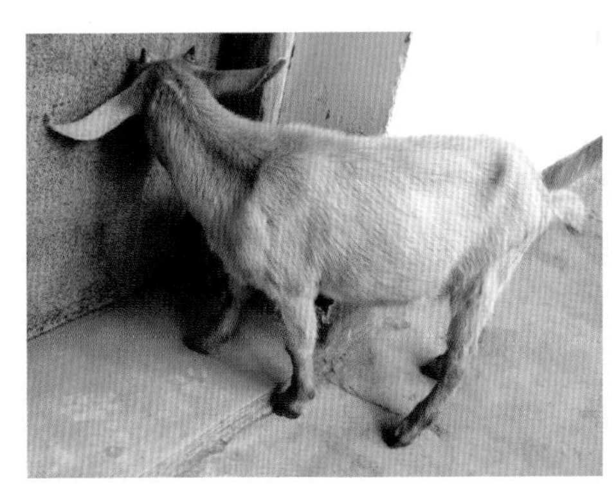

图 7–97　羊脑多头蚴病症状（头顶墙壁）

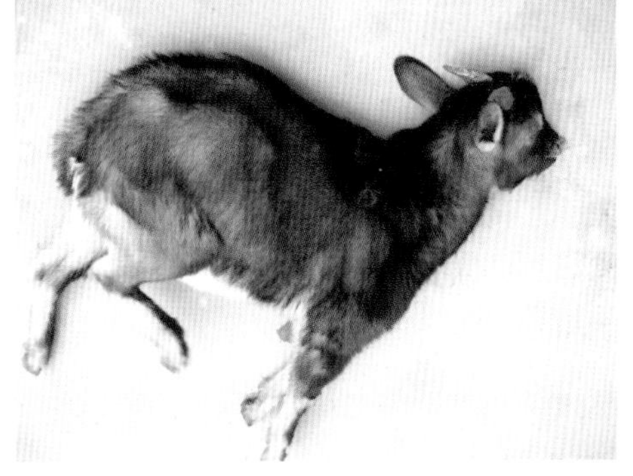

图 7–98　羊脑多头蚴病症状（癫痫样发病）

4. 病理变化

脑部或脊髓、肝脏可见有明显的积水囊（图 7–99 至图 7–101），囊内有数量不等的多头蚴。此外，还有不同程度的脑炎和脑膜炎病变。

5. 诊断

根据临床症状和病理变化可做出初步诊断。在脑和脊髓中检出脑多头蚴即可确诊。

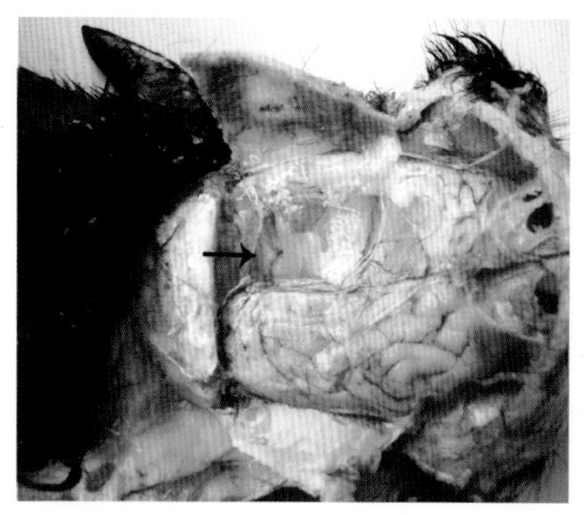
图 7-99　羊脑多头蚴病病理变化（大脑积水囊）

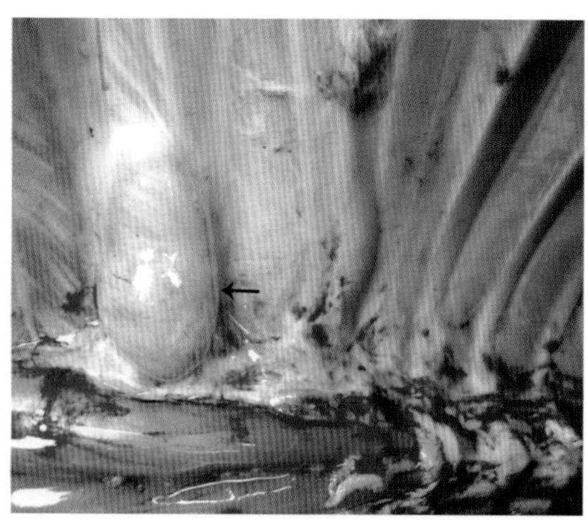
图 7-100　羊脑多头蚴病病理变化（腰椎旁积水囊）

6. 防治

对牧区内所有家犬和牧羊犬都要定期驱虫（每年 6 次），对狗排出的粪便和虫体要深埋或烧毁处理。对发生本病的病羊、死羊应烧毁或深埋处理，防止野狗等肉食动物食入而感染后又传染给羊群。本病一般无治疗意义。个别珍贵品种病羊可采取手术摘除治疗。

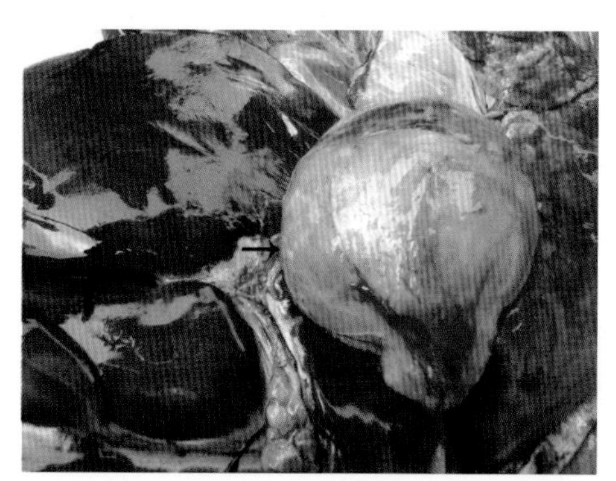
图 7-101　羊脑多头蚴病病理变化（肝脏积水囊）

（十八）羊细颈囊尾蚴病

羊细颈囊尾蚴病是由寄生在犬、狼、狐小肠内的泡状带绦虫处于中绦期的细颈囊尾蚴寄生于羊（牛、猪等动物也可感染）而引起的寄生虫病。

1. 病原

本病病原为泡状带绦虫的细颈囊尾蚴，俗称“水铃铛”，形状类似胆囊（图 7-102）。常见于腹腔脏器的网膜上，呈乳白色，囊泡状，囊内充满透明液体，大小如鸡蛋或更大，囊壁薄，在其一端的延伸处有一白结，即其头节（图 7-103）。头节上有 2 行小钩，颈细而长。成虫为泡状带绦虫，呈乳白色或稍带黄色，体长可达 5 米，虫体孕节片的子宫内含有大量圆形的虫卵。

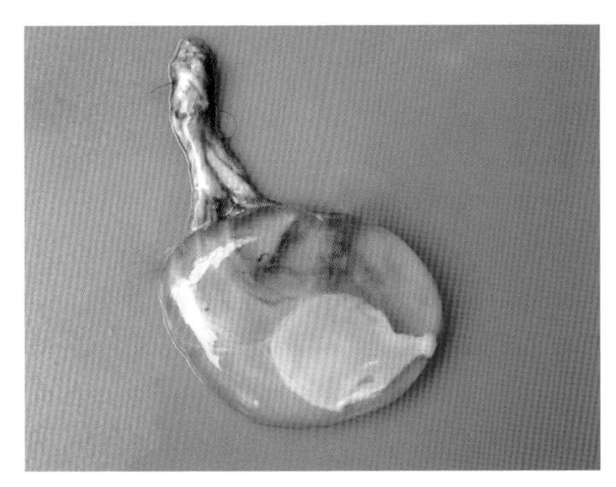

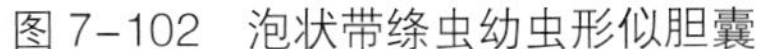
图 7-102　泡状带绦虫幼虫形似胆囊

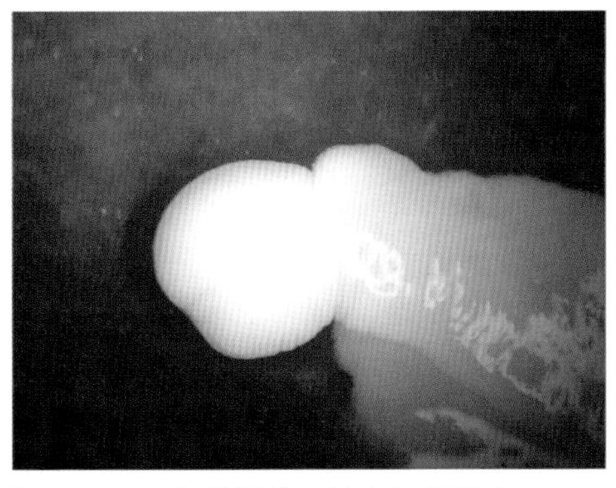

图 7-103　泡状带绦虫幼虫头节形态

2. 流行特点

猪、羊、牛均可感染。卫生条件差的羊场常有本病存在，牧区绵羊感染严重，小羊也可感染，牛较少感染。潜伏期为 51 天，成虫寄生在犬体内可生活 1 年之久。幼虫寄生在猪、牛、羊等家畜的肠系膜、网膜和肝脏等处。虫卵抵抗力很强，在外界环境中长期存在。

3. 临床症状

本病无特异性症状，对羔羊危害较严重，常表现为虚弱、不安、流涎、消瘦、腹痛和腹泻。严重时，大量幼虫从肝脏向腹腔移行，可引起出血性肝炎、腹膜炎、贫血、消瘦等症状。

4. 病理变化

在肝脏、瘤胃浆膜和肠系膜上可见数量不一、大小不等的囊泡（图 7-104，图 7-105）。此外，血液稀薄，肝脏肿大、质地稍软、被膜粗糙，其他脏器病变不明显。

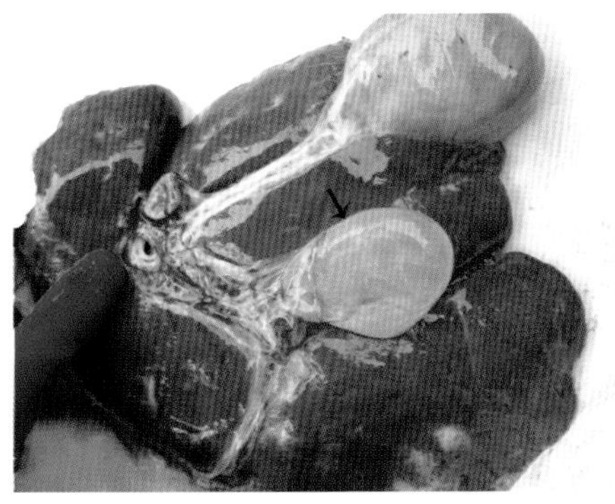

图 7-104　羊细颈囊尾蚴病病理变化（囊尾蚴寄生在肝脏上）

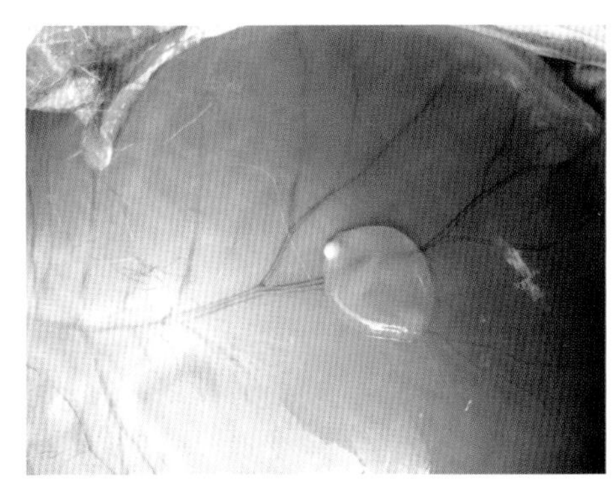

图 7-105　羊细颈囊尾蚴病病理变化（囊尾蚴寄生在瘤胃浆膜上）

5. 诊断

本病的生前诊断较困难，可用血清学诊断。一般在死后剖检发现细颈囊尾蚴囊泡而确诊。

6. 防治

对羊场内外的犬进行定期驱虫，每 2 个月 1 次，药物可选用吡喹酮、氯硝柳胺等。防止家犬和野犬进入羊舍内拉粪便而散布虫卵，污染饲料和饮水；勿用猪、牛、羊屠宰废弃物喂犬。发病时可采用吡喹酮（每千克体重 100 毫克，内服或肌内注射）进行治疗，也有一定疗效。

（十九）羊棘球蚴病

羊棘球蚴病是带科棘球属的多种棘球绦虫中绦期时寄生于羊（牛、马以及人也可感染）肝脏、肺脏和心脏等器官引起的寄生虫病，又称羊包虫病。

1. 病原

本病病原是带科棘球属的棘球绦虫的幼虫。在我国，常见的棘球绦虫有细粒棘球绦虫和多房棘球绦虫。细粒棘球绦虫的幼虫很小，仅 2~7 毫米长，由 1 个头节和 3~4 个节片组成。头节上有 4 个吸盘，顶突钩 36~40 个，虫卵大小为（32~36）微米 ×（25~30）微米。细粒棘球蚴呈包囊状，内含液体，直径 5~10 厘米。多房棘球绦虫与细粒棘球绦虫相似，仅 1.2~4.5 毫米长。多房棘球蚴又称泡球蚴，由无数个小的囊泡聚集而成。

2. 流行特点

羊棘球蚴病分布广泛，以牧区为多。主要分布于新疆、甘肃、青海、内蒙古等地，其他地区零星分布。绵羊感染率最高，分布面积最广，各日龄羊均可发生。

3. 临床症状

棘球蚴可引起机械性压迫、中毒和过敏反应等病症，机械性压迫使周围组织发生萎缩和功能障碍。代谢产物被吸收后，周围组织易发生炎症或全身过敏反应，严重者可导致死亡。绵羊对棘球蚴较敏感，死亡率也较高，严重感染者表现为消瘦、被毛逆立、脱毛、倒地不起。

4. 病理变化

棘球蚴的囊泡常见于肝脏和肺脏。单个囊泡大多位于器官的浅表（图 7–106），且突出于器官的浆膜上。囊泡为灰白色或浅黄色，呈球形或卵圆形，会波动，有弹性，切开或穿刺时可流出透明的囊液。其囊膜由两层构成，外层为角质层，内

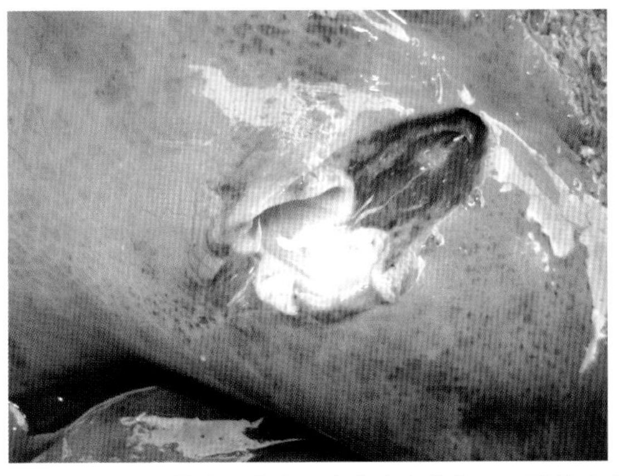
图 7–106　羊棘球蚴病病理变化（囊泡位于肝脏浅表）

层为胚层。棘球蚴也常变性，液体被吸收后剩余浓稠的内容物，导致囊泡萎陷、皱缩。变性坏死和萎陷的棘球蚴还会继发感染或发生钙化。

5. 诊断

生前诊断比较困难，可采用皮内变态反应检查法、间接血球凝集试验以及酶联免疫吸附试验进行诊断。尸体剖检时，在肝脏、肺脏检出带棘球蚴的较硬的囊泡即可确诊。

6. 防治

第一，加强肉品卫生检验工作，有棘球蚴的内脏不可喂犬，应按肉品卫生检验规程进行无害化处理。第二，加强管理，捕杀野犬等肉食性动物。保持畜舍、饲草、饮水的卫生，防止环境被犬粪污染。第三，对犬定期进行驱虫，每 2 个月 1 次，药物可用吡喹酮（每千克体重 10 毫克，内服）。驱虫后，要注意对犬粪便做无害化处理。

（二十）羊球虫病

羊球虫病是艾美尔科艾美尔属的多种球虫寄生于绵羊或山羊肠道上皮细胞内引起的原虫病。绵羊或山羊感染球虫后，生长发育迟缓，繁殖性能下降，时常出现腹泻症状，严重感染时可导致死亡。

1. 病原

本病病原属于艾美尔科艾美尔属。目前，国内已有记录的羊球虫种类有 27 种，其中山羊有 19 种（图 7–107），绵羊有 13 种，两者之间部分有交叉感染。不同地区、不同羊品种，感染的球虫种类有所不同。不同种类球虫卵囊形态和大小差异明显。一般来说，卵囊呈卵圆形或球形或亚球形或椭圆形，大小为（12~50）微米 ×（8.5~33）微米，有些卵囊有极帽、卵膜孔、孔下皱褶等结构。卵囊随羊粪排出外界，经 1~5 天发育为孢子化卵囊才对羊有感染力。此时每个卵囊内形成 4 个孢子囊，每个孢子囊内含有 2 个子孢子。有的孢子化卵囊除了极帽、卵膜孔、孔下皱褶外，还有外残体、内残体、斯氏体、极粒等结构。可根据球虫卵囊和孢子化卵囊的形态、大小、颜色、极帽、卵膜孔、内外残体、斯氏体、极粒及孢子化时间来鉴定羊球虫种类（图 7–108）。

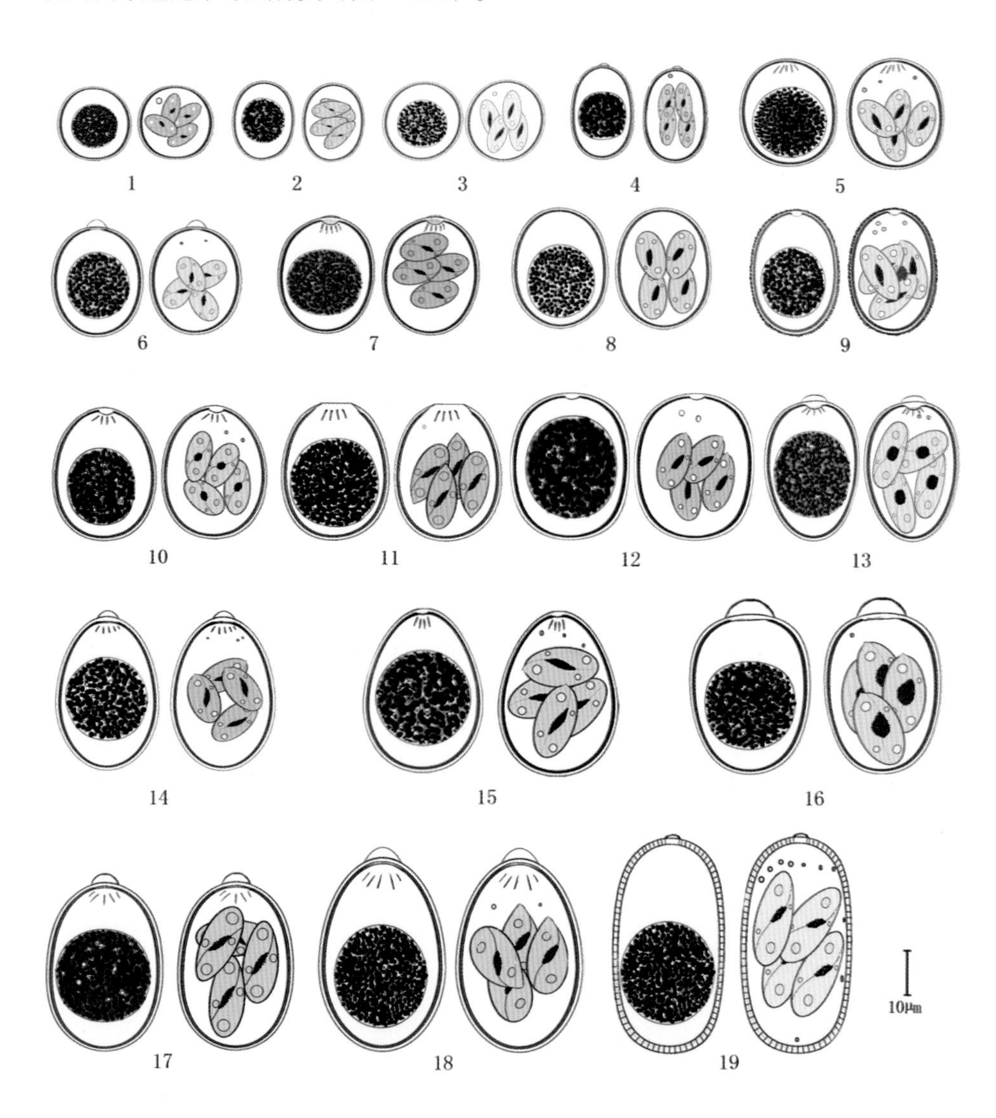

图 7–107　19 种山羊常见球虫模式图

1. 小型艾美耳球虫　2. 苍白艾美耳球虫　3. 艾丽艾美耳球虫　4. 马尔西卡艾美耳球虫　5. 尼氏艾美耳球虫　6. 家山羊艾美耳球虫　7. 槌形艾美耳球虫　8. 柯恰尔艾美耳球虫　9. 斑点艾美耳球虫　10. 福氏艾美耳球虫　11. 山羊艾美耳球虫　12. 羊艾美耳球虫　13. 颗粒艾美耳球虫　14. 阿洛艾美耳球虫　15. 阿普艾美耳球虫　16. 约奇艾美耳球虫　17. 阿撒他艾美耳球虫　18. 柯氏艾美耳球虫　19. 错乱艾美耳球虫

2. 流行特点

各种品种的羊对球虫均易感，羔羊的易感性最高，成年羊对本病有一定的抵抗力，多为带虫者。多数羊体内可同时检出2种或2种以上球虫，山羊球虫和绵羊球虫对品种有相应的对一性。本病一年四季均可发生，其中在温暖潮湿的气候环境条件时更易发病。羊舍的环境卫生不好、更换饲料或草料、存在肠道寄生虫病等原因均可诱发本病。采用网上漏粪地板的羊舍，其球虫感染率和感染强度相对较低。

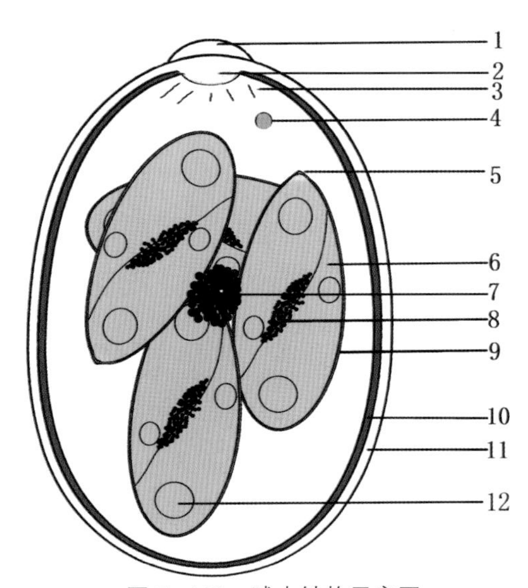

图7–108　球虫结构示意图

1. 极帽　2. 卵膜孔　3. 孔下皱褶　4. 极粒　5. 斯氏体　6. 子孢子　7. 外残体　8. 内残体　9. 孢子囊　10. 卵囊壁内层　11. 卵囊壁外层　12. 折光体

3. 临床症状

临床上多见于1岁以内的幼羊，病羊精神不振，食欲减少，被毛粗乱，腹泻明显，并排出带黏液或血液的稀粪（图7–109）。严重时可导致脱水衰竭而死亡，死亡率10%~25%。

4. 病理变化

尸体消瘦，脱水明显，小肠浆膜上有淡白色或黄色结节状坏死斑（图7–110），内容物为糊状或水样。小肠黏膜有不同程度的充血、出血病变。

图7–109　羊球虫病症状（排带黏液稀粪）

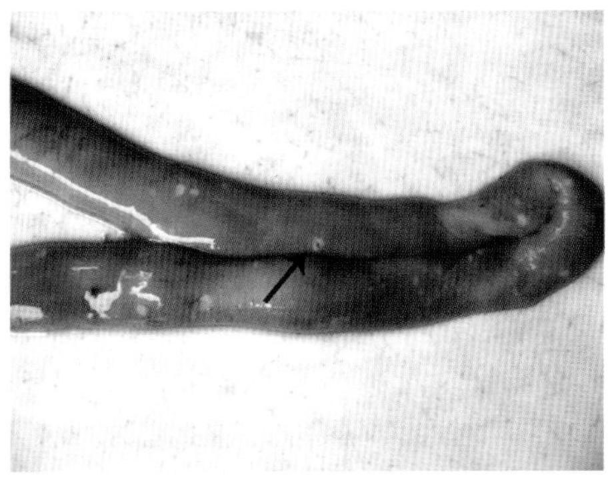

图7–110　羊球虫病病理变化（小肠浆膜上淡白色坏死灶）

5. 诊断

临床上造成腹泻的原因较多，需进行逐一鉴别诊断。可取粪便进行饱和盐水漂浮或直接镜检，发现大量球虫卵囊（图 7–111）可确诊。至于是哪一种球虫，需对球虫卵囊进行孵化后，检查孢子化卵囊形态（图 7–112）后才能做出结论。在临床上要注意本病与其他肠道疾病的混合感染问题。

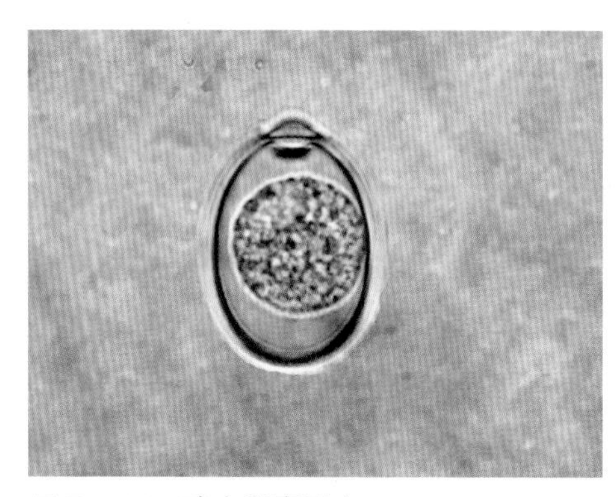

图 7–111　球虫卵囊形态

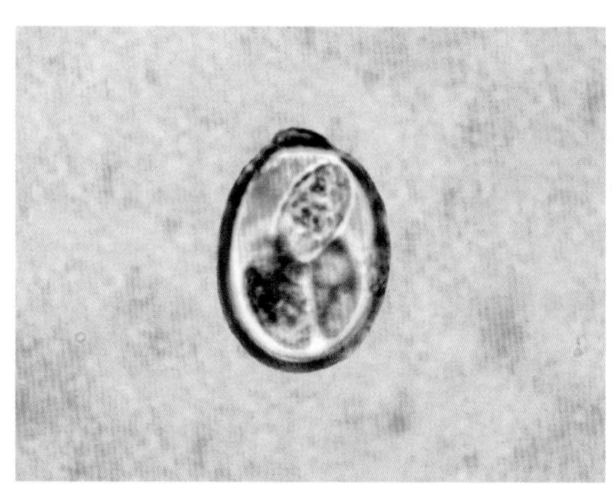

图 7–112　球虫孢子化卵囊形态

6. 防治

平时要保持羊舍及周围环境的通风干燥，并定期清除粪便和消毒，有条件的羊场可采用网上漏粪饲养，避免羊只接触到粪便或污物。本病常发地区可在易发羊群中定期用药物预防（如氨丙啉、莫能菌素等）。临床上治疗羊球虫病的药物有很多，如磺胺二甲嘧啶（每千克体重 0.1~0.2 克，内服或肌内注射，连用 3~4 天）、磺胺氯哒嗪钠（每千克体重 20 毫克，内服，连用 3~4 天）、磺胺脒、甲氧苄啶等。对严重病例还要配合肌内注射磺胺类药物或喹诺酮类药物及静脉注射 5% 葡萄糖氯化钠注射液。

（二十一）羊弓形虫病

羊弓形虫病是龚地弓形虫寄生于羊而引起的一种人畜共患原虫病，临床上以流产、死胎和产弱羔羊为特征。

1. 病原

本病病原龚地弓形虫属弓形虫科弓形虫属。发育阶段不同而有不同形态。在羊等中间宿主体内有速殖子和包囊两种形态。

①速殖子。位于细胞内的速殖子主要见于急性病例的腹水、脑脊髓液、脾脏、

淋巴结等有核细胞中，位于细胞外的速殖子为游离的单个虫体，呈新月形、香蕉形或弓形（图7-113）、梨子形、梭形、椭圆形，大小为（4~7）微米 ×（2~4）微米，一端稍尖，另一端钝圆。姬氏或瑞氏染色后，胞浆浅蓝色，有颗粒，胞核呈深蓝紫色，偏于钝圆一端；革兰染色胞浆呈红色，胞核着色淡，呈透亮的空泡状。

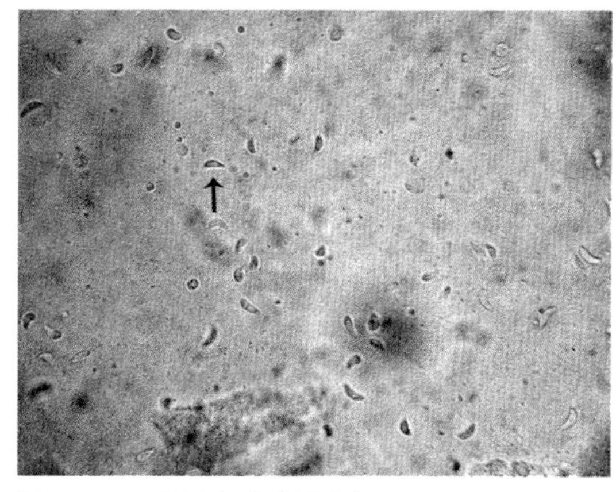
图 7-113　弓形虫速殖子形态

②包囊。又称组织囊或真包囊，是由中间宿主组织反应形成的，见于慢性病例或无症状病例的脑、视网膜、骨骼肌及心肌、肺脏、肝脏、肾脏等组织中。包囊呈圆形、卵圆形或椭圆形，直径 8~150 微米，多为 20~60 微米，囊壁较厚，囊内含虫体几个至数千个。包囊内的虫体发育和缓慢，处于相对静止状态，又称慢殖子。

在终末宿主猫体内有裂殖体、配子体和卵囊 3 种形态，均位于肠上皮细胞内。卵囊呈卵圆形、近圆形或短椭圆形，无色或淡绿色，薄而透明，大小为（11~14）微米 ×（8~11）微米。

2. 流行特点

弓形虫病分布广泛。本病的中间宿主范围也非常广泛，包括人、猪、绵羊、山羊、黄牛、水牛、马、鹿、兔、犬、猫、鼠等多种哺乳动物。终末宿主仅为猫、豹、猞猁等猫科动物。病原除在中间宿主与终末宿主之间循环传递之外，更为重要的是可在中间宿主范围内进行水平传播。主要传染源为病畜和带虫者。其肉、内脏、血液、分泌物、排泄物及乳、流产胎儿、胎盘以及流产分泌物中都含有大量慢殖子、速殖子；终末宿主体内的卵囊随粪排出后，污染饲料、饮水和土壤，可保持数月的感染力。传播途径主要是经消化道感染。

3. 临床症状

本病在成年羊多呈隐性感染，怀孕母羊感染弓形虫后，虫体可经胎盘进入胎儿体内，导致先天性感染，引起流产、死胎、胎儿畸形等。少数病例可出现神经系统和呼吸系统症状，表现呼吸困难，咳嗽，流泪，流涎，流鼻液，视力障碍，体温 41℃以上（呈稽留热），腹泻等。慢性病例病程较长，病羊表现为厌食，逐渐消瘦，贫血。

4. 病理变化

慢性病例常见于老龄羊，可见各内脏器官水肿，并有散在坏死灶。母羊流产时，大约一半的胎膜有病变，子叶呈暗红色，在胎膜上中间有许多直径为 1~2 毫米的白色坏死灶。产出的死羔皮下水肿，体腔内有过多的液体。

5. 诊断

根据流行特点、临床症状、病理变化，可做出初步诊断。确诊可将病羊或死羊的体液涂片染色，在显微镜下检查有无速殖子；此外，对羊群进行抽血检查弓形虫的抗体也可作间接诊断。

6. 防治

猫为终末宿主，预防本病应严格做好猫的管理工作，尽量少养猫，也要防止野猫进入羊舍。防止猫的一切分泌物、排泄物污染羊的饲草、饲料和饮水。发现病羊，应及时隔离。多种磺胺类药物如磺胺嘧啶、磺胺间甲氧嘧啶（每千克体重 60~70 毫克，肌内注射或内服，每天 2 次，连用 3~4 天），均具有良好防治效果。

（二十二）羊巴贝斯虫病

本病是巴贝斯虫寄生于绵羊和山羊红细胞内引起的蜱传性血液原虫病，临床上以发热、黄疸、溶血性贫血、血红蛋白尿、消瘦和死亡为特征。

1. 病原

本病病原为巴贝斯科巴贝斯属的多种原虫。目前会感染羊的巴贝斯虫有 5 种，即莫氏巴贝斯虫（图 7-114）、绵羊巴贝斯虫、粗糙巴贝斯虫、泰氏巴贝斯虫和叶状巴贝斯虫等。病原的形态呈多样性，主要有双梨子形、单梨子形、三叶草形、椭圆形、圆形等。

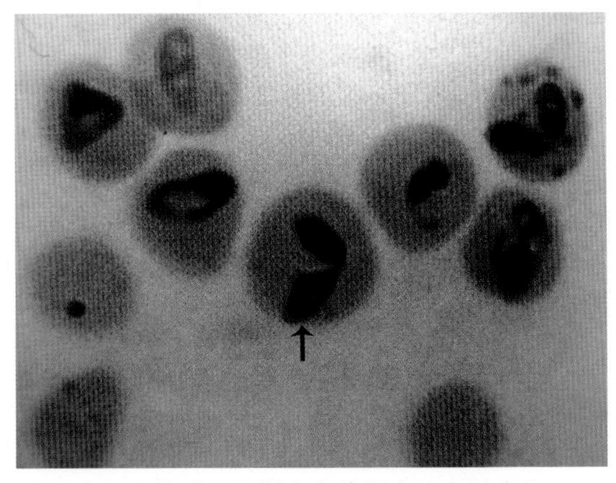

图 7-114　莫氏巴贝斯虫虫体形态（李祥瑞）

2. 流行特点

本病分布广泛，多发生于热带、亚热带地区，常呈地方性流行。本病的发生和流行与传播媒介蜱的消长、活动密切相关，具有明显的地区性和季节性。不同年龄和品种的羊易感性存在差异。羔羊发病率高，但症状轻微，死亡率低。成年羊发病率低，但症状明显，死亡率高。疫区羊有带虫免疫现象，发病率相对较低。

巴贝斯虫病的发生需传播蜱和家畜宿主共同参与。巴贝斯虫是一种永久性寄生虫，不能离开宿主而独立生存于自然界。如莫氏巴贝斯虫病多发生于4~6月和9~10月，其传播蜱种类有青海血蜱、刻点血蜱、微小牛蜱、阿坝革蜱、森林革蜱、囊形扇头蜱和蓖子硬蜱等。绵羊巴贝斯虫病从5~6月开始，6月中旬和7月中旬为发病高峰期，8月以后很少发生，其传播蜱种类有囊形扇头蜱、耳部血蜱和硬蜱属的成虫。

3. 临床症状

病羊在临床上表现高热稽留、溶血性贫血、黄疸、血红蛋白尿和虚弱、死亡等。此外，还有精神沉郁，食欲减退，呼吸困难，轻度腹泻，反刍迟缓或停止，迅速消瘦，可视黏膜苍白并逐渐发展为黄染（图7–115），乳羊泌乳减少，怀孕母羊流产等症状。不同种类巴贝斯虫导致的症状还有一些细微差异。

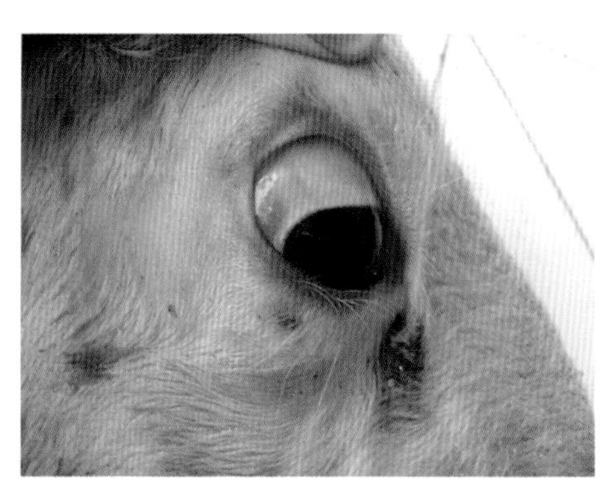

图7–115　羊巴贝斯虫病症状（眼巩膜黄染）

4. 病理变化

剖检病死羊可见可视黏膜和皮下组织、全身各器官浆膜及黏膜苍白、黄染，并有点状出血。血液稀薄，凝固不良，严重者如水样。肝脏肿大呈灰黄色。胆囊肿大2~4倍，充满胆汁。脾脏肿大明显。心脏肿大，心内、外膜及内脏浆膜、黏膜出现不同程度出血点。肾脏充血、肿大；膀胱扩张，充满暗红色尿液（图7–116）。皱胃及大肠、小肠黏膜充血，有时有出血点。

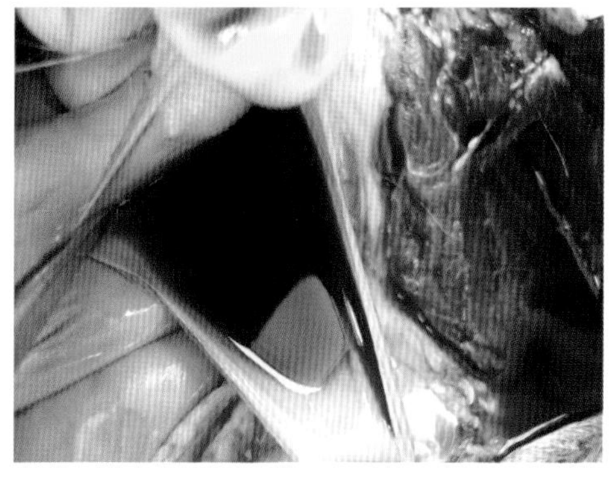

图7–116　羊巴贝斯虫病病理变化（膀胱充满暗红色尿液）

5. 诊断

根据流行病学、临床症状、病理变化可做出初步诊断。实验室诊断方法包括血液涂片染色镜检、脑涂片染色镜检、间接免疫荧光抗体试验、酶联免疫吸附试验、聚合酶链式反应试验等，其中血液涂片染色镜检最常用。

6. 防治

羊巴贝斯虫病为蜱传性疾病，预防性灭蜱仍是目前预防蜱传性疾病的唯一措施。灭蜱应遵循有效、简便、经济的方针。在蜱类活动季节，可选用溴氰菊酯、二氯苯醚菊酯乳油、辛硫磷、马拉硫磷、双甲脒等，喷淋或药浴，以杀灭羊体上的蜱。此外，羊舍和运动场地面、墙壁及圈舍周围环境也要喷洒。间隔15天使用1次。

发现病羊，除加强饲养管理和对症治疗外，还要及时选用下列药物治疗：三氮脒（每千克体重3~5毫克），配成5%水溶液肌内注射，1~2天1次，连用2~3次；硫酸喹啉脲（每千克体重0.6~1毫克），配成5%水溶液，分2~3次间隔数小时皮下或肌内注射，连用2~3天；咪唑苯脲（每千克体重1~2毫克），配成10%水溶液，皮下注射或肌内注射，每天1次，连用2~3天；盐酸吖啶黄（每千克体重3毫克），配成0.5%~1%水溶液，静脉注射，每天1次，连用2~3天。

（二十三）羊泰勒虫病

羊泰勒虫病是泰勒虫寄生于绵羊和山羊巨噬细胞、淋巴细胞和红细胞内引起的蜱源性血液原虫病。临床上以高热稽留、黄疸、贫血、消瘦、体表淋巴结肿大为主要特征。

1. 病原

本病病原为泰勒科泰勒属的各种原虫。到目前为止，国内外已报道的羊泰勒虫至少有6种，即莱氏泰勒虫、绵羊泰勒虫、隐藏泰勒虫、分离泰勒虫、吕氏泰勒虫（图7–117）和尤氏泰勒虫。病原形态呈多样性，包括环形、逗点状、三叶草形、杆状、双逗点形、囊圆形和不规则形等。姬姆萨染色后，虫体的原生质呈淡蓝色或着色不明显，染色质为紫红色，呈点状或半月状，居于虫体一侧边缘。

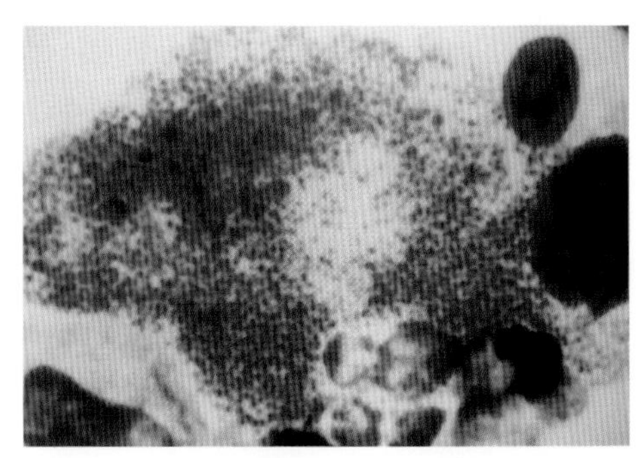

图7–117 吕氏泰勒虫虫体形态（李祥瑞）

2. 流行特点

本病主要分布于热带、亚热带和温带地区，呈地方性流行。绵羊和山羊均易感，无品种差异，但从外地引进的羊只易感性更高。发病季节主要在3~5月，少数在 9~10 月。不同年龄段的羊发病率有所不同：1~6 月龄的羔羊发病率高，病死率也高；1~2 岁的羊次之；2 岁以上的羊多为带虫者，很少发病。

3. 临床症状

病羊精神沉郁，消瘦，被毛粗乱，四肢僵硬，以羔羊最明显。放牧时常离群，头伸向前方，呆立不动，步态不稳，后期衰弱，卧地不起，最后衰竭而死。妊娠母羊流产。其中莱氏泰勒虫的致病力强，致死率高，成年羊的死亡率可达 50%~100%。绵羊泰勒虫的致病力弱，一般呈良性经过，死亡率很低。具体来说，病羊体温升高达 40~42℃，多呈稽留型热，一般持续 4~7 天，也有间歇热者；食欲减退甚至废绝；体表淋巴结肿大，尤其是肩前淋巴结显著肿大；呼吸困难，脉搏加快，心律不齐；严重贫血，可视黏膜苍白但黄染不明显；尿液一般无变化，个别羊尿液混浊或呈红色；反刍及胃肠蠕动音减弱，初期便秘，后期腹泻，粪便呈酱油色，有的病羊粪便混有血样黏液。病程 6~12 天，急性病例 1~2 天内死亡。

4. 病理变化

病死羊尸体消瘦，贫血，血液稀薄，凝固不良，呈淡褐色。全身淋巴结不同程度肿胀，尤以肠系膜淋巴结、肩前淋巴结和肺门淋巴结更为明显。皱胃和十二指肠黏膜脱落，有溃疡斑，小肠和大肠黏膜有出血点。肝脏、胆囊、脾脏肿大，有出血点。肺水肿，充血或出血。肾脏黄褐色，表面有淡黄或灰白色结节和小出血点。心内外膜有出血点，心冠状沟黄染，心肌苍白、松软，心包液增多。

5. 诊断

根据流行病学、临床症状、病理变化可做出初步诊断。实验室诊断方法包括血液涂片染色镜检、淋巴结穿刺涂片染色镜检、间接免疫荧光抗体试验、酶联免疫吸附试验、聚合酶链式反应试验等。对疑似泰勒虫病的羊，还可采用三氮脒等药物进行治疗性诊断，如果好转甚至症状消失，即可诊断为羊泰勒虫病。

6. 防治

在硬蜱活动季节里定期采用杀虫药喷洒羊体及圈舍、运动场。对发病羊要及时采用三氮脒（每千克体重 3~5 毫克，分点深部肌内注射，每天 1 次，连用 2~3 天。当病羊有发热、消瘦等症状时，可肌内注射 30% 安乃近注射液或氨基比林注射液退热，并加强饲养和护理，给病羊多喂青绿多汁、易消化的饲料。

（二十四）羊隐孢子虫病

羊隐孢子虫病是由一种或多种隐孢子虫引起的羊原虫病，也是人、家畜、伴侣动物、野生动物、鸟类、爬行动物和鱼类都能感染的人畜共患病，临床症状以腹泻为主要特征。

1. 病原

本病病原属于隐孢子虫科隐孢子虫属。目前已命名了 24 个隐孢子虫有效种和 70 多个基因型。寄生于羊的有效种有 8 个，即微小隐孢子虫、人隐孢子虫、泛在隐孢子虫、肖氏隐孢子虫、费氏隐孢子虫、猪隐孢子虫、安氏隐孢子虫和种母猪隐孢子虫。隐孢子虫卵囊呈圆形（图 7–118）、卵圆形或椭圆形，内含 4 个裸露的子孢子，不含孢子囊。卵囊大小为 3.94~8.3 微米。抗酸染色后，隐孢子虫卵囊呈玫瑰红色，背景为淡绿色；经饱和蔗糖溶液漂浮后隐孢子虫卵囊呈淡粉色或淡紫色。

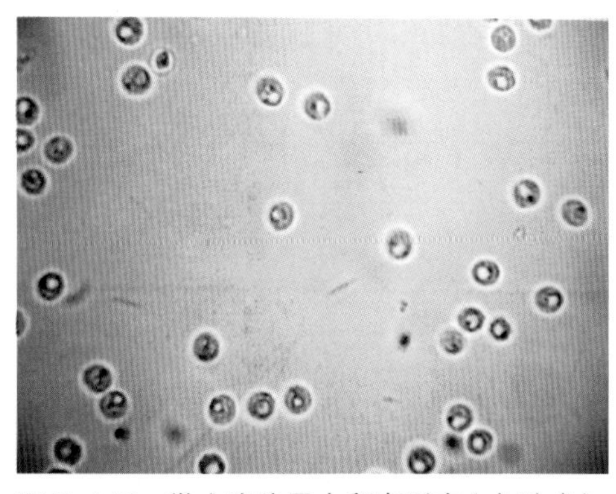

图 7–118 微小隐孢子虫卵囊形态（李祥瑞）

2. 流行特点

我国的青海、贵州、河南、吉林、黑龙江等省份曾相继报道羊隐孢子虫病，平均感染率为 10.2%。羊隐孢子虫一年四季均可感染，不具明显的季节性。不同地区，感染虫种有所差异。在我国，羊隐孢子虫种类分布存在明显的年龄相关性，其中泛在隐孢子虫可感染所有年龄羊群，而肖氏隐孢子虫仅发现于羔羊，安氏隐孢子虫仅发现于母羊。

3. 临床症状

隐孢子虫感染常不表现临床症状，或仅表现腹泻症状（这是羔羊腹泻的主要原因之一）。感染羊只一般在症状出现 2 周后恢复，除非与其他肠道病原（如轮状病毒）混合感染，否则死亡率很低。老龄动物可以持续感染并且排出卵囊，传染其他易感宿主。

4. 病理变化

小肠充血、出血，远端肠绒毛萎缩、融合，肠上皮细胞转变为低柱状或立方形细胞，肠细胞变性或脱落，肠绒毛变短。单核细胞、中性粒细胞浸润固有层。盲肠、结肠也可感染。所有感染部位隐窝扩张，内含坏死组织碎片或淋巴细胞。这些病变导致肠道对维生素 A 和碳水化合物的吸收减少。

5. 诊断

粪便中隐孢子虫卵囊的常规诊断方法包括饱和蔗糖溶液漂浮法、改良抗酸染色法等；免疫学检测方法有免疫荧光抗体试验和酶联免疫吸附试验等；分子生物学方法有聚合酶链式反应试验等。其中以饱和蔗糖溶液漂浮法最常用。

6. 防治

羊隐孢子虫病的防治应采取如下综合性措施：

①搞好环境卫生，并定期地对舍内和运动场地进行消毒；

②及时清理粪便，并做无害化处理，防止病原扩散传播。

③消灭养殖场内的鼠类和苍蝇等传播媒介，因为鼠类可感染多种隐孢子虫种类（基因型），容易造成交叉传播，而苍蝇等节肢动物可机械性传播隐孢子虫。

④增加营养，增强机体免疫力，提高羊只的抗病能力。

目前尚无特效治疗药物，可以试用常山酮、磺胺喹恶啉等药物进行治疗。

（二十五）羊疥螨病

羊疥螨病是疥螨科疥螨属的山羊疥螨和绵羊疥螨分别寄生在山羊皮肤和绵羊皮肤上引起的寄生虫病。

1. 病原

山羊疥螨的雄螨大小为（0.230~0.243）毫米 ×（0.180~0.190）毫米，雌螨大小为（0.340~0.350）毫米 ×（0.300~0.310）毫米，肉眼不易看到。虫体呈圆形或龟形，背腹扁平，头、胸和腹融为一体。前端有咀嚼式口器，背部有小棘和刚毛，腹面有 4 对足，其中 2 对向前伸，2 对向后伸，不发达。雄螨第 1、2、4 对足上有柄和吸盘，第 3 对足上只有 1 根刚毛。雌螨第 1、2 对足上有柄和吸盘，第 3、4 对足上各有 1 根刚毛（图 7–119）。雌螨生殖孔位于虫体腹面中央，雄螨生殖孔位于虫体腹面第 4 对足之间。肛门位于躯体后缘正中。绵羊疥螨的大小和结构与山羊疥螨类似。疥螨的发育经虫卵、幼虫、若虫和成虫 4 个阶段，整个发育周期为 18~22 天。

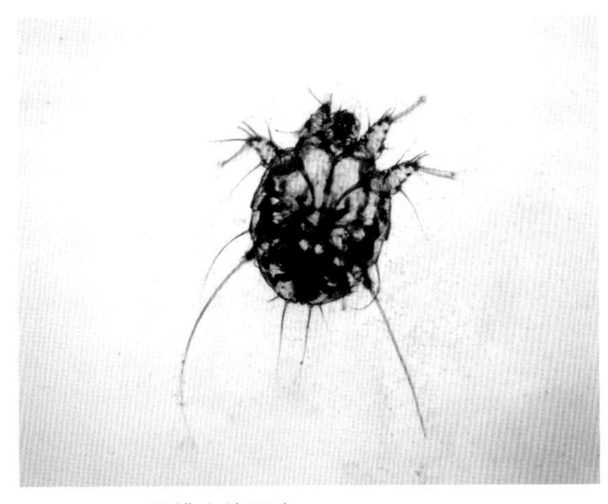

图 7–119　雌螨虫体形态

2. 流行特点

羊疥螨病（包括山羊疥螨病和绵羊疥螨病）在全国各地流行广泛，一年四季均可发生，但在冬季多发。山羊疥螨只感染山羊，绵羊疥螨只感染绵羊。本病的传染源是病羊或隐性带虫羊，通过直接接触传播，或通过被螨及其虫卵污染过的畜舍用具间接传播。此外，本病的发生与畜舍卫生条件差、潮湿阴暗、饲养密度大、羊只抵抗力差等有关。

3. 临床症状

山羊疥螨病多发生于嘴唇四周、眼圈、头部和耳朵及尾根皮肤（图 7-120 至图 7-123），也可蔓延到腋下、腹下、四肢内侧无毛或少毛部位。严重时可出现口唇皮肤皲裂，并造成采食困难。此外，病羊皮肤瘙痒，经常在墙上或树干上摩擦患部，也可看到局部脱毛和出现渗出物等症状。病程稍长的病例，局部干涸后变成白色痂皮。绵羊疥螨病主要出现在头部、嘴唇四周、鼻子边缘以及耳根下面。病后期局部可形成白色胶冻样痂皮。严重时可导致食欲废绝，甚至衰竭死亡。

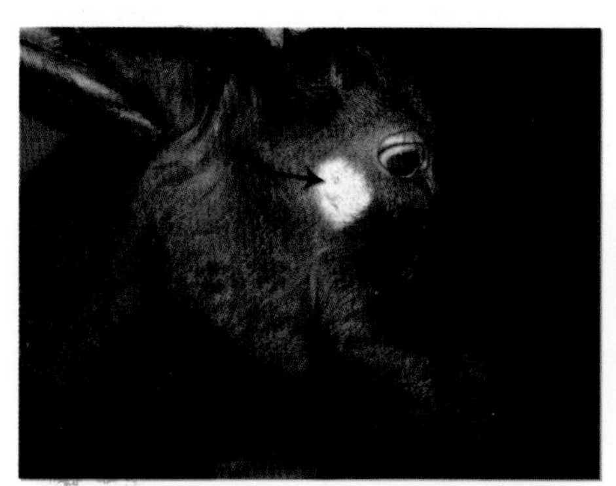

图 7-120　羊疥螨病症状（眼眶下皮肤结痂）

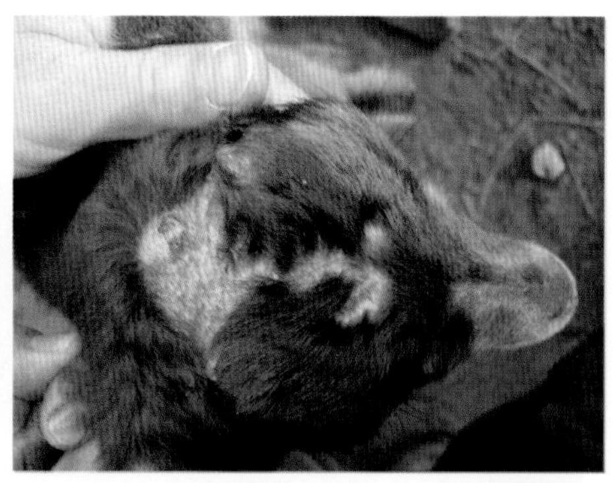

图 7-121　羊疥螨病症状（头部皮肤结痂）

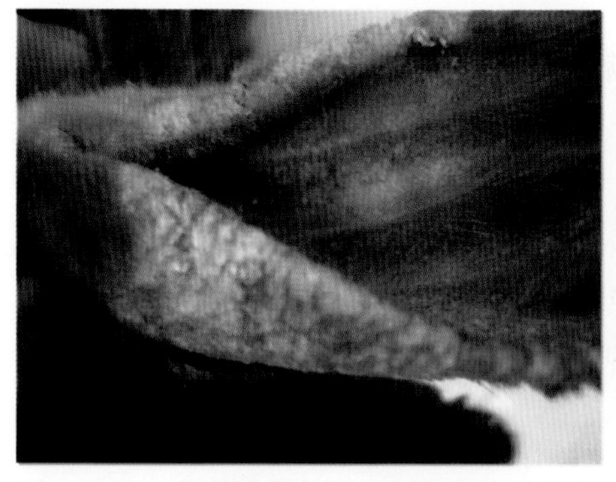

图 7-122　羊疥螨病症状（耳朵皮肤结痂）

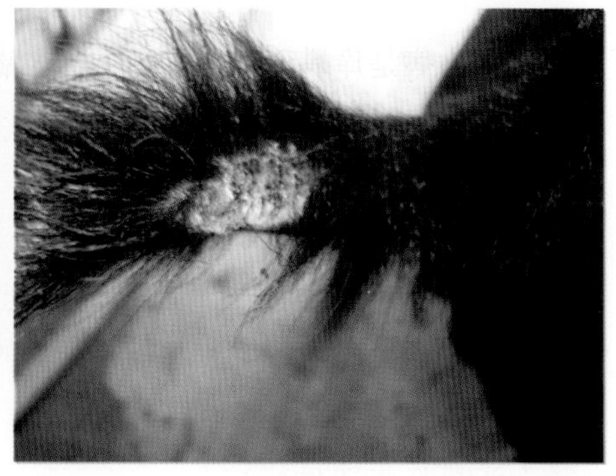

图 7-123　羊疥螨病症状（尾根皮肤结痂）

4. 病理变化

病死羊消瘦、贫血，病变局部组织炎症、水肿，皮肤增厚，若有继发其他疾病，则病变更复杂。

5. 诊断

根据临床症状及病理变化可做出初步诊断。要确诊可在患部和健康皮肤交界处，用手术刀刮痂皮直至微量出血为止，并将所刮取的病料装入试管内，加入10% 氢氧化钾或氢氧化钠溶液，煮沸融化后静置 20 分钟或离心后取管底沉渣进行镜检，看看有无疥螨。

6. 防治

加强饲养管理，控制羊舍密度，做好羊舍环境卫生，定期用杀螨制剂（如1%~2% 敌百虫）进行喷洒。对新引进的种羊要确定无疥螨病后方可混群饲养。对病羊要及时隔离治疗，病变局部要先剪毛，并用温肥皂水或 5% 复合酚消毒水刷洗干净后再用药物处理。局部处理的药物有 0.05% 辛硫磷乳油水剂、0.025% 三氯杀螨醇乳液、1%~2% 敌百虫溶液、0.0025% 溴氰菊酯溶液等，同时还可以用 1% 阿维菌素或伊维菌素进行肌内注射。缺乏上述药物的羊场，可以考虑使用煤油或克辽宁搽剂等对患部涂擦多次，也有一定的效果。在治疗过程中还要注意几个问题：首先，要重复用药，即在第 1 次治疗后每隔 7~8 天要重复治疗 1 次，连续用药 3~5 次才能起到较好的治疗效果；其次，病羊的毛屑等废弃物要做无害化处理，用具要彻底清洗消毒干净，以免传播到其他的羊只。在用药过程中或用药后若出现中毒症状，要及时用温水冲洗局部，并用相对应的解毒药进行解救。

（二十六）羊痒螨病

羊痒螨病是痒螨科痒螨属的山羊痒螨和绵羊痒螨分别寄生在山羊和绵羊皮肤上引起的寄生虫病。

1. 病原

山羊痒螨成虫呈长圆形，灰白色，大小为 0.5~0.9 毫米，肉眼可见。虫体前端有长圆锥形的口器，螯肢细长，须肢也细长。虫体背面无鳞片和棘，肛门位于躯体末端。腹面有 4 对足，较长。雄螨的 1、2、3 对足有吸盘，第 4 对足很短、无吸盘和刚毛（图 7–124）。雌螨的第 1、2、4 对足有吸盘，而第 3 对足无吸盘，但有 2 根刚毛（图 7–125）。

绵羊痒螨成虫呈长圆形，体长 0.5~0.9 毫米，肉眼可见。口器长，呈圆锥形，

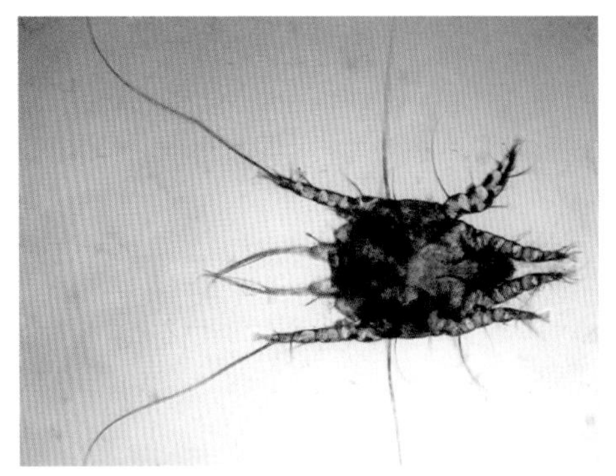

图 7-124 山羊雄性痒螨虫体形态

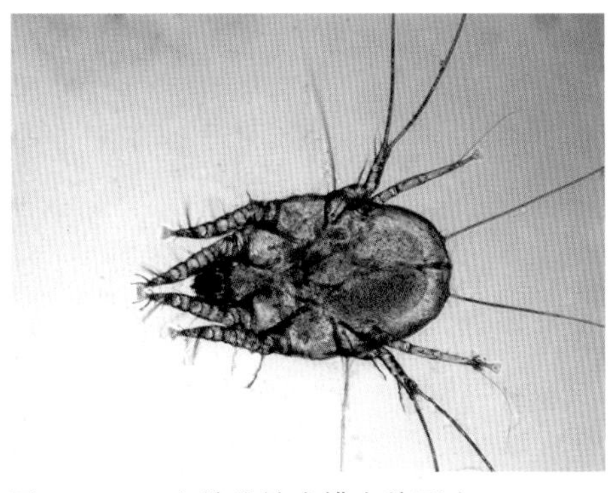

图 7-125 山羊雌性痒螨虫体形态

螯肢细长，须肢也细长。躯体背面表皮有细皱纹。肛门位于虫体末端。雄螨的 1、2、3 对足都有吸盘，第 4 对足特别短，没有吸盘和刚毛。雌螨的第 1、2、4 对足有吸盘，而第 3 对足无吸盘，但有 2 根长刚毛。雄螨虫体末端有 2 个大结节，上各有长毛数根，腹面后部有 2 个性吸盘。雌螨腹面前部有一个宽阔的生殖孔，后端有纵裂的阴道，阴道背侧为肛门。

2. 流行特点

虫体卵生，虫卵经过幼虫和若虫阶段再发育成虫，整个发育过程需 10~12 天，整个过程都在羊体表完成，以吸取体液营生。绵羊痒螨只感染绵羊，山羊痒螨只感染山羊。痒螨的传播一般通过羊只直接接触传播或通过用具、羊舍间接传播。各日龄羊均可发生。羊场中一旦有痒螨存在，就不容易彻底根除。本病多发生在冬季和秋末春初。

3. 临床症状

山羊痒螨病主要发生在耳廓内面，在耳内出现黄色痂皮将耳道阻塞，结果导致山羊变聋，食欲不振，最后衰竭而死亡。此外，也会导致皮肤大面积白色痂皮（图 7-126）。绵羊痒螨病是一种绵羊常见病，多发生于密毛部位（如背部、臀部），然后波及绵羊全身。常表现羊毛结成囊状或体躯下部不清洁，全身毛发凌乱，严重时全身被毛脱光。

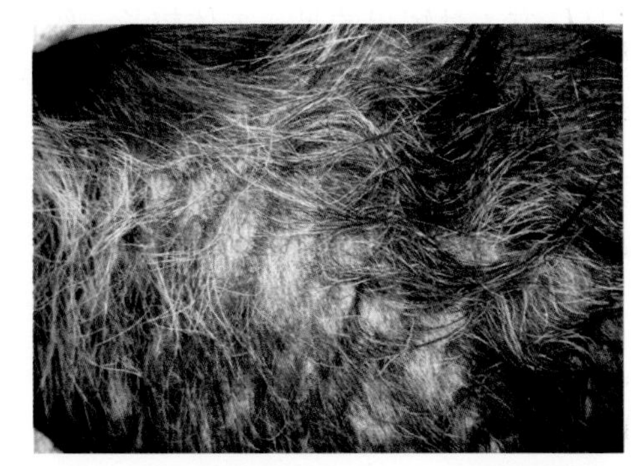

图 7-126 羊痒螨病症状（山羊痒螨导致皮肤大面积白色痂皮）

4. 病理变化

患部皮肤炎症水肿并出现湿润、

脱毛，形成浅黄色痂皮。

5. 诊断

根据临床症状可做出初步诊断，确诊可参照羊疥螨病的诊断方法。

6. 防治

本病的预防要加强饲养管理，控制羊舍饲养密度，做好羊舍环境卫生，定期用杀螨剂对舍内外进行杀虫处理。对病羊要及时隔离，及时治疗。治疗本病可选用溴氰菊酯（0.0025%，外浴）、辛硫磷乳油水剂（0.05%，外浴）、三氯杀螨醇（0.025%，外浴）、敌百虫（1%~2%，外洗），或用1%伊维菌素注射液进行肌内注射，均有一定效果。本病不易根治，治疗时需要重复用药。

（二十七）山羊蠕形螨病

本病是蠕形螨科蠕形螨属的山羊蠕形螨寄生于山羊的毛囊或皮脂腺内引起的皮肤寄生虫病。

1. 病原

山羊蠕形螨虫体狭长如蠕虫样，呈半透明乳白色（图7–127），大小为（0.20~0.24）毫米 ×（0.051~0.086）毫米，体表有明显的环纹，分颚体、足体和末体3个部分。颚体呈不规则四边形，由1对螯肢、1对须肢和1个口下板组成，为短喙状刺吸式口器。足体有4对短粗的足。末体较长，约占虫体2/3以上，表面具明显的环状皮纹。雄虫的雄茎自足体背面突出；雌虫的阴门为一狭长的纵裂，位于腹面第4对足基节片之间的后方。虫卵呈宽卵圆形。

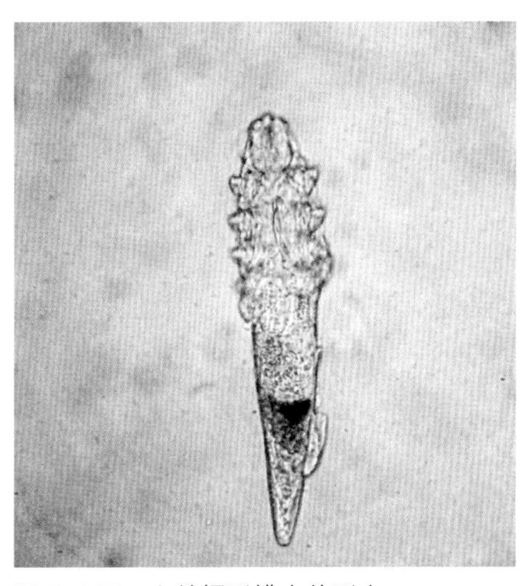

图7–127　山羊蠕形螨虫体形态

2. 流行特点

本病只发生于山羊。成年羊较幼年羊症状明显。病羊和带虫羊是传染源，通过直接接触传播或通过工具等间接传播。一年四季均可发生，夏秋季节更为明显。

3. 临床症状

本病主要发生在山羊的肩胛、四肢、颈部、腹部或头部皮肤(图7–128)。在皮下可触摸到很多黄豆大小至蚕豆大小、近圆形、高于皮肤的结节，结节外皮肤稍红，部分结节中央有一个小孔，用手可挤出黄色干酪样物质。重度感染时可导致病羊消瘦，被毛粗乱，衰竭而死亡。本病对山羊的皮革质量影响很大。

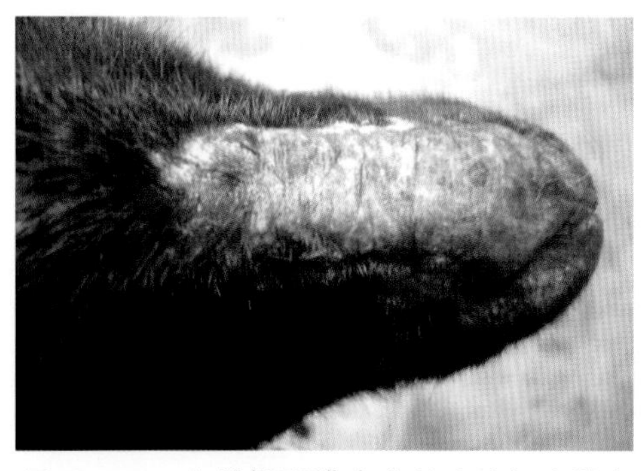

图7–128 山羊蠕形螨病症状（头部皮肤变厚，有结节）

4. 病理变化

局部皮肤变厚，出现许多高出皮肤的结节，可挤出黏稠的皮脂或淡红色脓液，皮肤脓疱结节破溃后会形成溃疡或覆盖麸皮样鳞屑，有难闻臭味。有的皮肤会皱裂，脱毛。

5. 诊断

切开皮肤上的结节或挤出脓疱，刮取脓疱或分泌物于载玻片上加甘油水，在低倍镜下检查，发现病原虫体即可诊断。

6. 防治

对病羊进行隔离治疗，局部皮肤要先剪毛，后用过氧化氢溶液清洗干净后，再用双甲脒或辛硫磷或溴氰菊酯等涂擦患部，间隔7~10天再重复用药。此外，也可用阿维菌素注射液进行肌内注射。在治疗过程中要注意环境的清洁消毒。

（二十八）羊狂蝇蛆病

羊狂蝇蛆病是羊狂蝇的幼虫寄生在羊的鼻腔及附近的腔窦内引起的一种慢性寄生虫病。本病主要侵害绵羊，对山羊感染较轻，常引起羊慢性鼻炎、鼻窦炎和额窦炎。

1. 病原

羊狂蝇又称羊鼻蝇，属于狂蝇科狂蝇属。成蝇口器退化，其大小、形状似家蝇，灰褐色，体长10~12毫米，体表密生短的细毛。头大呈半球形，黄色，胸部有断续不明显的黑色纵纹，腹部有褐色及银白色斑点，翅透明。羊狂蝇的发育过程分为幼虫、蛹和成蝇三个阶段。幼虫按其发育形态又可分为3个期。第1期幼虫呈淡黄白色，长约 1 毫米，体表丛生小棘；第 2 期幼虫椭圆形，长 20~25 毫米，体表刺不明显；第 3 期幼虫长 28~30 毫米，背面隆起，腹面扁平，有 2 个口前钩，虫体背面无棘，成熟后各节上有深褐色带斑，各节前缘有数列小棘。

成蝇出现在每年的 5~9 月份，有雌雄之分。雌雄交配后，雄蝇死亡。雌蝇遇见羊只时，会急速追逐羊只，将幼虫产在羊的鼻孔附近，每次可产幼虫 20~40 个，数日内 1 只雌蝇能产出 500~600 个幼虫，产完幼虫后雌蝇死亡。新生幼虫爬进羊的鼻腔及鼻窦中，经 2 次脱化（需 9~10 个月），发育为第 3 期幼虫。第 3 期幼虫只在第 2 年春天由鼻腔深部逐渐移向鼻孔，当宿主因鼻腔受幼虫蠕动刺激发痒打喷嚏时，幼虫被喷出，落地入土化成蛹。蛹期为 1~2 个月，再羽化为成蝇。成蝇的寿命 2~3 周。

2. 流行特点

在不同外界环境下，虫体各期发育的时间也不太相同。在较冷地区，第 1 期幼虫期约需 9 个月，蛹期可长达 49~66 天。在温暖地区，第 1 期幼虫只需 25~35 天，蛹期需 27~28 天。因此，本虫在北方每年仅繁殖一代；而在温暖地区，本虫每年可繁殖两代。本病主要发生在绵羊。

3. 临床症状

成虫侵袭羊群时，羊群骚动不安，互相拥挤，频频摇头、喷鼻，或将鼻孔抵于地面，或将头隐藏于其他羊的腹下或腿间。幼虫在鼻腔、鼻窦、额窦移行过程中，由于虫体的机械刺激、损伤黏膜，可导致局部发炎、出血，病羊会流出浆液性、黏液性、脓性鼻液，有时混有血液。鼻液干涸后形成痂堵塞鼻孔，可导致病羊呼吸困难，表现为喷鼻，甩鼻子或摩擦鼻部。后期病羊喷鼻和甩鼻子症状加剧，个别可引起羊神经症状，表现为运动失调或头弯向一侧，有的出现麻痹，最后病羊可因食欲废绝而衰竭死亡。

4. 病理变化

羊狂蝇在移行过程中，易造成鼻腔、额窦黏膜组织损伤、肿胀、出血、发炎。此外，患羊有严重的消瘦、贫血病变，个别还会导致脑膜发炎或受损。

5. 诊断

根据流行特点、临床症状和病理变化可做出初步诊断。在鼻腔内发现幼虫可确诊。病羊出现神经症状时，还应与羊脑多头蚴病、李氏杆菌病鉴别诊断。

6. 防治

本病预防，在羊狂蝇蛆病流行地区成蝇活动季节，可用诱蝇板来引诱杀灭成蝇。杀灭羊体内幼虫的常用药物可选用 2% 敌百虫溶液（喷擦于羊鼻孔内，可杀死在鼻腔外围的幼虫及进入鼻腔内的幼虫）、1% 伊维菌素（每千克体重 0.2 毫克，皮下注射）、20% 碘硝酚注射液（每千克体重 0.05 毫升，皮下注射）、5% 氯氰柳胺钠注射液（每千克体重 5 毫克，皮下注射或内服）。为防止药物中毒，每次用药时，应先进行小群实验，并注意观察，确定安全后再全群使用。必要时可重复用药 2~3 次，每次间隔 10~20 天。

（二十九）羊硬蜱病

本病是硬蜱寄生于羊体表引起的一种吸血性外寄生虫病，临床上以急性皮炎和贫血为主要特征。

1. 病原

本病病原为硬蜱科的多种硬蜱。在我国，危害羊群的硬蜱种类有血蜱属的长角血蜱（图 7-129，图 7-130）、璃眼蜱属的残缘璃眼蜱（图 7-131）、扇头蜱属的血红扇头蜱（图 7-132，图 7-133）、牛蜱属的微小牛蜱（图 7-134，图 7-135）、硬蜱属的全沟硬蜱等。成蜱饥饿时呈黄褐色、前窄后宽、背腹扁平、长卵圆形，芝麻粒大到大米粒大。虫体前端有口器，可穿刺皮肤吸血。吸饱血的硬蜱体积增大几十倍，如蓖麻子大，呈暗红色或红褐色。

图 7-129　长角血蜱雄虫背面形态

图 7-130　长角血蜱雄虫腹面形态

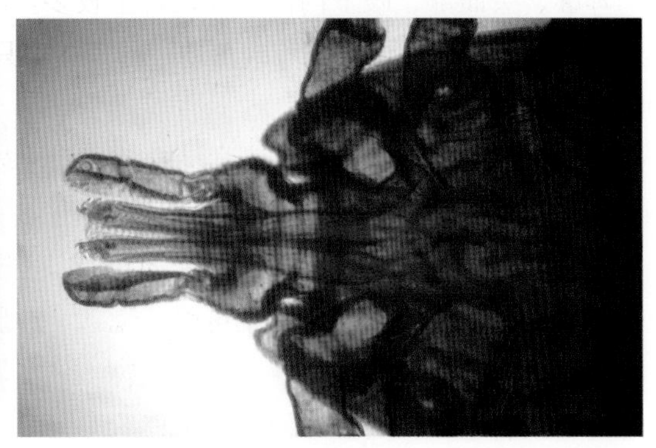
图 7-131　残缘璃眼蜱头部形态

图 7-132　血红扇头蜱雄虫背面形态

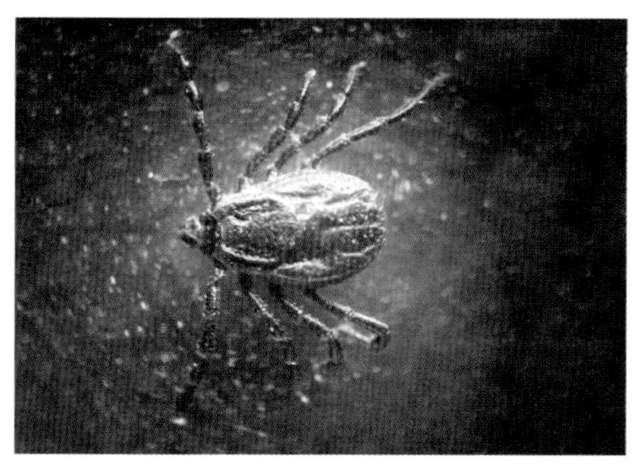
图 7-133　血红扇头蜱雌虫背面形态

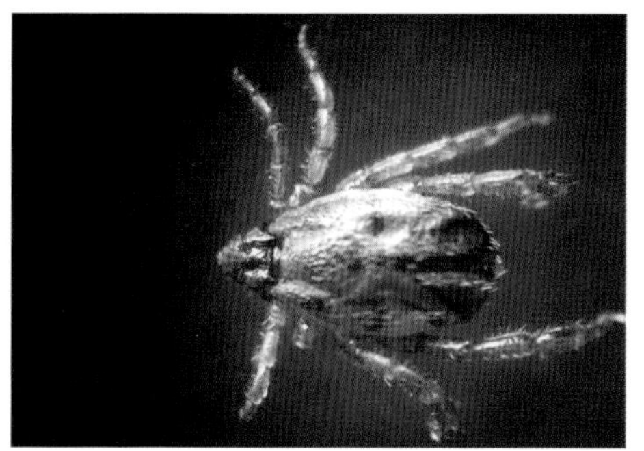
图 7-134　微小牛蜱雄虫背面形态

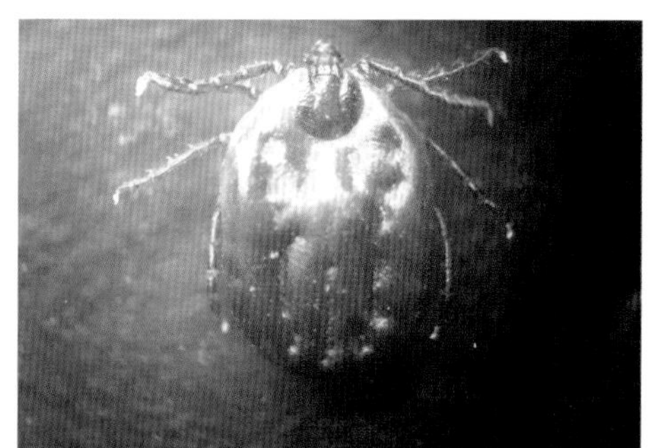
图 7-135　微小牛蜱雌虫背面形态

2. 流行特点

硬蜱分布广泛，在不同气候、地理、地貌区域，各种硬蜱的活动季节有所不同。一般来说，每年的 2 月末到 11 月中旬都有硬蜱活动。硬蜱可侵袭各种品种的羊及牛、马、禽等多种动物和人。各日龄羊均可发生。羊被硬蜱侵袭多发生在白天放牧采食过程中（少数为舍内蜱）。硬蜱可寄生在羊全身各处，尤其皮薄毛少部位，如耳廓、头面部、腹下内侧等部位寄生较多。硬蜱的发育经虫卵、幼虫、若虫和成虫 4 个阶段。吸饱血的雌蜱落地产卵，一生只产 1 次卵，数量可达几千上万个。

3. 临床症状

硬蜱对羊的危害包括直接危害和间接危害两方面。

①直接危害。寄生在头部、耳朵、腹下、腿部内侧皮肤上（图 7-136 至图 7-139），影响羊只采食，造成局部痛痒和皮肤损伤，有的出血，甚至出现血痂、皮肤肥厚等。若继发细菌感染可引起化脓、肿胀或蜂窝组织炎等。硬蜱叮咬时会注入毒素，导致病羊出现神经症状及麻痹，引起“蜱瘫痪”。大量硬蜱密集寄生时可导致病羊严重贫血，消瘦，生长发育缓慢，皮毛质量降低，泌乳羊产奶量下降等。部分怀孕母羊会出现流产。

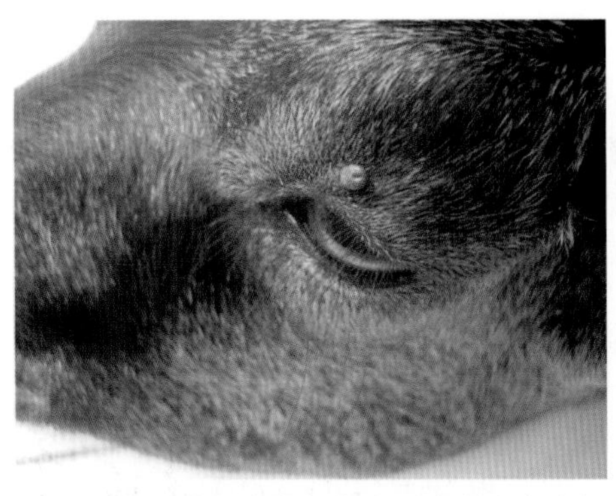

图 7-136 羊硬蜱病症状（硬蜱寄生在头部皮肤上）

图 7-137 羊硬蜱病症状（硬蜱寄生在耳朵皮肤上）

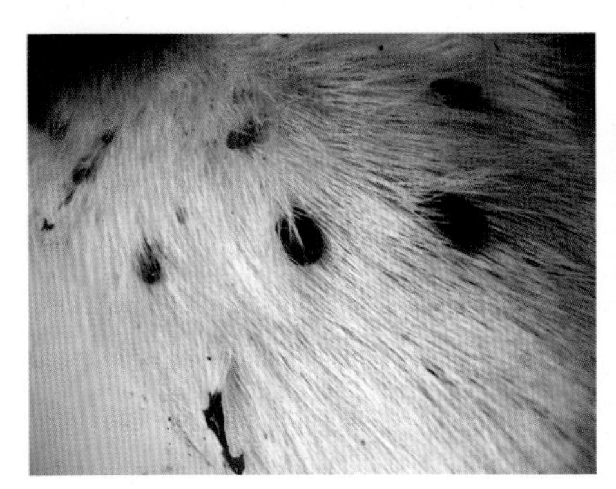

图 7-138 羊硬蜱病症状（硬蜱寄生在腹下皮肤上）

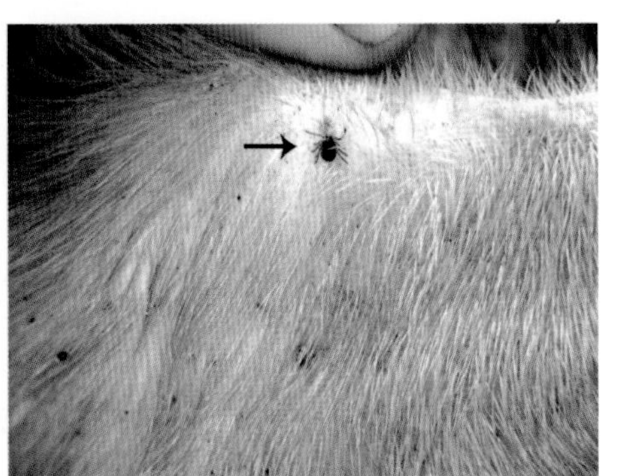

图 7-139 羊硬蜱病症状（硬蜱寄生在腿部内侧皮肤上）

②间接危害。硬蜱叮咬和吸血时，还可随唾液把巴贝斯虫、泰勒虫及一些病毒、细菌、立克次氏体等注入羊体内，而使羊只感染相应的疾病。

4. 病理变化

病羊消瘦和贫血，此外硬蜱会导致附着部位损伤，引起局部组织发炎、水肿、皮肤增厚等。如果硬蜱传播疾病，还会出现相应疾病的病变。

5. 诊断

根据羊身上检出大小不同的硬蜱（图 7-140），即可做出初步诊断。至于是哪一种硬蜱，需要进一步鉴定。

图 7-140 在羊身上检出大小不同硬蜱

6. 防治

预防上要减少放牧或定期消灭硬蜱。杀灭羊体上的硬蜱可用 0.05% 辛硫磷乳油水剂或 0.0025% 溴氰菊酯或 1% 敌百虫喷淋、药浴、涂擦羊体；或用伊维菌素或阿维菌素（每千克体重 0.2 毫克），皮下注射，对各发育阶段的硬蜱均有良好杀灭效果。间隔 15 天左右再用药 1 次。对羊舍和周围环境中的硬蜱，可用上述药物或 1%~2% 马拉硫磷或辛硫磷喷洒畜舍、柱栏及墙壁和运动场。感染严重且体质较差，伴有继发感染者，应注意对症治疗。

（三十）羊虱病

羊虱病是毛虱、颚虱等寄生于羊毛或体表上引起的外寄生虫病。临床上以羊的痒感、蹭痒、不安及由此造成的皮肤损伤、脱毛、生产性能降低等为主要特征。

1. 病原

本病病原为毛虱科毛虱属的山羊毛虱（图 7-141）和颚虱科颚虱属的绵羊颚虱、足颚虱、狭颚虱（图 7-142）等。

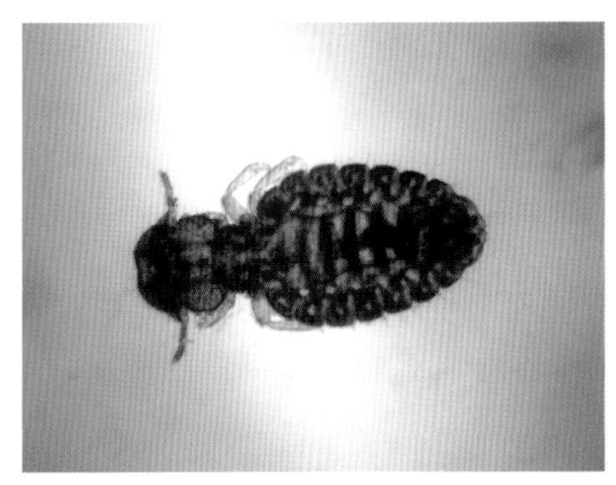

图 7-141　山羊毛虱虫体形态

图 7-142　狭颚虱虫体形态

山羊毛虱的体长 0.5~1.0 毫米，体扁平，无翅，多扁而宽；头部钝圆，其宽度大于胸部，咀嚼式口器；胸部分为前胸、中胸和后胸，中胸、后胸常有不同程度的愈合，头部侧面有触角 1 对，由 3~5 节组成；每一胸节上着生 1 对足；腹部由 11 节组成，但最后数节常变成生殖器。

绵羊颚虱、足颚虱、狭颚虱等颚虱，体背腹扁平，头部较胸部窄，呈圆锥形；触角短，通常由 5 节组成；口器刺吸式，不吸血时缩入咽下的刺器囊内。胸部 3 节，有不同程度的愈合，足 3 对，粗短有力；腹部由 9 节组成。不同种类的颚虱，其形态结构略有不同。

羊虱营终生寄生生活，其中毛虱以啮食毛及皮屑为生，颚虱以吸食羊的血液为生。

2. 流行特点

本病一年四季均可发生，但严重的发病时间在 10 月份至次年的 6 月份。颚虱和毛虱多为混合感染，山羊比绵羊更易感染。传染源是病羊和带虫羊，通过接触直接传播或通过工具、羊舍间接传播。

母羊在哺育羔羊时感染毛虱，毛虱可迅速侵袭羔羊，感染率为 100%，且感染强度大。

3. 临床症状

病羊表现不安，用嘴啃、蹄弹、腿挠解痒。此外，还表现经常在木桩、墙壁等处擦痒。轻度感染时，可引起病羊脱毛、消瘦、发育不良，结果导致产毛、产绒、产肉、产奶等生产性能降低。羔羊感染时被毛粗乱而无光泽，生长发育不良。由于羔羊经常舐吮患部和食入舍内的羊毛，经常可见胃肠道毛球病。严重感染时，肉眼可见在皮毛上有大量毛虱在爬动（图 7–143）。

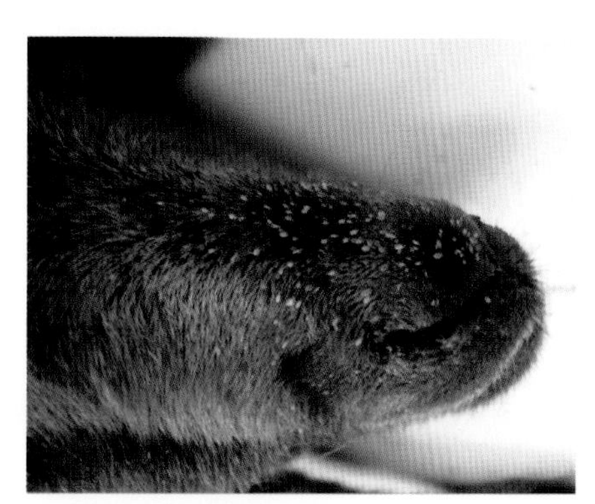

图 7–143　头部皮毛上可见毛虱在爬动

4. 病理变化

毛虱、颚虱等侵袭羊体后，会造成羊局部皮肤损伤、水肿、肥厚，甚至还可进一步造成细菌感染，引起化脓、肿胀和发炎等。当颚虱大量侵袭羊体后，还可造成羊严重贫血。

5. 诊断

根据流行病学和临床症状可做出初步诊断，若在羊体表面检出虱或虱卵即可确诊（图 7–144，图 7–145）。

6. 防治

预防上要加强饲养管理，做好羊舍卫生清洁，控制饲养密度，不用垫料。杀灭羊体上的虱可用伊维菌素注射液（每千克体重 0.2 毫克，皮下注射），或伊维菌素预混剂（每千克体重 0.2 毫克，内服），也可用辛硫磷乳油水剂（0.05%，外浴）进行治疗。

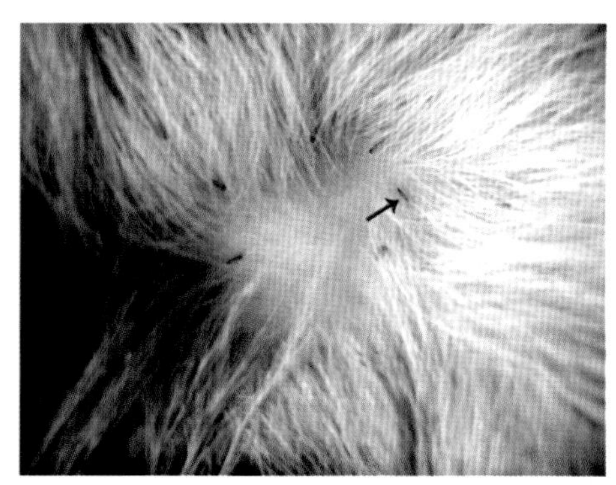

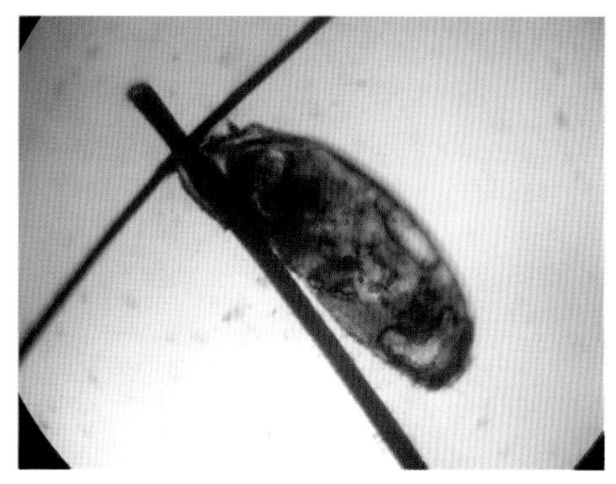

图 7–144　皮肤上可见毛虱在爬动

图 7–145　皮肤上可见毛虱虫卵

（三十一）羊虻病

羊虻病是虻科的各种虻暂时性寄生在羊（牛等动物也可感染）皮肤上引起的寄生虫病。

1. 病原

本病病原为虻科中的各种虻。虻体型像蝇，头大、足短、翅宽，有触角，由 3 节组成，第 3 节端部由 3~7 节组成触角尖端，不同于蝇类触角芒。触须 1~2 节。刺吸型口器。有翅，与蝇类翅脉不同，靠翅后缘处有 5 个后室，1 个封闭中室。足与其他双翅目昆虫不同处为足端有 1 对大的爪及 1 对爪垫，中刺和爪间体十分发达，成为爪间垫。虻腹部较扁平，尾端呈尖形或方钝形，明显可辨的有 7 节。背面有色彩深淡不同的纵条纹或横带纹（图 7–146）。

图 7–146　虻虫体形态

2. 流行特点

虻的发育属于完全变态。虫卵产于近水边的植物或其他物体上，数日后孵化出幼虫，幼虫落入浅水中或湿土壤中进一步发育，经数月到 1 年时间，通过 6~8 次的蜕化后在干土壤中化成蛹。蛹期为半个月，最后羽化为成虫。雄性成虻不吸血，只吸植物汁液。雌虻除吸植物汁液外，在产卵前必须吸血（主要吸家畜，如牛羊的血）。炎热季节以白天活动为主。

虻以吸黄牛、奶牛、水牛、山羊等家畜血液为主，有时也吸人血。每年以夏秋季节居多。由于虻的种类众多，不同地域有不同的虻种类。

3. 临床症状

雌虻叮咬动物时，先以强大的口器刺入并撕裂皮肤，注入唾液，待血液流出后再舔吸血液，故对家畜可造成强烈的痛觉和长时间流血，并严重骚扰家畜休息和采食。此外，虻吸血时还能机械地传播一些病原（如伊氏锥虫、炭疽杆菌等）。

4. 病理变化

局部皮肤出现炎症、水肿病变，若并发其他传染病，则病变更为复杂。

5. 诊断

根据临床症状和病理变化可做出初步诊断。虻种类众多，要确定是哪一种虻类，需对其大小、形态、结构进行细致观察和鉴定。

6. 防治

目前还没有切实可行的防治方法。在虻较多时，应避开中午放牧，而选择早晚放牧。结合农事，做好排水和土壤改良、填平洼地、铲除水边杂草等工作。同时还可以结合人工扑杀各种虻或使用一些低毒农药进行体外喷洒，也有一定效果。

（三十二）羊蚤病

羊蚤病是蚤科和蠕形蚤科的多种蚤寄生于山羊体表上引起的外寄生虫病。

1. 病原

寄生于羊身上的蚤类有多种，包括蚤科蚤属的致痒蚤、蠕形蚤科蠕形蚤属的花蠕形蚤、蠕形蚤科长喙蚤属的羊长喙蚤等。这里仅介绍致痒蚤。

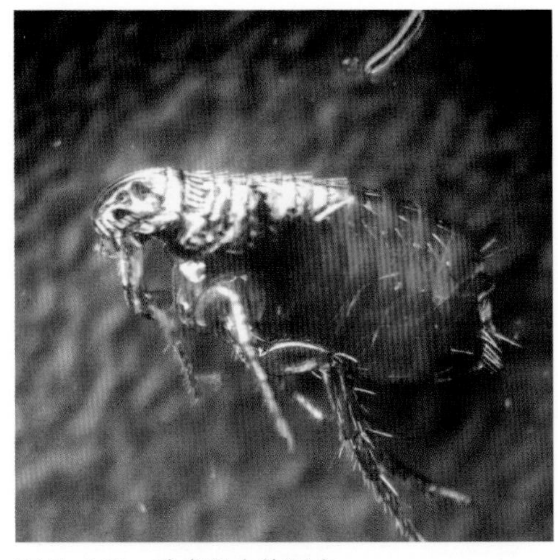

图 7-147　致痒蚤虫体形态

致痒蚤眼大，几乎与触角棒节等大，圆而色深（图 7-147）。眼鬃 1 根，位于眼的下方。触角棒节短而圆。下颚内叶宽而短，锯齿发达，分布从基部至末端。后头鬃只有 1 根。无颊栉和前胸栉。中胸侧板狭窄。无垂直的棒形侧板杆。各足都发达，后足尤甚。后足基节内侧亚前缘有短壮的刺鬃 1~2 列，雌雄都只有 1 根臀前鬃。雄性抱器第 1 突起遮盖第 2~3 突起，宽大而呈半环状，高于臀板，边缘密生细鬃。雌性第 7 腹板后缘有 1 个小凹陷。受精囊头部近圆形，较小，尾部较头部细长。

2. 流行特点

蚤寄生于多种动物身上，包括犬、猫、山羊、猪、牛、马等。各种动物之间可相互传播。一年四季均可发，多见于冬春两季。羊场发病与羊舍卫生条件差、垫料不洁净、多种畜禽混养有关。

3. 临床症状

病羊躁动不安，常用身体摩擦墙壁或树枝，在皮肤上可见蚤爬动（图 7–148）。

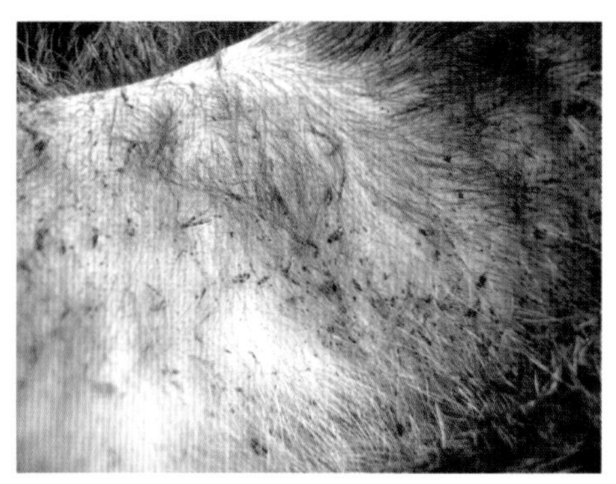

图 7–148　病羊皮肤上可见蚤爬动

4. 病理变化

有些蚤会叮咬羊只，致使皮肤发红发炎，无明显的内脏器官病理变化。

5. 诊断

在皮肤上检出蚤类即可诊断。若要鉴定种类，需收集虫体，并浸泡在 70% 酒精内致死后，按虫体形态结构进行种类鉴定。

6. 防治

预防上要做好羊场的饲养管理工作，避免羊只与其他畜禽混养，加强羊场的卫生管理和消毒工作。

治疗上可选用溴氰菊酯、氰戊菊酯、双甲脒、辛硫磷等药物进行喷洒或药浴。个别严重的可肌内注射伊维菌素注射液进行治疗，严重的间隔 15 天后再次重复用药。

八、羊普通病诊治

（一）羊口炎

羊口炎是羊口腔黏膜炎症的总称，包括舌炎、齿龈炎、口腔黏膜炎等。

1. 病因

可分为原发性口炎和继发性口炎两种。

①原发性口炎：采食了粗糙、尖锐的饲料或异物，或误食了刺激性较强的药物或化学药品，或维生素缺乏等原因，造成口腔局部黏膜炎症。

②继发性口炎：由于某些传染病如羊口蹄疫、羊痘、小反刍兽疫、传染性脓疱或霉菌感染等，引起口腔局部炎症。

2. 临床症状

病羊表现采食减少、流涎、咀嚼缓慢，并有口臭表现。具体来说，症状较轻时，可见口腔黏膜充血、肿胀和疼痛表现，同时有明显的流涎症状。中度口炎在上下唇内有很多大小不等的黄色水疱，有时水疱破裂形成浅表性溃疡斑。严重时在黏膜上出现许多溃疡性病灶（图 8-1），口腔内臭味明显，并有体温升高等全身症状。上述各种类型口炎可单独出现，也可混合出现或轮流出现。

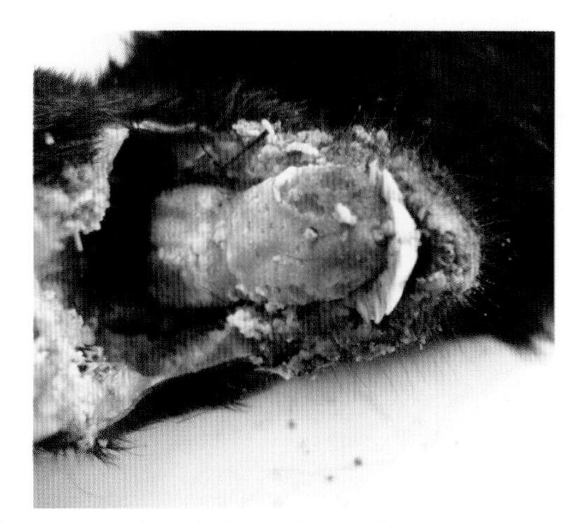

图 8-1 羊口炎病理变化（口腔黏膜溃疡）

3. 病理变化

在不同发病时期，其病理变化有所不同。早期以卡他性口炎为主，中期以水疱性口炎为主，中后期严重时以溃疡性口炎为主。

4. 诊断

根据临床症状和病理变化可做出初步诊断。要确诊，需要进一步分析是原发性口炎或继发性口炎。

5. 防治

在平时饲养管理过程中，要防止饲草混进尖锐异物或有毒物质，不能喂以粗硬或发霉饲草，并做好会引起口腔炎症的一些传染病的防控措施。

治疗时首先要找出引起口炎的各种病因，消除病因是防止本病进一步发展的首要工作。其次对口腔采取局部处理，可选用0.1%高锰酸钾、0.1%乳酸依沙吖啶、2%明矾、生理盐水等冲洗和净化口腔，接着可选用碘甘油、甲紫、磺胺软膏、盐酸四环素软膏及冰硼散或青黛散涂抹口腔局部或散布于口腔内。有继发感染时，可用青霉素40万~80万单位、硫酸链霉素50万~100万单位掺注射用水稀释后进行肌内注射，每天2次，连用2~3天。有时也可内服磺胺类药物进行消炎处理。在治疗过程中，对病羊要加强护理，不吃草的病羊可喂一些牛奶、麸皮或喂一些柔软牧草。个别严重的病羊要静脉注射葡萄糖和广谱抗生素。

（二）羊食道阻塞

羊食道阻塞是羊食道因草料团或异物阻塞而引起的急性消化道病，临床上以吞咽障碍为主要特征。

1. 病因

一些块根饲料（如甘薯、马铃薯、胡萝卜、玉米棒、苹果等）阻塞在羊食道内。

2. 临床症状

病羊表现突然停食，头颈伸直，口腔大量流涎，不时做吞咽动作，呼吸急促，躁动不安。在食道左侧食道沟处可触摸到硬块。有时可并发瘤胃臌气症状（图8-2）。若处理不及时，很容易窒息死亡。

图8-2 羊食道阻塞症状（瘤胃臌气）

3. 病理变化

剖检无明显病理变化，有时食道和瘤胃黏膜有充血、出血病变。

4. 诊断

根据喂块根饲料史及临床症状，可做出诊断。

5. 防治

平时要加强饲养管理，饲喂的块根饲料要切碎，也要防止羊偷食块根食物或玉米棒等饲料。

发病时要及时处理，若阻塞物在接近咽喉食道处，可用开口器打开病羊口腔，然后用手固定食道的阻塞物，以防止滑下食道，接着用肠钳把阻塞物取出；若阻塞物接近食道的贲门部，可通过胃导管先灌少量（约 30 毫升）液状石蜡，将阻塞物推入瘤胃内。若食道阻塞物引起严重瘤胃臌气，可先将瘤胃放气，防止羊只窒息死亡。向上推和向下推均未能见效时，可进行手术治疗，切开食道取出阻塞物。

（三）羊前胃弛缓

羊前胃弛缓是羊前胃（瘤胃、网胃和瓣胃）神经兴奋性降低，饲料在前胃不能正常消化和向后移动，因而饲料在瘤胃中腐败分解，产生有毒物质而引起的疾病，临床上以消化功能障碍和全身功能紊乱为特征。本病多见于山羊，绵羊较少发病。

1. 病因

饲养管理不当是原发性前胃弛缓的主要诱因。

①饲喂精饲料过多。

②食入过多不易消化的粗饲料或采食塑料袋等不消化物质。

③饲喂发霉、变质、冰冻的饲草料。

④饲料配方突然发生改变。

⑤维生素及微量元素、矿物质缺乏。

⑥饲喂草料后，紧急驱赶而使羊得不到休息和反刍。

⑦圈舍阴冷，长期缺乏光照，或圈舍狭小而拥挤。

⑧继发于其他疾病。常见于一些寄生虫病（如羊片形吸虫病等）、传染病（如羊传染性胸膜肺炎等）、一些普通性疾病（如羊口炎、瘤胃臌气、创伤性网胃炎、肠胃炎、瓣胃阻塞等）。

2. 临床症状

本病有急性、慢性两种类型。

①急性型。病羊食欲降低或不吃食，反刍减少或消失，胃肠蠕动减慢，排出带有暗红色黏液的干燥粪便，精神沉郁，左腹膨隆，触诊有柔软感，体温、脉搏基本正常。

②慢性型。病程长，病羊体况日渐消瘦，眼结膜偏红，被毛粗乱，粪便秘结，瘤胃触诊较实。

3. 病理变化

①急性型。病死羊剖检，可见瘤胃内有大量未消化食物（图 8–3），后段胃肠炎较严重。

②慢性型。病死羊剖检除了瘤胃局部病变外，还有全身脱水等病变。

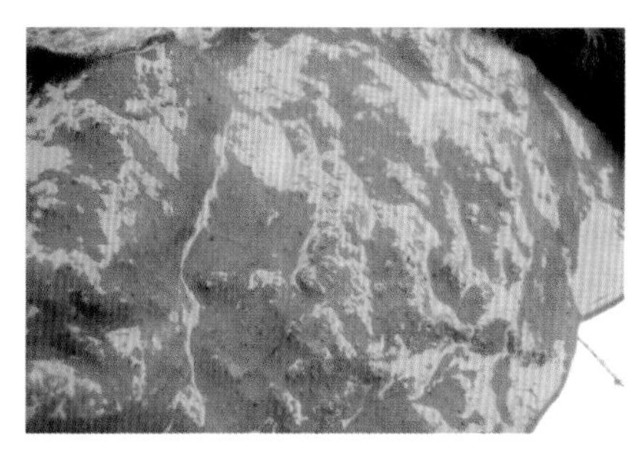

图 8–3　羊前胃弛缓病理变化（瘤胃内积有大量未消化食物）

4. 诊断

根据临床症状和病理变化，结合瘤胃听诊可做出诊断。

5. 防治

加强饲养管理是预防本病的关键。不饲喂腐败、变质、冰冻的饲料，而要配制全价日粮。羊喂料要定时定量，以保证有充足的运动时间和休息时间。

本病的治疗原则为缓泻、止酵、促进瘤胃蠕动。病初先禁食 1~2 天，每天按摩瘤胃数次，每次 8~15 分钟，并饲喂少量易消化的多汁饲料。瘤胃内容物过多时，可投服缓泻剂，常用的有液体石蜡油 100~200 毫升或硫酸镁 20~30 克（配制成 10% 溶液）。为了促进瘤胃蠕动，增强神经兴奋性，可皮下注射氨甲酰胆碱 0.2~0.4 毫克或毛果芸香碱 5~10 毫克，也可用大蒜酊 20 毫升、龙胆末 10 克、豆蔻酊 10 毫升加水适量，1 次内服。临床上可使用促反刍液（5% 氯化钠溶液 150 毫升、5% 氯化钙溶液 150 毫升、安钠咖 0.5 克，1 次静脉注射）。当羊只出现酸中毒时，可静脉注射 25% 葡萄糖 200~500 毫升、碳酸氢钠溶液 200 毫升，或内服大黄碳酸氢钠片。此外，还可选用中药党参、白术、陈皮、木香各 15 克，麦芽、健曲、生姜各 30~45 克，研末冲服，也有一定效果。

（四）羊瘤胃积食

羊瘤胃积食是羊采食大量难消化、易膨胀的精料或不消化的粗纤维等而引起的严重消化不良性疾病，临床上以瘤胃体积增大、胃壁扩张、胃内食物滞留为特征。

1. 病因

羊采食了大量难以消化的饲料和杂物（如地瓜秧、玉米秸秆、粗干草、塑料薄膜等），或采食了大量易于膨胀的饲料（如大豆、豌豆、玉米、稻谷等）。有的是继发于前胃弛缓、瓣胃阻塞、创伤性网胃炎、皱胃炎等疾病。

2. 临床症状

多发生于进食后一段时间。病羊主要表现精神不安、后肢踢腹等腹痛症状，食欲减少或废绝，反刍减少或停止，弓背，腹围增大，呼吸急促，眼结膜发绀，严重时卧地不起或衰竭死亡。

3. 病理变化

剖检可见瘤胃内积有大量未消化食物或杂物（图 8–4，图 8–5）。

图 8–4　羊瘤胃积食病理变化（瘤胃内积有大量未消化食物）

图 8–5　羊瘤胃积食病理变化（瘤胃内积有塑料薄膜）

4. 诊断

触诊瘤胃表现胀满和硬实，听诊瘤胃蠕动音减弱或消失，结合病史和临床症状可做出初步诊断。在临床上本病还要与前胃弛缓、瘤胃臌气、创伤性网胃炎等鉴别诊断。

5. 防治

预防上要加强羊群饲养管理，平时喂以柔软可口的饲料，不要喂过于粗硬的饲料；防止羊只过饥后暴食或乱吃杂物；更换饲料时要按比例逐步过渡。

治疗上可灌服液状石蜡油 100~200 毫升，或硫酸镁或硫酸钠 50~80 克（配成 10%）等泻药。也可灌服陈皮酊 10 毫升或龙胆酊 10 毫升或木鳖酊 7 毫升等健胃药。此外，可使用中药大黄 12 克、枳壳 9 克、厚朴 12 克、芒硝 30 克、槟榔片 1.5 克、陈皮 6 克、香附 9 克、木香 5 克、千金子 9 克、二丑 12 克，水煎煮后待温灌服；也可使用山楂 12 克、神曲 15 克、麦芽 6 克、莱菔子 10 克、枳实 6 克、槟榔 1.5 克、大黄9克、甘草6克，煎煮或研磨成粉后温水灌服。对个别严重的可肌内注射甲硫酸新斯的明注射液或维生素 B_1 注射液，同时结合强心补液，以提高本病的治愈率。

（五）羊瘤胃臌气

羊瘤胃臌气是羊采食了大量易发酵的饲草料，在瘤胃微生物参与下过度发酵，迅速产生大量气体而引起的消化道疾病，又称羊瘤胃臌胀。临床上以瘤胃急剧增大、臌胀为主要特征。

1. 病因

本病病因包括原发性病因和继发性病因。原发性病因是由于羊在较短时间内吃了大量易发酵的饲料，如精料、幼嫩牧草或变质饲料。继发性病因常见于羊发生食道阻塞、前胃迟缓、瓣胃阻塞、慢性腹膜炎、创伤性网胃炎等疾病后出现的瘤胃臌气。

2. 临床症状

发病突然，病羊腹围明显增大，左肷部隆起明显（图8–6）。烦躁不安，呼吸困难。若处理不及时很快就会倒地呻吟或出现痉挛现象，几个小时内死亡。

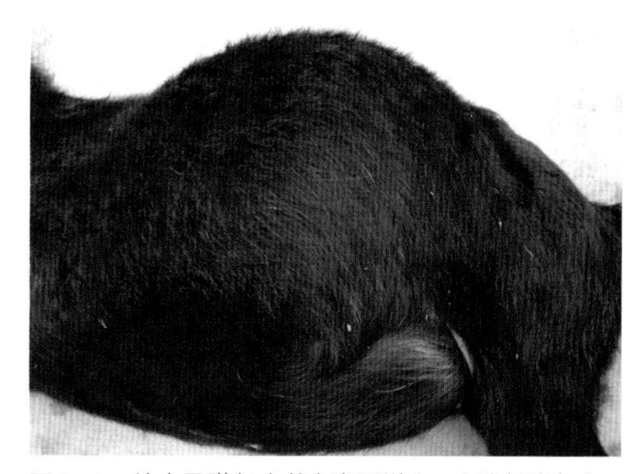

图8–6　羊瘤胃臌气症状（腹围增大，左肷部隆起）

3. 病理变化

剖检可见瘤胃内充满大量未消化食物，瘤胃黏膜充血、出血，可视黏膜发绀。

4. 诊断

根据发病史及临床症状可做出诊断。

5. 防治

预防上要加强饲养管理，不喂太多的精料或让羊吃太多的幼嫩牧草（如紫云英、苜蓿草、黑麦草等），在南方地区应选择午后放牧（早上露水多）。患其他消化道疾病时要控制好精料或豆科牧草的摄入量。

治疗以排气、制酵、泻下为原则。在早期可灌服食用油100~200毫升，或液体石蜡油 100 毫升、鱼石脂 2 克、酒精 10 毫升混匀后加适量水灌服，也可选用陈皮酊 50 毫升或龙胆酊 50 毫升对适量水后灌服。在农村条件下可就地取材，使用 50 毫升左右腌果盐露掺水后灌服，也有一定效果。对于臌气特别严重的可进行瘤胃穿刺放气。操作过程要规范操作要领，控制放气速度，防止出现脑缺氧或腹膜炎现象。

（六）羊瓣胃阻塞

羊瓣胃阻塞是羊瓣胃内积聚大量干性难消化饲草而引起的消化道疾病。

1. 病因

导致羊瓣胃阻塞的原因有以下 3 个。

①长期饲喂粗糙干硬的牧草，如地瓜秧、花生秧、豆秸等。

②长期饲喂泥沙过多的饲料，或采食了大量的塑料制品，结果异物沉积在瓣胃内，导致阻塞。

③饲养方式突然改变，或饲料品质差、饮水不足等。

2. 临床症状

病羊早期表现前胃迟缓的症状，即鼻镜干燥，反刍减少，粪便少而干。随着病情的发展，病羊体温升高，呼吸和脉搏加快，鼻镜干裂明显，有空嚼磨牙现象。触诊瓣胃区（羊腹壁右侧 7~9 肋骨间、肩关节水平线上），痛感明显。叩诊局部浊音区扩大，常继发瘤胃臌气和积食。

3. 病理变化

瓣胃内容物充满，体积增大 1~3 倍，胃黏膜有炎症反应，瓣叶间充满干涸的内容物（图 8-7），瓣叶形同纸板。

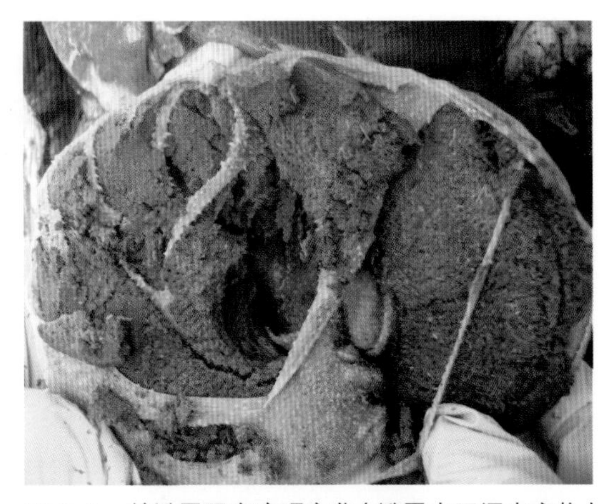

图 8–7 羊瓣胃阻塞病理变化（瓣胃内干涸内容物）

4. 诊断

根据发病史和临床症状可做出初步判断，结合瓣胃的触诊、听诊可确诊。

5. 防治

平时饲养中要增加多汁青绿饲料，减少粗硬饲料，并要保证饮水，让羊只适当运动。

对较轻的病例可内服泻剂和促进肠胃蠕动药物，如硫酸镁 50~100 克加水 500~1000 毫升灌服，或液状石蜡 100 毫升灌服，或用硫酸镁 30~50 克、番木鳖酊 2 毫升、大蒜酊 20 毫升、大黄末 10 克配水 3~5 升，1 次灌服。有条件的可进行输液治疗，用 10% 氯化钠 50~100 毫升、10% 氯化钙 20 毫升、20% 安钠咖 10 毫升，1 次静脉注射。此外，也可考虑灌服中药猪膏散。

（七）羊胃肠炎

羊胃肠炎是羊皱胃和肠黏膜及其深层组织出现炎症病变的疾病，临床上胃炎和肠炎多相伴发生，故合称胃肠炎。

1. 病因

羊饲喂不当或采食了大量腐败、变质、有毒的饲料或饲草，或患某些寄生虫疾病或细菌性疾病，均可造成胃肠炎。

2. 临床症状

病羊表现为磨牙、弓背、口渴，同时排出溏状稀粪或水样稀粪（图 8-8）。严重时，病羊体质消瘦，衰竭，四肢末端冰凉，卧地不起，最后昏睡或抽搐而死亡。

图 8-8　羊胃肠炎症状（排水样稀粪）

3. 病理变化

病羊眼球凹陷，胃肠黏膜易脱落，肠内有大量水样内容物（图 8-9），肠系膜淋巴结肿胀。

4. 诊断

根据发病史、临床症状可做出初步诊断。必要时取粪便进行寄生虫或某些细菌化验，查明胃肠炎病因。

图 8-9　羊胃肠炎病理变化（肠内水样内容物）

5. 防治

预防上要加强饲养管理，消除各种导致胃肠炎的病因。发生消化不良或胃肠炎时及时治疗。

治疗上对病羊可内服盐酸土霉素（每千克体重 10~25 毫克，连用 2~3 天）或甲氧苄啶片（每千克体重 30 毫克，连用 3~5 天）。可选择使用硫酸庆大霉素注射液（按每千克体重 2~4 毫克）、硫酸卡那霉素注射液（每千克体重 5~15 毫克）、恩诺沙星注射液（每千克体重 10 毫克）、磺胺嘧啶钠注射液（每千克体重 50~100 毫克）等，肌内注射。

（八）羊支气管肺炎

羊支气管肺炎是由于气候转变或某些传染病诱发而引起的支气管和肺脏炎症，临床上以肺部局灶性炎症为特征。

1. 病因

受寒、淋雨感冒，或长途运输，或其他饲养管理不良，均可导致本病的发生。此外，某些疾病（如传染性胸膜肺炎）感染，也易诱发本病。

2. 临床症状

病羊主要表现喘气、咳嗽、鼻流浆液性或脓性分泌物（图 8–10）。病羊体温可升高到 40℃以上，眼结膜潮红或发绀。肺部叩诊有局灶性浊音，听诊有啰音或捻发音。

图 8–10 羊支气管肺炎症状（鼻流浆液性分泌物）

3. 病理变化

气管和支气管有大量泡沫样分泌物，肺脏淤血，出现局灶性肉样病变（图 8–11）。严重时肺部可出现纤维性渗出物质。此外，上呼吸道出现鼻甲骨出血、鼻道内有黏性分泌物（图 8–12）。

图 8-11 羊支气管肺炎病理变化（肺脏局灶性肉样病变）

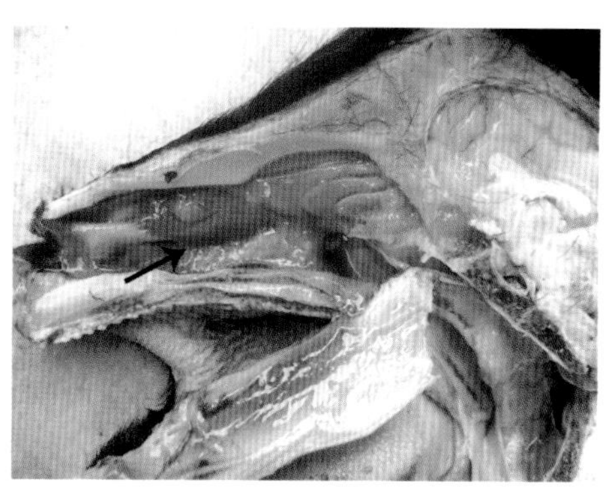
图 8-12 羊支气管肺炎病理变化（鼻甲骨出血，鼻道内有分泌物）

4. 诊断

根据发病史、临床症状可做出初步诊断。必要时采取肺部听诊、叩诊及透视等诊断方法。

5. 防治

预防上要加强饲养管理，羊舍冬季注意保暖，初春注意防寒，平时放牧过程防止淋雨，长途运输过程中防止吹风感冒。

本病的治疗以抗菌消炎、祛痰止咳为原则。抗菌消炎的药物有很多，如硫酸庆大霉素、硫酸卡那霉素、盐酸林可霉素、恩诺沙星、氟苯尼考、青霉素、硫酸链霉素、磺胺类药物等。镇咳祛痰药物可选用氯化铵、酒石酸锑钾、杏仁水、甘草合剂等。此外，也可使用中药加味麻杏石甘汤（麻黄 3 克、杏仁 2 克、生石膏 20 克、二花 6 克、连翘 6 克、黄芩 5 克、知母 5 克、元参 5 克、生地 5 克、麦冬 5 克、花粉 5 克、桔梗 4 克，共研末后加蜂蜜 50 克为引，加开水待凉灌服），有一定效果。

（九）羊酮病

羊酮病又称羊酮尿病、酮血病、绵羊妊娠病，是羊体内碳水化合物及挥发性脂肪酸代谢紊乱而引起的代谢性疾病，其主要特征为血液、乳汁、尿中酮体含量增高，血糖浓度降低，消化功能紊乱。多见于营养好的母羊、高产母羊及妊娠母羊，死亡率高。

1. 病因

反刍动物体内的葡萄糖，主要来自瘤胃微生物酵解大量纤维素生成的挥发性脂肪酸（主要是丙酸）经代谢转化而来。瘤胃内丙酸生成减少，酮病就可能发生。

酮病的形成有两个原因：多数情况为羊采食高蛋白质和高脂肪饲料，而碳水化合物饲料不足；少数情况是采食低蛋白质和低脂肪饲料，而碳水化合物饲料也明显不足。不论哪一种情况均可引起羊酮病发生。

此外，当羊只体内微量元素钴缺乏时，直接影响瘤胃微生物合成维生素 B_{12}，也可影响前胃消化功能，导致酮病产生。肝脏原发性或继发性疾病，都可能影响糖代谢作用而诱发酮病。创伤性网胃炎、前胃弛缓、皱胃溃疡、子宫内膜炎、胎衣滞留、产后瘫痪及饲料中毒等，均可导致消化功能减退，也是酮病的继发原因。

2. 临床症状

病羊表现食欲减退，前胃蠕动减弱，便秘、腹泻交替进行。病初兴奋不安，磨牙，颈肩部肌肉痉挛，随后站立不稳或站立不起，对外界刺激缺乏反应，呈半昏睡状。体温偏低，脉搏、呼吸数减少。

3. 病理变化

剖检可见可视黏膜苍白或黄染，内脏器官无明显病变。

4. 诊断

根据临床症状和病理变化，特别是呼出的气体及排出的尿液和分泌的乳汁发出丙酮气味或烂苹果味，可做出初步诊断。结合血酮、尿酮、血糖等测定结果可以确诊。发病时血清中酮体含量偏高，血糖降低，尿液中可检出酮体。此外，葡萄糖的特异性治疗反应可以作为辅助诊断方法。

5. 防治

加强饲养管理工作，特别是妊娠母羊后期的饲养管理。其中，日粮搭配要合理，提供营养全面且富含维生素和微量元素的全价饲料。孕羊产前加强防寒措施，注意保温，适当运动。

本病的治疗可采取如下措施。

①补糖。50% 葡萄糖 100 毫升静脉注射，有明显效果。但须重复注射，否则有复发的可能。

②丙酸钠 20~60 克，内服，每天 2 次，连用 5~6 天。也可用乳酸钠、乳酸钙。这些药物都是葡萄糖前体，有生糖作用。

③解除酸中毒。内服碳酸氢钠 20 克，1 天 2 次；或 5% 碳酸氢钠液 100~150 毫升，静脉注射。

④肌内注射氢化泼尼松 75 毫克和磷酸地塞米松 25 毫克，并结合静脉补糖，可提高成活率。

⑤加强对病羊的护理，适当减少蛋白质饲料的饲喂量，多喂富含碳水化合物和维生素的饲料。适当运动，增强胃肠消化功能。

（十）羊佝偻病

羊佝偻病是羔羊在生长发育过程中，因维生素 D 缺乏及钙磷代谢障碍而引起的骨营养不良性疾病。

1. 病因

冬季出生的羔羊日光照不足、饲料中维生素 D 的含量不足及饲料中的钙和磷比例失调等原因，造成钙磷缺失或比例失调，使羔羊骨骼生长障碍，长生骨骼变形。

2. 临床症状

病羊表现食欲不振，有异食癖，喜卧，起卧缓慢，生长缓慢，步态僵硬，并出现跛行症状。有时也表现下痢或便秘。随着病情的发展，四肢骨骼变形，形成“O”形腿。触摸病变部位有压痛感。到晚期病羊不能行走，软脚无力（图 8–13），关节着地或爬行，最终衰竭而死亡。

图 8–13　羊佝偻病症状（软脚无力）

3. 病理变化

腕关节和跗关节肿大，肋骨近胸骨端呈念珠状肿大。肋骨和颌骨变形。

4. 诊断

根据临床症状可做出初步诊断。必要时可抽血进行血钙、血磷测定，其中血钙浓度降低至 0.998~1.747 毫摩尔 / 升或更低，血磷降低至 0.968 毫摩尔 / 升以下，可予以确诊。

5. 防治

预防上要加强怀孕母羊和泌乳母羊的饲养管理，供给的蛋白质、维生素 D、钙和磷要足够且比例恰当。出生的羔羊也要适当地补充一些骨粉、微量元素，并多晒太阳，多运动。

对病羊可用维丁胶性钙，肌内注射，每天 1 次，连用 3 次，每次 500~2000 单位。此外也可以内服精制鱼肝油 3~4 毫升，每天 2 次。但对骨骼已严重变形的羔羊治疗效果不理想。

（十一）羔羊白肌病

羔羊白肌病又称为羔羊肌营养不良症，是导致骨骼肌和心肌变性，并发生运动障碍和急性心肌坏死的营养缺乏症。

1. 病因

本病的发生主要是由于饲料中硒和维生素E缺乏或不足，或饲料内钴、锌、铜、锰等微量元素含量过高而影响动物对硒的吸收。当每千克饲料、牧草内硒的含量低于0.03毫克时，就可发生硒缺乏症。维生素E与硒元素有协同作用，饲料保存条件不好，高温、湿度过大、淋雨或暴晒及存放过久、酸败变质时，维生素E很容易被分解破坏。目前已经探明动物缺硒的地理分布多数在黑龙江省到四川省这一带。

2. 临床症状

羔羊多在出生数周或2个月后出现病症。临床上主要表现为精神委靡，运动障碍，卧地不起（图8–14），站立时肌肉抖颤。严重的一出生就全身衰竭，不能自行站立，营养状况较差。体温多呈正常状态，心跳加速，每分钟可达200次以上，呼吸浅而快，达80~90次/分。有的还发生结膜炎，角膜混浊、软化，甚至失明。心区听诊可听到间歇性节律不齐，有些病羔有舒张期杂音。少数病例伴发下痢。有些病羊不表现临床症状，在放牧或采食时突然倒地死亡。羔羊白肌病常呈地方性流行，死亡率有时高达40%~60%。生长发育越快的羔羊，越易发病，且死亡越快。

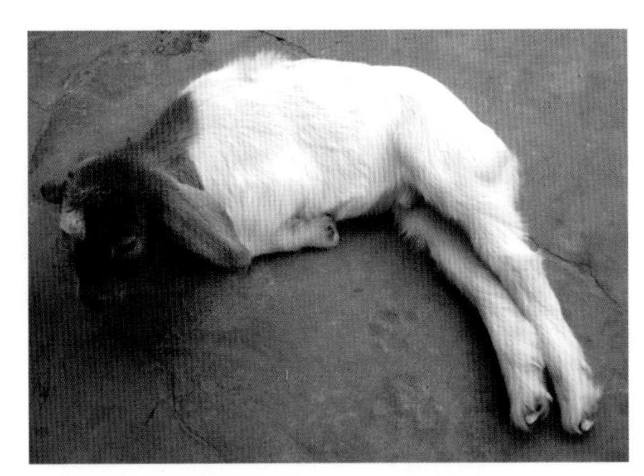

图8–14　羔羊白肌病症状（卧地不起）

3. 病理变化

剖检可见骨骼肌、心肌、肝脏发生变性（图8–15）。常受害的骨骼肌为腰、背、臀的肌肉。病变局部肌肉色淡，像煮过似的，呈灰黄色、黄白色的点状、条状、片状等坏死（图8–16）。断面呈灰白色，故得名白肌病。

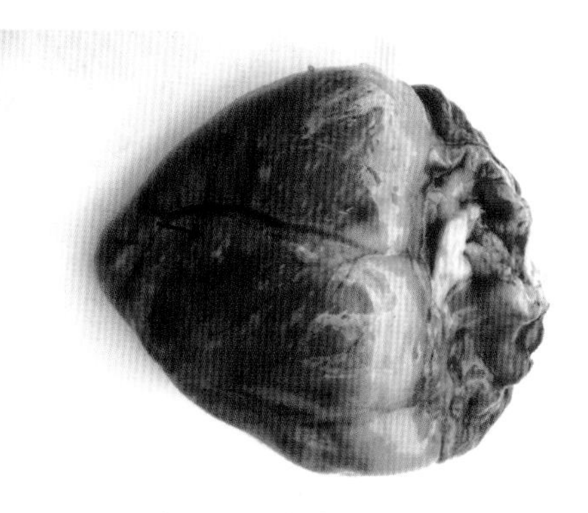

图 8-15　羔羊白肌病病理变化（心肌条状坏死）

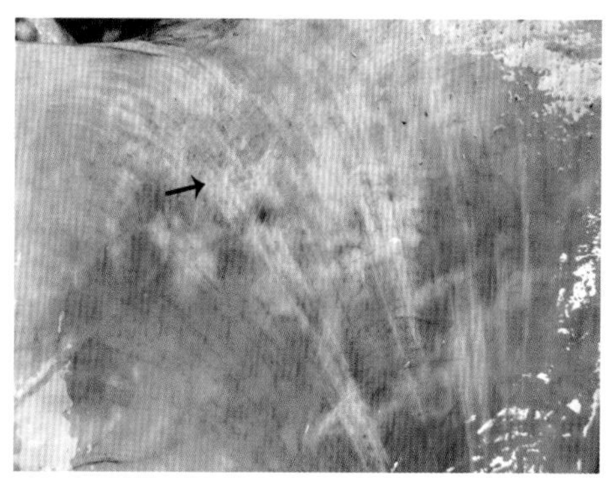

图 8-16　羔羊白肌病病理变化（肌肉坏死）

4. 诊断

根据临床症状、病理变化可做出初步诊断。必要时可对饲料、血液进行硒含量测定。

5. 防治

预防上要加强饲养管理，特别是妊娠母畜的饲养管理，在产羔前补充硒、维生素 E 等。对于缺硒地区可在饲料中适当添加一些亚硒酸钠和维生素 E。

治疗上可采用 0.2% 亚硒酸钠注射液 2 毫升，肌内注射，每月 1 次，连续使用 2 次。同时辅助应用氯化钴 3 毫克、硫酸铜 8 毫克、氯化锰 4 毫克、碘盐 3 克，水溶后内服，若再结合肌内注射维生素 E 注射液 300 毫克，疗效更佳。

（十二）羊食毛症

羊食毛症是羊只异食癖中的一种表现，是由于多病因导致的羊疾病综合症，临床上以代谢功能紊乱、味觉异常为特征。

1. 病因

本病的发病原因大致有如下 3 个。

①饲养原因。主要是母羊或羔羊饲料中钠、铜、钴、钙、铁、硫等缺乏；钙、磷不足或比例失当；长期饲喂酸性饲料；缺乏必需的蛋白质。

②环境及管理因素。羊舍拥挤，饲养密度过大，饲养环境恶劣，羊群互相舔食现象严重。圈舍采光不足，运动场狭小，缺乏户外运动，阳光严重不足，降低了维生素 D 的转化能力，严重影响钙的吸收。

③寄生虫病因素。药浴不彻底，或患疥螨严重而引起脱毛，羊只相互啃咬羊毛。

2. 临床症状

本病多发生在早春。病初羔羊啃食母羊的被毛，或羔羊之间互相啃咬股、腹、尾部的被毛（图8–17）。食入的羊毛在胃内形成毛球，常会阻塞幽门或嵌入肠道造成皱胃和肠道阻塞。此外，羔羊还会出现被毛粗乱、生长迟缓、消瘦、下痢及贫血等症状。

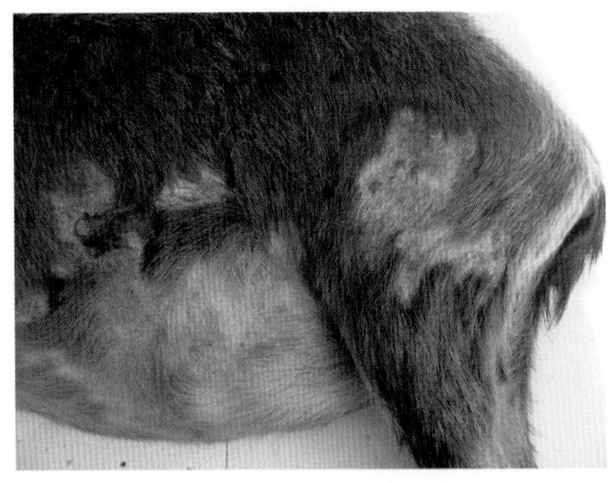

图 8–17　羊脱毛症症状（腹部和腿部皮肤被毛被啃食）

3. 病理变化

剖检除在瘤胃内检出毛球外，无其他明显的病理变化。

4. 诊断

根据临床症状、病理变化和病史可做出初步诊断。

5. 防治

首先要加强母羊的饲养管理，改善饲料质量。有条件的地方应增加放牧时间，加强羊的运动。羔羊要供给富含蛋白质、维生素及微量元素的饲料，饲料中的钙、磷比例要合理，食盐要补足，也可提供富含营养的舔砖供羊群舔啃。及时清理圈内羊毛，加强羔羊的卫生管理，防止羔羊互相啃食毛。本病无特效的治疗方法。

（十三）羊维生素 A 缺乏症

羊维生素 A 缺乏症是维生素 A 或其前体胡萝卜素缺乏所引起的羊营养代谢性疾病。典型特征为脑脊髓功能不全、生长发育缓慢、夜盲症、机体繁殖功能障碍等。

1. 病因

维生素 A 仅存在于动物源性饲料中（如鱼粉等），胡萝卜素存在于植物源性饲料中（如胡萝卜、青草、南瓜、黄玉米等），而谷类及其副产品（如米糠、麸皮等）含维生素 A 极少。若长期使用谷物、米糠、麸皮等配合饲料，未补充青绿饲料，羊只极易患维生素 A 缺乏症。饲料在加工、调制及贮存过程中方法不得当，如热喷、高温制粒、储存时间太长，均可造成维生素 A 或胡萝卜素变质、流失。维生素 A 及胡萝卜素是脂溶性物质，它的消化吸收必须有胆汁酸的参与，因此动物患有消化道和肝脏疾患时，对维生素 A 或胡萝卜素的吸收、转化、储存、利用发生障碍，也易患此病。

初乳中维生素 A 含量较高，它是羔羊获得维生素 A 的唯一来源，故母乳不足，初生羔羊容易患病。成年羊少见。维生素 E 可促进维生素 A 的吸收，同时作为抗氧化剂，可防止维生素 A 在肠道氧化。

2. 临床症状

本病的早期症状是夜盲症，早晨、傍晚或月夜朦胧时，病羊盲目前进，行动迟缓，共济失调，后躯瘫痪。眼里分泌一种浆液性分泌物，随后眼角膜呈云雾状（图 8–18），有时畏光症状。皮肤干燥，脱屑，皮炎，脱毛，蹄、角生长不良。公羊精液品质不良。母羊发情紊乱，受胎率下降，流产，早产，死胎。胎儿发育不全，先天性缺陷，羔羊生命力低下，易患支气管炎、肺炎、胃肠炎等。

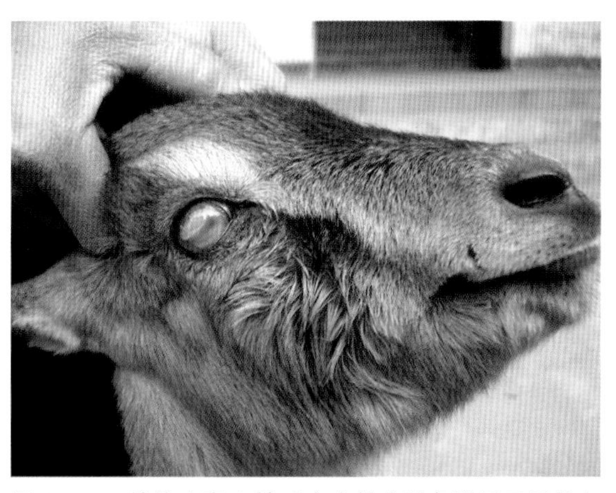

图 8–18　羊维生素 A 缺乏症症状（眼角膜呈云雾状）

3. 病理变化

病羊眼睛早期出现角膜炎，中后期出现角膜变性或溃疡。此外，有的病例还会并发支气管炎、肺炎以及胃肠炎。

4. 诊断

根据临床症状可做出初步诊断。必要时可检查血浆中的维生素 A 和胡萝卜素含量，若含量下降可确诊。

5. 防治

预防上，加强饲养管理，做好饲料的加工、贮存工作，防止维生素 A 被破坏。在冬春季节要保证羊群有青贮饲料或胡萝卜供应。

对个别发病羔羊可采取下列方法治疗。

①日粮中加入适量的青绿饲料及鱼肝油，有较好的治疗效果。

②对个别病羊可肌内注射维生素 A 注射液，每次用量为 2.5 万 ~5 万单位，或肌内注射维生素 ADE 注射液，每只羊 1~2 毫升，成年羊 5 毫升。

③对眼部有病变的羊，可选用红霉素眼膏或利福平眼药水进行局部治疗。

（十四）羊瘤胃酸中毒

羊大量采食谷物或富含碳水化合物的精饲料等，致使瘤胃内容物异常发酵，产生大量乳酸，从而出现瘤胃酸中毒。

1. 病因

羊采食大量的玉米、大麦、小麦、稻谷、高粱等富含碳水化合物的饲料或日粮中精饲料比例过大，或长期饲喂酸度高的青贮饲料或过量采食含糖量高的青玉米、马铃薯、甜菜、甘薯等，导致瘤胃内容物乳酸产生过剩，酸度增高，瘤胃内的微生物群落数量减少，纤毛虫活力降低，结果导致羊消化功能紊乱，胃内容物异常发酵，出现酸中毒。

2. 临床症状

最急性病例往往在采食后几小时内突然死亡而无任何临床症状。急性病例病羊表现站立不稳，喜卧，心跳加快到每分钟 100 次以上，呼吸急促、气喘，常于发病后 1~5 小时死亡。慢性病例病羊表现精神沉郁，食欲废绝，反刍停止，鼻镜干燥，眼球下陷，走路摇晃，排黄褐色或黑色、黏性稀粪，少尿或无尿；有的卧地不起，头向背部弯曲或甩头、呻吟、磨牙，体温正常，心跳加快。

3. 病理变化

剖检可见胃内容物充满各种精料（图 8–19），瘤胃黏膜易脱落，并出现不同程度充血和出血病变。

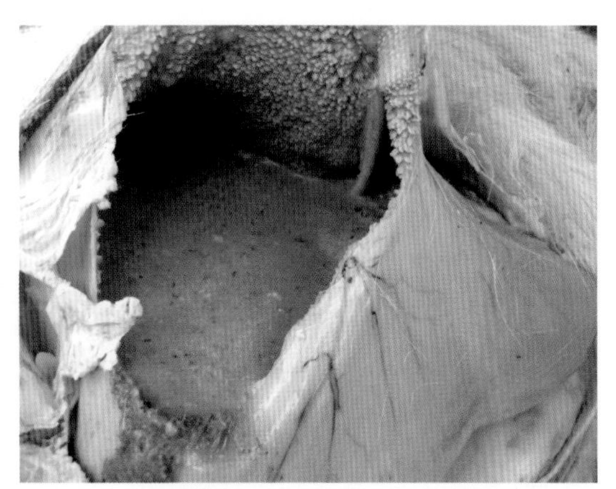

图 8–19　羊瘤胃酸中毒病理变化（瘤胃充满各种精料）

4. 诊断

根据发病史和临床症状，可做出初步诊断。要确诊可测定瘤胃内 pH。

5. 防治

具体预防措施包括：供给充足的粗饲料、严格控制精饲料的饲喂量、禁止过量采食谷物或羊只偷吃精料。当青贮饲料酸度过高时，可适当进行碱化处理后再饲喂。

发病时，要立即停喂相关精饲料，同时采取如下治疗措施。

①中和胃酸。用胃导管将 5% 的碳酸氢钠溶液灌入胃部，以中和胃酸。

②强心补液。5% 葡萄糖氯化钠 100~200 毫升，10% 樟脑磺酸钠 2 毫升及 5% 碳酸氢钠溶液 100 毫升，静脉注射。

③健胃制酵。如大黄碳酸氢钠片 10~15 片、橙皮酊 10 毫升、豆蔻酊 5 毫升、石蜡油 100 毫升，加水，1 次内服。

④控制和消除并发症。可肌内注射抗生素，如青霉素、硫酸链霉素、盐酸四环素等。

（十五）羊有机磷农药中毒

羊有机磷农药中毒是羊接触、吸入或食入一定量有机磷农药而引起的中毒性疾病。临床上以流涎、口吐白沫、瞳孔缩小、腹泻、肌肉强直性痉挛为典型特征。本病发病快，死亡率高。

1. 病因

羊误食了喷洒或污染了有机磷农药的牧草、青菜或种子、饮水，或没有规范使用有机磷杀虫剂（如体外驱虫）。

2. 临床症状

病羊流涎、口鼻流白沫或粉红色泡沫（图 8–20，图 8–21），兴奋不安，到处奔跑，眼瞳孔缩小，顽固性腹泻，肌肉强直性痉挛或抽搐。发病快，死亡快（最终抽搐而死）。

图 8–20　羊有机磷农药中毒症状（口腔流白沫）

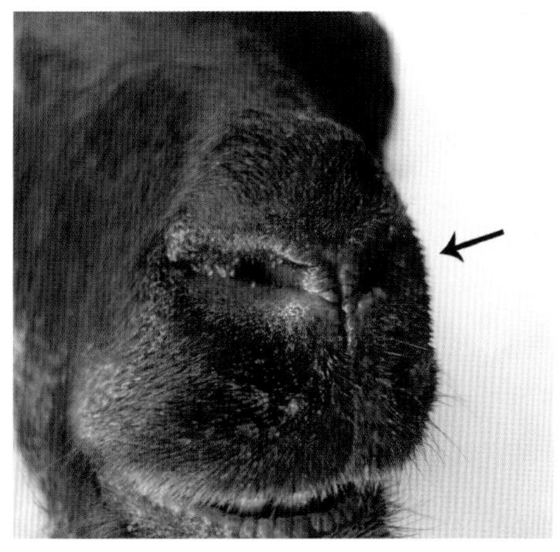

图 8–21　羊有机磷农药中毒症状（鼻孔流粉红色泡沫）

3. 病理变化

皮下有出血点（图 8–22），瘤胃黏膜大面积脱落（图 8–23），胃内容物有大蒜味。肺脏表面有出血点或出血斑（图 8–24）并有水肿病变，支气管内含有大量泡沫样液体。肝脏肿大，表面有弥漫性出血点（图 8–25）。肠壁有出血点或出血斑（图 8–26），肠炎病变明显。心冠脂肪和心肌也有不同程度的出血（图 8–27）。

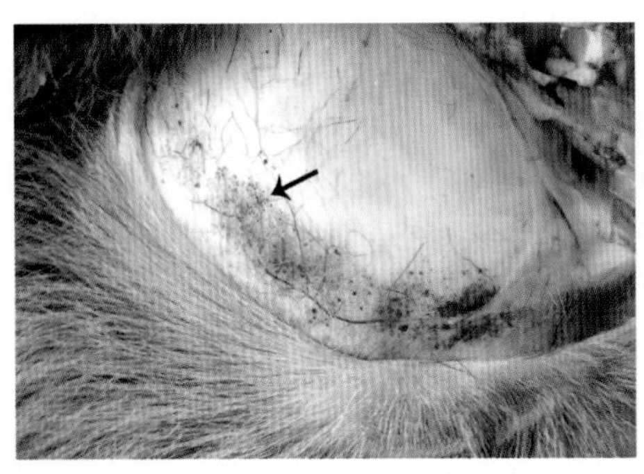

图 8–22 羊有机磷农药中毒病理变化（皮下出血点）

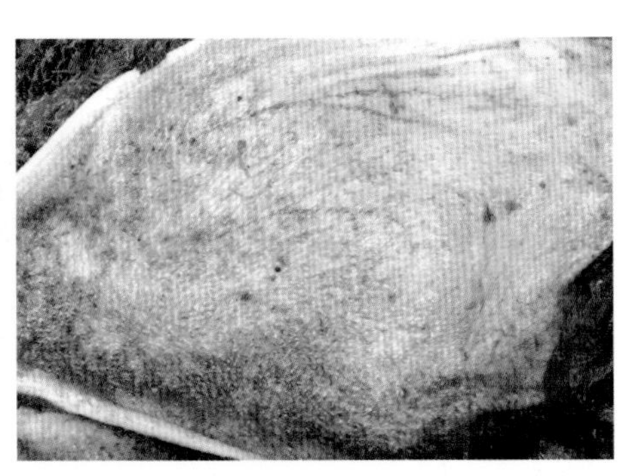

图 8–23 羊有机磷农药中毒病理变化（瘤胃黏膜大面积脱落）

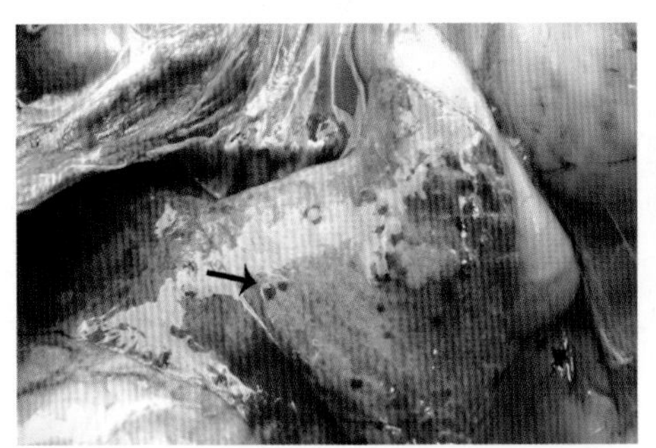

图 8–24 羊有机磷农药中毒病理变化（肺脏表面出血点）

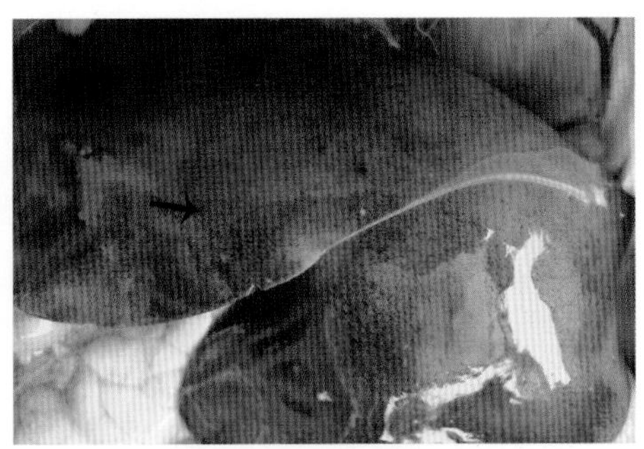

图 8–25 羊有机磷农药中毒病理变化（肝脏表面弥漫性出血点）

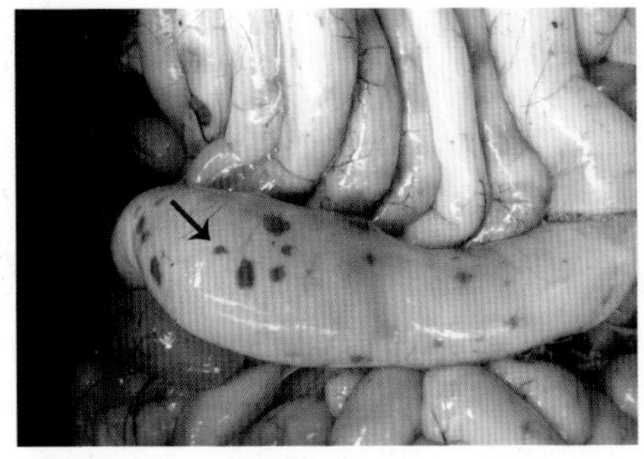

图 8–26 羊有机磷农药中毒病理变化（肠壁出血点、出血斑）

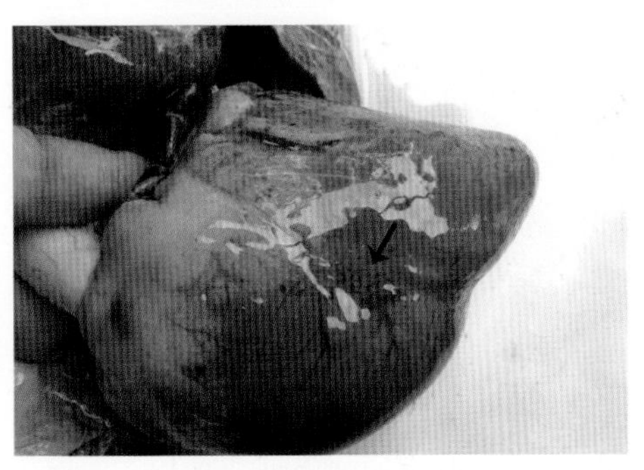

图 8–27 羊有机磷农药中毒病理变化（心脏脂肪和心肌出血点）

4. 诊断

根据发病史、临床症状和病理变化可做出初步诊断。必要时对血液进行胆碱酯酶活性测定，从而做出确诊。

5. 防治

要建立健全农药的保管和使用制度，不要让羊只到喷过农药的地方放牧。在应用敌百虫等有机磷农药进行体外驱虫时，要正确掌握使用剂量、浓度和方法，不能将它与碱性药物或消毒水、肥皂一起使用。

发病时要尽早脱离毒源，在早期可使用盐类泻药或木炭粉进行排毒处理。同时可皮下注射或肌内注射硫酸阿托品注射液（每千克体重 0.5~1 毫克），静脉注射碘解磷定（每千克体重 20 毫克，用 5% 葡萄糖稀释），每 2~3 个小时重复 1 次。对于摄入量少的病羊经上述治疗 1~2 次有较好效果，但对于农药摄入量多的病羊多数预后不良。

（十六）羊除草剂中毒

羊除草剂中毒是羊在放牧时采食到喷洒了除草剂的牧草而引起的中毒性疾病。临床上以呼吸急促、口流白沫、瞳孔放大、肌肉痉挛、食欲不振、瘤胃臌气为特征。本病发病快，死亡急。

1. 病因

羊在放牧时采食到喷洒过除草剂的牧草（如在果园下、稻田间、公路边）。常见的除草剂有草甘膦、2，4–D 丁酯、乙草胺等。强壮的中大羊更易出现中毒现象（可能与采食量大有关）。

2. 临床症状

急性病例往往在采食后 1 小时即出现症状，表现呼吸急促，起卧不安（图 8–28），呻吟鸣叫，反刍减少或停止，可视黏膜淤血或发绀，食欲不振，瘤胃臌气，个别口鼻流白沫（图 8–29）。体温 38~39.5℃，呼吸每分钟 70~80 次，瞳孔放大。严重时出现肌肉痉挛或抽搐症状。多在 6~12 小时内死亡（有的第 2 天突然死亡在羊舍内）。慢性病例表现瘤胃臌气，精神沉郁，起卧不安，反刍减少，呼吸加快，食欲不振，粪便少或无，病程可持续 3~5 天，若及时治疗，有可能成活。

3. 病理变化

皮下脂肪出血（图 8–30），心冠脂肪出血，肝脏有弥漫性出血点，胆囊肿大，胃壁和肠系膜有出血点或出血斑（图 8–31）。个别病例肺脏有出血点，肠壁也有

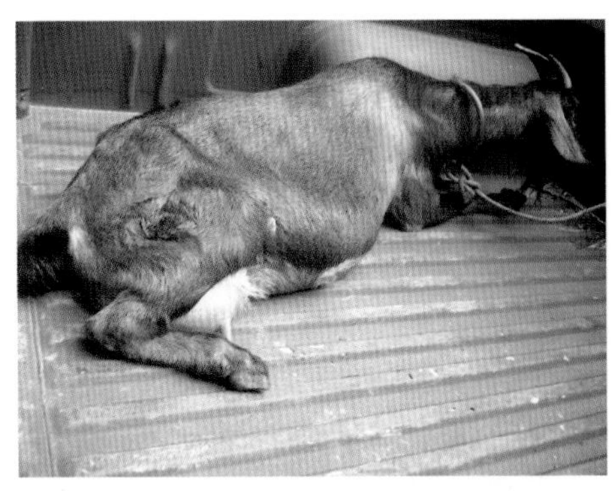
图 8-28 羊除草剂中毒症状（起卧不安）

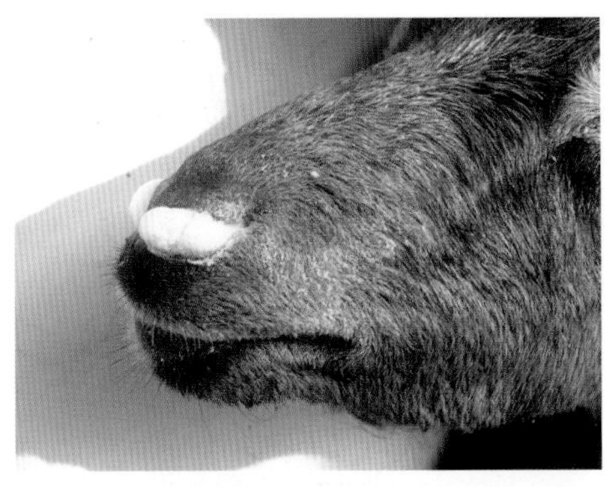
图 8-29 羊除草剂中毒症状（口鼻流白沫）

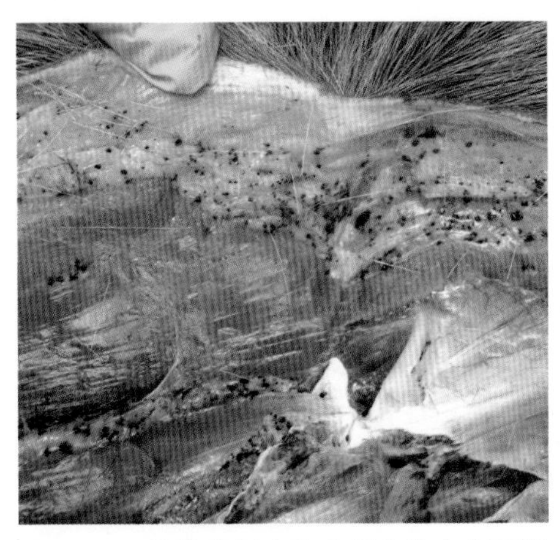
图 8-30 羊除草剂中毒病理变化（皮下脂肪出血）

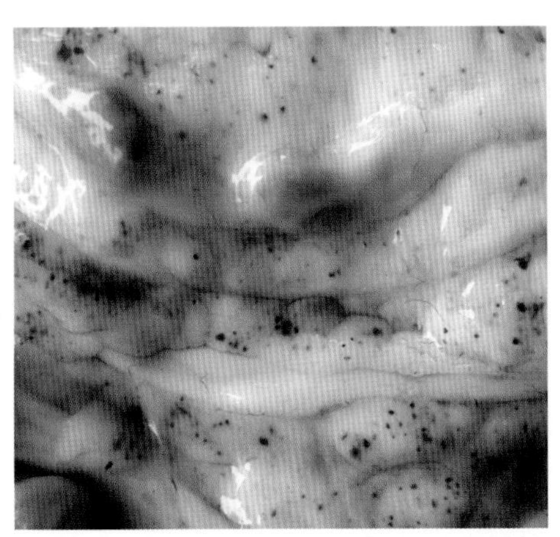
图 8-31 羊除草剂中毒病理变化（肠系膜出血点和出血斑）

出血点，浆膜黄染等。

4. 诊断

根据发病史、临床症状、病理变化可做出初步诊断。在临床上需与羊有机磷农药中毒、败血型链球菌病鉴别诊断。

5. 防治

预防上要加强饲养管理，不要到有喷洒除草剂的地方放牧。对中毒症状较轻的羊只可用绿豆甘草汤（生绿豆 50~100 克、甘草 3~12 克，喂 1 只成羊），或内服碳酸氢钠（每只成羊 15 克，溶水后灌服）治疗。此外，可静脉注射 5% 碳酸氢钠注射液 60~80 毫升及 25% 葡萄糖溶液 200~250 毫升，肌内注射硫酸阿托品 3~6 毫升，进行一般性解毒处理，有一定效果。病症严重者，治疗效果很差，往往预后不良。

（十七）羊亚硝酸盐中毒

羊亚硝酸盐中毒是羊采食了含有大量硝酸盐或亚硝酸盐的饲草料而引起的中毒性疾病。临床上以皮肤、黏膜发绀等缺氧症状为特征。

1. 病因

对于羊等哺乳动物来说，硝酸盐是低毒的，亚硝酸盐是高毒的，但自然界中有许多微生物能把硝酸盐还原为亚硝酸盐。在适宜的温度下（20~40℃），这类细菌迅速生长繁殖。许多多汁饲料（如块根类的甜菜、萝卜、马铃薯等，叶菜类的油菜、小白菜、菠菜、青菜等），成堆放置过久或经过雨淋或烈日暴晒后，易出现腐烂变质或发酵，使硝酸盐还原成亚硝酸盐，羊采食后易导致中毒。此外，羊误食施过硝酸盐类化肥的稻田水、牧草等也会引起中毒。

2. 临床症状

本病发病急，常常在羊大量采食富含硝酸盐或亚硝酸盐的饲草料后几小时突然发病。早期主要表现尿频，呼吸急促，随后呼吸困难，大量流涎，起卧不安，腹部疼痛，腹泻。可视黏膜发绀，腹下皮肤白灰色（图 8–32），脉搏加快，体温正常或偏低。肌肉震颤，步态踉跄，后期出现倒地强直性痉挛而死亡。

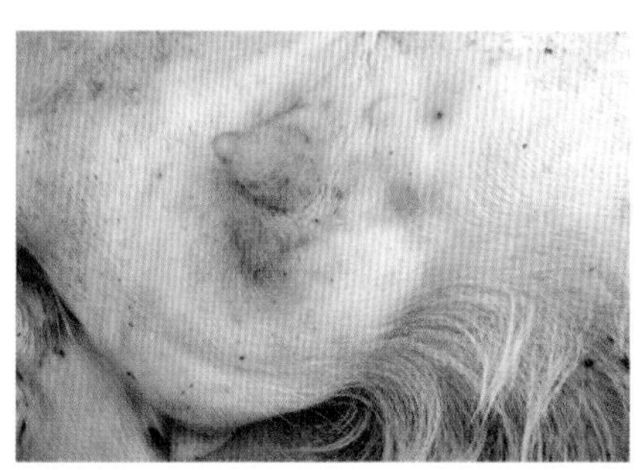

图 8–32　羊亚硝酸盐中毒症状（腹下皮肤白灰色）

3. 病理变化

剖检可见血液呈暗红色，可视黏膜发绀，膀胱呈黑色（图 8–33），尿液呈暗红色（图 8–34）。

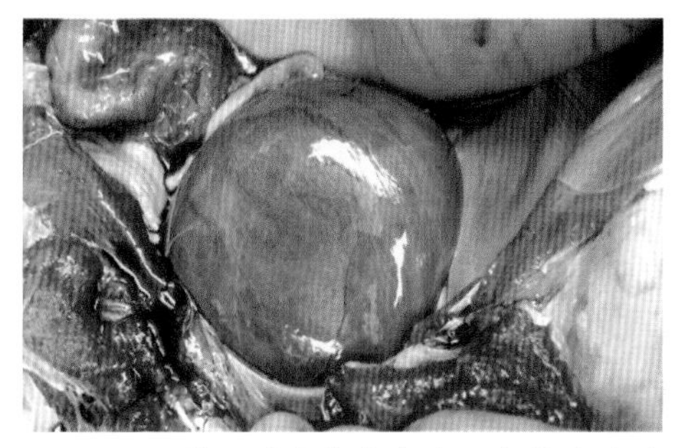

图 8–33　羊亚硝酸盐中毒病理变化（膀胱呈黑色）

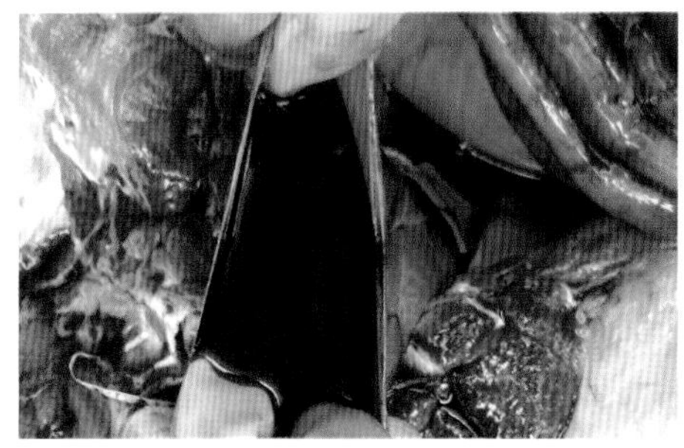

图 8–34　羊亚硝酸盐中毒病理变化（尿液暗红色）

4. 诊断

根据发病史、临床症状、病理变化可作出初步诊断。如需确诊，需将可疑饲料、饮水、呕吐物、胃肠内容物进行毒物检查。

5. 防治

预防上加强饲草料的存放和管理，严格禁止快收割的青绿饲草料施用硝酸盐类化肥和农药；收割后的青绿饲草料最好摊开晾干或晒干，干燥后再贮存。禁止饲喂腐烂变质的青绿饲草料。

治疗上可采用如下 3 个方法。

①亚甲蓝（美蓝）溶液，配比为 1%（每千克体重 0.1~0.2 毫升），肌内注射。还可用 5% 葡萄糖溶液稀释后静脉注射。必要时，可在 1~2 小时后重复使用 1 次。

②配合应用 5% 维生素 C 10~20 毫升、50% 葡萄糖溶液 10~50 毫升，静脉注射。

③灌服磺胺类药物和大量饮水，阻止硝酸盐的还原，达到解毒目的。

（十八）羊尿素中毒

羊尿素中毒是尿素使用不当导致的羊急性中毒性疾病。本病常见于舍饲育肥羊及种羊。

1. 病因

尿素是农业上广泛应用的一种速效肥料，反刍动物瘤胃内的微生物可将尿素中的非蛋白氮转化为蛋白质，因此，它也可以作为反刍动物（牛羊）的蛋白质补充饲料，或用于麦秸的氨化。但若使用方法不当或用量不当，则可导致反刍动物尿素中毒。使用尿素作为反刍动物的蛋白质补充饲料，补饲时饲喂过多或喂法不当，容易引起中毒。在补饲尿素的同时，喂饲富含脲酶的豆饼等饲料，会增加羊只中毒的危险性。

2. 临床症状

羊过量采食尿素后 30~60 分钟即发病。病初表现不安，呻吟，流涎，肌肉震颤，腹胀，步样不稳。继而反复痉挛，呼吸困难，脉搏增数，从鼻腔和口腔流出泡沫样液体。末期全身痉挛出汗，眼球震颤，肛门松弛，瘤胃臌气（图 8–35）。急性中毒病例在中毒后 1~2 小时即窒息死亡。慢性病例则可能发生后躯不完全麻痹或瘤胃臌气。

3. 病理变化

剖检可见肺脏水肿，胃肠黏膜有不同程度充血和出血病变。

4. 诊断

根据发病史及临床症状可以确诊。必要时可采血进行血氨浓度测定，一般情况下血氨达每升 8.4~13 毫克时就会出现中毒症状，当达到每升 50 毫克时动物会死亡。

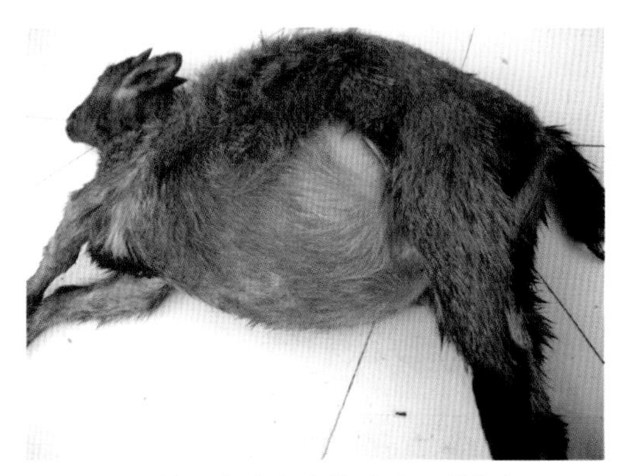

图 8–35 羊尿素中毒症状（瘤胃臌气）

5. 防治

规范化肥保管使用制度，防止羊误食尿素。用尿素作饲料添加剂时，要严格掌握用量，即体重 50 千克的成年羊，用量每天不超过 25 克。尿素以拌料饲喂为宜，不得化水饮服或单喂，喂后 2 小时内不能饮水。如日粮蛋白质已足够，不宜再加喂尿素，更不能与豆粕一起饲喂。

发现羊中毒后，立即停喂尿素并灌服食醋或醋酸等弱酸溶液，如 1% 醋酸 1 升、蔗糖 250~500 克、自来水 1 升，分 5 次灌服。同时静脉注射 10% 葡萄糖酸钙液 100~200 毫升，或 10% 硫代硫酸钠液 100~200 毫升，并配合使用强心剂、利尿剂。若中毒严重，则治疗效果不好。

（十九）羊氢氰酸中毒

羊氢氰酸中毒是羊采食含氰苷配糖体的青绿饲料而引起的中毒性疾病。其特征是病羊呼吸困难、黏膜潮红、肌肉震颤等。

1. 病因

羊采食了大量含氰苷配糖体的植物（含植物枝叶等），如高粱苗、玉米苗、马铃薯幼苗、亚麻子、木薯、桃仁、李仁、杏仁、枇杷叶子、桃树叶等，或误食了氰化物。

2. 临床症状

本病发病很急，一般采食后 1 小时即出现症状，病羊主要表现兴奋不安、流涎、腹痛、瘤胃臌气、心跳和呼吸加快、可视黏膜呈鲜红色，呼出的气体带有杏仁味。病羊很快转入精神沉郁，不久即昏迷死亡。

3. 病理变化

死羊尸僵不全，不易腐败。剖检流出的血液为鲜红色，凝固不良。口腔和鼻孔有粉红色泡沫，胃肠黏膜充血、出血，上呼吸道黏膜和肺脏也有不同程度的出血点或出血斑。

4. 诊断

根据发病史、临床症状和病理变化可做出初步诊断。

5. 防治

平时放牧时禁止羊吃到含有氰苷配糖体的作物，用高粱苗、玉米苗等作饲料时要经水浸 24 小时后再喂，并要限量采食。

发病后要使用解毒药治疗。可用 1% 的亚硝酸钠溶液静脉注射（每千克体重 6~10 毫克），3~5 分钟后再静脉注射 5% 的硫代硫酸钠溶液（每千克体重 1~2 毫升）。此外，也可用 25% 葡萄糖溶液 100~200 毫升及 5% 维生素 C 10~15 毫升静脉注射，或用 1% 亚甲蓝溶液（每千克体重 1 毫升）肌内注射或静脉注射，也有一定效果。

（二十）羊蕨中毒

羊蕨中毒是放牧羊在野外采食到蕨类叶子或嫩芽而引起的急性或慢性中毒性疾病。

1. 病因

蕨类植物的叶子中含有能致骨髓损伤和膀胱肿瘤的物质。羊短期内采食大量蕨叶可引起急性中毒，其特征是病羊出现再生障碍性贫血和全身广泛性出血；如长时间连续少量采食蕨叶，则引起慢性中毒。最常引起中毒的蕨类植物为毛叶蕨和欧洲蕨。本病常发生于有蕨类植物生长的地方。急性中毒多发生于春季，此时蕨类嫩芽多，慢性中毒无明显季节性。主要侵害绵羊，山羊偶尔发生。

2. 临床症状

病羊初期表现精神沉郁，食欲减退，步态不稳，随后出现高热、流涎、拒食、便秘或腹泻、腹痛、粪便暗红色、尿液暗红色（图 8–36）、可视黏膜出血、贫血、黄染等症状。孕羊因努责可引起流产。慢性中毒的病羊表现为间歇性血尿，伴有尿频、尿急、排尿困难等症状。

图 8–36　羊蕨中毒症状（尿液暗红色）

3. 病理变化

急性中毒死亡的病死羊全身皮肤、黏膜及浆膜广泛出血，肾脏等实质器官变性、出血（图 8–37），体腔有粉红色液体，长骨的骨髓变为黄色、呈胶冻样。剖检可见膀胱内尿液为暗红色，膀胱黏膜充血、水肿，甚至有出血点或出血斑（图 8–38）。有的病例可见膀胱有肿瘤生长。

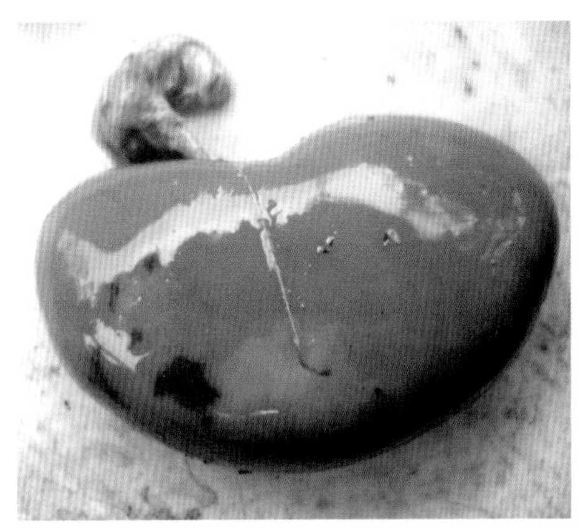

图 8–37　羊蕨中毒病理变化（肾脏出血）

图 8–38　羊蕨中毒病理变化(膀胱黏膜出血）

4. 诊断

根据发病史、临床症状和病理变化可做出初步诊断。

5. 防治

加强放牧管理，春季应避免在蕨类植物生长旺盛的草场放牧。为控制蕨的生长和蔓延，可人工挖除或用化学除草剂除蕨。

目前尚无特效疗法，可试用下列方法治疗。

①输液、输血。每次输入健康羊全血 500 毫升或富含血小板的血浆 500 毫升，每周 1 次，连用 4~5 次。

②肝素颉颃剂。1% 硫酸鱼精蛋白注射液 10 毫升，缓慢静脉注射。

③用维生素制剂（如维生素 B_{12}）、营养剂、止血剂（如酚磺乙胺）、强心利尿剂等配合治疗。

（二十一）羊铜中毒

羊铜中毒是羊一次性摄入大剂量铜盐，或长期食入含过量铜的水或饲料，引起铜在体内蓄积而发生的中毒性疾病，其特征是腹泻腹痛、黄疸和贫血。

1. 病因

铜盐是一种常用的杀虫剂、防腐剂。急性铜中毒多因误食大剂量可溶性铜而引起。慢性铜中毒常因环境污染，或区域性土壤中铜含量过高，所产牧草或饲料中铜含量偏高引起，或长期饲喂含有铜添加剂的饲料引起。长期施用含铜较多的猪粪、鸡粪的草场，也可导致铜中毒。饲料中铜与钼的比例不当或经常采食三叶草、千里光等植物可导致继发性铜中毒。在所有动物中，鹅对铜较敏感，绵羊、山羊及牛、猪也可发生。

2. 临床症状

急性中毒者常表现流涎、呕吐、剧烈腹痛和下泻。粪便中常混黏液，呈深绿色。发病数天后出现溶血和血红蛋白尿。但多数病例常于 1~2 天虚脱死亡。慢性中毒时在出现溶血前无明显症状，发生溶血后突然出现精神沉郁、厌食、震颤、呼吸困难、黄疸和血红蛋白尿等症状。

3. 病理变化

病羊黏膜黄染，血液黏稠且易凝固。胸、腹腔常有红色积液，并有出血坏死性胃肠炎，以皱胃最严重。肠内容物呈深绿色。肝脏淤血，广泛性小叶坏死。膀胱出血，肾小管上皮细胞变性、坏死。特征变化为溶血性贫血和黄疸，血液呈巧克力色。肾脏肿大，呈古铜色（图 8–39），有出血点，肾脏近曲小管上皮细胞和管腔中有许多含铜的血红蛋白。脾脏肿大，色黑，并有胃肠炎病变。

图 8–39　羊铜中毒病理变化（肾脏肿大，呈古铜色）

4. 诊断

根据发病史、临床症状、病理变化，结合血液、肝脏、肾脏等组织中铜含量的测定结果即可确诊。如慢性铜中毒溶血期，血铜水平由正常的每升少于 1 毫克升高至 5~20 毫克。

5. 防治

本病预防，首先应杜绝羊群与铜源的接触，饲喂的牧草应无铜污染，或不喂三叶草、千里光等植物。在高铜地区放牧的羊，可在精饲料中加入一些钼、锌元素来预防铜中毒。

本病的治疗可采用如下两个方案。

①急性中毒可用0.1%亚铁氰化钾（黄血盐）溶液或硫代硫酸钠溶液洗胃，同时静脉注射三硫钼酸钠（每千克体重0.5毫克，稀释为100毫升），也可皮下注射四硫钼酸（每千克体重3.4毫克，隔天1次，连用3次），治疗有溶血症状的病羊。

②慢性中毒可用50~500毫克钼酸铵和0.1~1.0克硫酸钠加入日粮中，连用3~6周。

（二十二）羊创伤

羊创伤是指羊皮肤或黏膜受各种机械性外力作用引起的组织开放性损伤，这是一种外科病。

1. 病因

各种机械性外力作用于羊体组织和器官引起，如铁器砍伤、刺伤、戳伤，羊角的抵伤，直检时引起的黏膜损伤等。

2. 临床症状

羊创伤的共同症状是创口裂开、出血、疼痛、肿胀、功能障碍。若出血不止可引起贫血或休克死亡。创伤时间长，引起感染时，创口出现脓汁或长蛆（图8–40）。根据致伤物的不同，羊创伤可分以下4种表现。

图8–40　羊创伤症状（皮肤创伤后化脓长蛆）

①挫创。有明显的挫面组织，肌肉部分或全部撕裂、创缘不整齐，出血少，疼痛明显，污染严重。

②刺创。创口小，创道深，出血较少，异物易留创内，易形成瘘道而造成厌氧菌感染。

③砍创。创口裂开大，组织损伤严重，疼痛剧烈。

④裂创。组织发生撕裂或剥离，创缘及创面不整齐，创伤深浅不一，出血较少，

疼痛剧烈。

3. 病理变化

经历创伤、出血、炎症肿胀等过程，若无细菌感染，最后有肉芽组织和上皮组织生长；若有细菌感染，创口化脓，有时会波及全身，形成全身败血症病变。

4. 诊断

根据临床症状和病理变化可做出初步诊断。

5. 防治

治疗上可采取如下措施。

①新鲜创的治疗。第一步先行止血，采取压迫、钳夹、结扎等止血方法，然后清创、消毒。第二步用消毒纱布覆盖创腔，对创围剪毛、清洗、消毒并清理创腔。使用的药物主要有 0.1% 苯扎溴铵、0.1% 高锰酸钾、2% 碘酊等。第三步在创内撒布抗菌消炎药（磺胺类药物或抗生素），缝合包扎。必要时辅助肌内注射抗生素进行消炎治疗，直至愈合为止。

②化脓创的治疗。清除创内坏死组织和异物，加速炎症净化，保证脓汁排出通畅，防止转为全身性感染。可选用 2% 过氧化氢溶液清洗化脓创，而后用乳酸依沙吖啶纱布条引流。必要时要肌内注射抗生素进行消炎处理。

③肉芽创的治疗。肉芽创的治疗原则是促进肉芽组织生长，保护肉芽组织不受损伤和继发感染，加速上皮新生，防止肉芽赘生，促进创伤愈合。选择刺激性小、促进肉芽组织生长的药物（如磺胺软膏、青霉素软膏、金霉素软膏等），调制成流膏、油剂、乳剂或软膏使用。当肉芽组织赘生时，可选用硫酸铜腐蚀处理。

（二十三）羊脱肛

羊脱肛是指羊直肠末端的一部分向外翻转，或其大部分经由肛门向外脱出，这是一种外科病，又称羊直肠脱。

1. 病因

发病原因是肛门括约肌松弛，导致直肠黏膜及其肌层的附着部分脱出肛门口。直肠脱出多见于长期便秘、顽固性下痢、直肠炎、母羊分娩时的强烈努责，或久病体弱、长途运输、饲料发霉、饲料吃太饱、咳嗽等原因。

2. 临床症状

病初仅在排粪或卧地后有小段直肠黏膜外翻（图 8-41），排粪后或起立后自行缩回。如果长期反复发作，则脱出的直肠段不易恢复，会形成不同程度的出血、水肿、发炎。病羊排粪不正常，体况逐渐衰退，最终出现并发症而死亡。

3. 病理变化

脱肛可导致肠黏膜出血、水肿，严重时可导致局部肠黏膜坏死和糜烂。

4. 诊断

根据临床症状及病理变化可做出初步诊断。

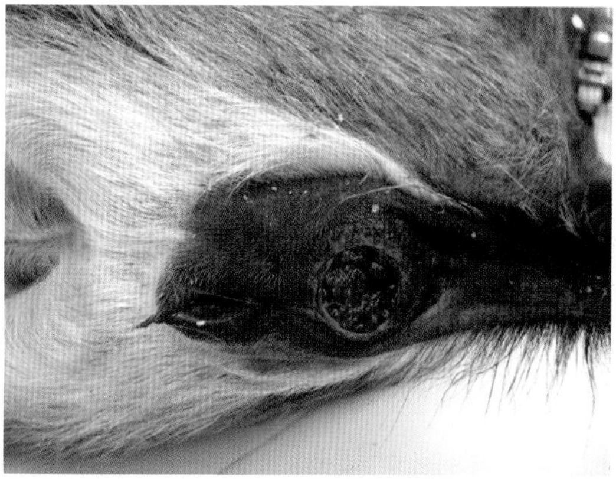

图 8-41　羊脱肛症状（轻度直肠外翻）

5. 防治

首先排除病因，及时消除便秘、下痢以及其他直肠脱出病因。改善饲养管理，不喂发霉饲料，不喂太多精料，多给青绿饲料及各种营养丰富的柔软饲料，并注意适当饮水，做到早发现早治疗。

本病的治疗依不同阶段采取不同方法。若脱出体外的部分不多，可采用 1% 明矾水或 0.5% 高锰酸钾溶液充分洗净脱出的部分，然后再提起病羊的两后腿，用手指慢慢将直肠送回。脱出时间较长，水肿严重时，可用注射针头乱刺水肿的黏膜，用纱布衬托，挤出炎性渗出液。对脱出部的表面溃疡、坏死的黏膜，应慎重除去，直至露出新鲜组织为止。同时在表面洒些抗生素，然后轻轻地将其送回。为了防止复发，可在肛门上下左右分点注射 1% 普鲁卡因和 95% 酒精溶液（每点 20 毫升）；也可在肛门周围作荷包缝合，缝合后再打以活结，防止肛门再度脱出。若黏膜水肿严重及坏死区域较大，可采用黏膜下层切除术。术后注意护理，并予以局部消炎和全身治疗。

（二十四）羊脐疝

羊脐疝是指腹部脏器（主要是小肠和网膜）通过脐孔进入皮下而形成肿块，这是一种外科病。一般以先天性为主，多见于出生时，或出生后数天或数周。羔羊的先天性脐疝多数在出生后数月逐渐消失，只有少数愈来愈大。

1. 病因

本病的原因是由于脐孔发育不全、脐部化脓或腹壁发育缺陷等。此外，如果断脐不正确（如脐带血管及尿囊管留得太短），则腹壁脐孔闭合不全，在强烈努责或用力跳跃时，肠管在腹内压增加的情况下，容易通过脐孔进入皮下而形成脐疝。

2. 临床症状

脐疝的主要临床表现是脐部明显突出，肉眼可见球形或半球形肿物（图 8–42）。患羊多无临床症状。

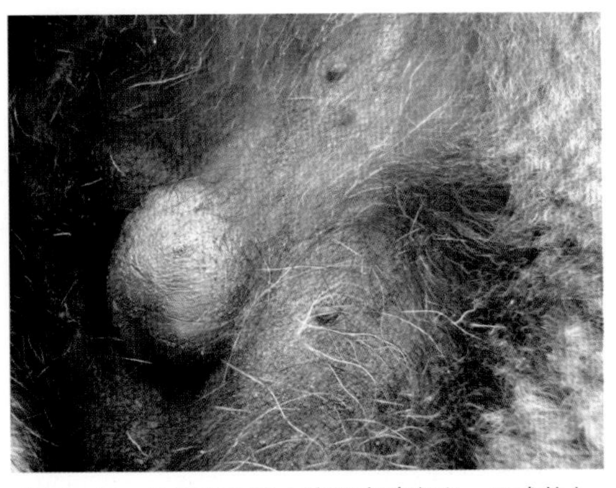

图 8–42　羊脐疝症状（脐部皮肤突出，呈球状）

3. 病理变化

剖检除脐孔偏大外，无明显的病变。若发病时间长久，又不会自行收复，则有可能造成粘连或形成嵌闭性疝，预后不良。

4. 诊断

根据临床症状可做出初步诊断。若是可复性疝气，疝内容物会还纳到腹腔内，预后良好；若脐疝变硬，多为嵌闭性疝，则预后不良。

5. 防治

本病的发生与遗传缺陷、饲养管理不良有关，一般发病率比较低。发病时可采取如下方法治疗。

①保守疗法。适用于疝轮较小、年龄较小的羊。术前禁食 24 小时，然后保定、消毒，采用局部浸润性麻醉，随后将疝内容物还纳回腹腔，并以消毒好的疝夹或止血钳贴紧脐孔处夹紧疝囊的根部。再用缝合针将疝囊围绕夹子进行缝合。此外，还可用 95% 酒精在疝轮四周分点注射，每点 3~5 毫升，有一定治疗效果。

②手术疗法。此疗法比较可靠。按无菌操作技术切开皮肤，剥离粘连肠管。若无粘连即可将疝内容物直接还纳腹内，并作袋形缝合，以封闭疝轮。如病程稍长，疝轮的边缘坚硬而厚，最好将疝轮削薄成一新鲜创面，再作重叠式褥状缝合，最后皮肤作结节缝合。术后要注意消炎并加强饲养管理（少喂料）。

（二十五）羊腐蹄病

羊腐蹄病是羊的蹄底皮肤和软组织受外界各种致病因子的刺激及病菌感染引起的外科病，又称羊慢性坏死性蹄皮炎。临床上以蹄真皮或角质层腐败、蹄间皮肤及其深层组织腐败化脓为特征。

1. 病因

本病主要原因是羊舍潮湿不洁，或在低洼沼泽牧场放牧，或有坚硬物刺破羊趾间，造成蹄间外伤，又被各种腐败菌感染。在患蹄部经常可以分离到坏死杆菌、节瘤拟杆菌、结节状梭菌、化脓性棒状杆菌、包柔螺旋体、弯曲杆菌、产黑色素类杆菌、葡萄球菌和链球菌等。现已证明节瘤拟杆菌为腐蹄病的原发性病原菌。节瘤拟杆菌能产生蛋白酶，消化角质，使蹄的表面及基层易受侵害，并在坏死厌气丝杆菌、坏死梭杆菌等病菌的协同作用下，引起羊蹄腐烂损害。

在舍饲育肥羊过程中，日粮精粗饲料搭配比例失调，也是导致羊只出现腐蹄病的重要原因。特别是盲目加大精饲料含量，导致育肥羊日粮中粗饲料不足，引起瘤胃酸度过高，继而产生大量的组织胺，也是导致腐蹄病发生的原因之一。

2. 临床症状

典型的临床症状是患肢跛行及剧烈疼痛。病程发展比较缓慢，病轻的只在蹄底部、球部、轴侧沟有很小的深棕色坑（图 8-43）。严重时病变小坑会融合在一起，形成长状黑色小沟，最后在糜烂的深部暴露出真皮。有的病例可发展到深部组织，引起指（趾）间蜂窝组织炎，患蹄恶臭，严重时蹄匣脱落。

图 8-43　羊腐蹄病症状（蹄部有很小的深棕色坑）

3. 病理变化

蹄底出现黑色小沟，较深，周围组织炎症坏死，炎症可波及趾间及蹄叶。个别严重病例，可形成全身败血症病变。

4. 诊断

根据临床症状、病理变化可做出初步诊断，必要时可对局部病变组织进行病原分离鉴定。

5. 防治

排除发病的原因。避免蹄部长期潮湿，不要在潮湿沼泽地长期放牧。做好场所环境卫生，经常进行蹄部的检查、修理，防止蹄部刺伤，防止蹄部角质软化。据报道，锌制剂对预防本病有明显效果。此外，将浴蹄池设置在被感染羊每天必经之地，每天进行 2 次浴蹄（常用的浴蹄液为 4% 的硫酸铜溶液），也有一定的预防效果。

本病的治疗应先用蹄刀完全除去黑色腐烂组织，对过长的蹄壁一并加以修整。然后扩开所有的创道。局部用 0.1% 高锰酸钾溶液或 2% 复合酚冲洗，最后涂擦 5% 碘酊，疗效较好。此外，也可将广丹 15 克、乳香 15 克、没药 15 克、轻粉 15 克、炉甘石 30 克、冰片 3 克、硼砂 7 克，共研为末，调入凡士林后填腐烂蹄部，并用绷带包扎。若有继发全身症状，还要采用抗菌消炎，予以对症治疗。

（二十六）羊流产

羊流产是指胚胎在妊娠过程中受到多种原因影响导致母羊妊娠终止，这是一种产科病。临床表现以产出死胎或不足月胎儿，或胚胎在子宫中被吸收为特征。

1. 病因

造成羊流产的原因很多，有传染性的病因，如羊布氏杆菌病、弯杆菌病、毛滴虫病、衣原体病等；也有非传染性病因，如母羊饲养管理不良、饲料发霉、药物中毒、生殖系统疾病等。

2. 临床症状

由于妊娠时期不同，临床症状也各有不同，主要有如下 4 种情况。

①隐形流产。在怀孕早期，胎儿尚未完全形成，此时胎儿死亡，其组织液化而被母体吸收，或母羊排出脓性杂物。此时母羊腹围不再增大反而缩小。

②早产。排出不足月的活胎儿，母羊也有正常的分娩征兆和过程，但程度较轻，不太明显。在胎儿排出前 1~2 天，母羊的乳房和阴户也有肿胀表现（图 8–44）。

③小产。排出不足月的死胎，胎儿和胎衣都很小（图 8–45）。母羊没有明显的分娩征兆而突然发生。

④延期流产。死胎长期滞留子宫，超过预产期排出胎儿，此时胎儿变黑，母羊的分娩征兆也不明显。

图 8–44 羊流产症状（母羊阴户红肿）

3. 病理变化

羊流产后易导致子宫炎、阴道炎等病变。

4. 诊断

传染性病因导致的流产，一般发病率比较高、流产率高；而非传染性病因导致的流产，多为零星发生。

5. 防治

平时要加强饲养管理，防止怀孕母羊受到意外伤害。对有流产预兆的母羊要采取保胎和安胎措施，每次可肌内注射黄体酮15~25毫克，每天1次，连用3天。

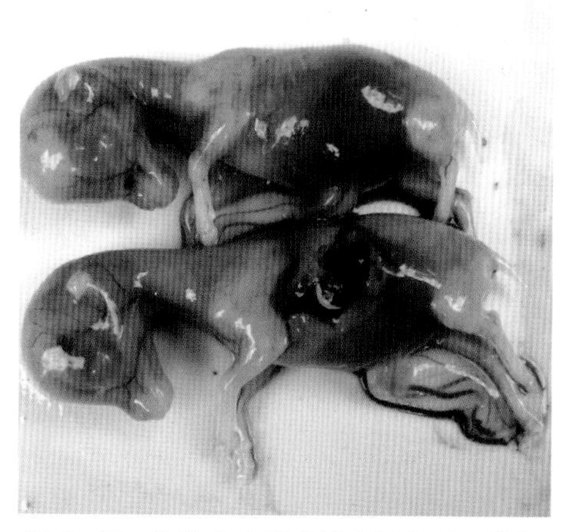

图 8-45　羊流产症状（排出不足月死胎）

对确已发生流产的母羊，要让母羊把胎儿和胎衣排干净，必要时要人工助产或肌内注射缩宫素或氯前列烯醇。对有发热不吃的母羊要肌内注射广谱抗生素（如青霉素和硫酸链霉素）进行消炎处理，必要时还要结合静脉注射进行对症治疗。对于流产率高的羊群，要认真进行化验和诊断，及时地找出病因，采取相应的防范措施。

（二十七）羊胎衣不下

羊胎衣不下是指母羊分娩后，胎衣排出时间超过了正常时间（绵羊为3.5小时，山羊为2.5小时）仍不排出，即为胎衣不下。这是一种产科病。

1. 病因

主要病因有如下5个。

①产后子宫收缩无力，主要因为怀孕期间饲料单纯，缺乏无机盐、微量元素和某些维生素；或产双胎，胎儿过大及胎水过多，分娩时间过长等。

②母羊怀孕期缺乏运动或运动不足，引起子宫弛缓，因而胎衣排出缓慢。

③母羊肥胖，分娩时子宫收缩无力。

④患布氏杆菌病的母羊常发生胎衣不下。

⑤母羊流产和早产等原因导致胎衣不下。

2. 临床症状

一般没有明显的全身症状，只见少量胎衣附着在阴户外，不易排出（图8–46）。经1~2天后，停滞的胎衣开始腐败分解，从阴道排出污红色的恶臭液体。若腐败分解产物被子宫吸收，可导致母羊出现败血症，此时患羊表现体温升高、精神沉郁、食欲减退等全身症状。

图8–46 羊胎衣不下症状（胎衣附着在阴户外）

3. 病理变化

出现不同程度的子宫炎和阴道炎。

4. 诊断

根据临床症状可做出初步诊断。

5. 防治

本病的预防要加强饲养管理，做好相关疫病的疫苗免疫，加强母羊运动。预防胎衣不下，可在母羊分娩破水时接取羊水100~200毫升，于分娩后立即给母羊灌服，可促进子宫收缩，加快胎衣排出。

本病的治疗要促进子宫收缩，加速胎衣排出，可皮下注射或肌内注射垂体后叶素20~100单位，最好在产后8~12小时内注射。此外，也可注射缩宫素2~5毫升或麦角新碱6~10毫克。必要时可采取手术剥离。若母羊子宫出现炎症感染或出现全身败血症症状，还要结合肌内注射盐酸林可霉素和头孢噻呋钠进行消炎处理，连用3天。

（二十八）羊乳房炎

羊乳房炎是母羊乳房受到机械性、物理性、化学性、生物性的致病因素作用，导致乳头或乳腺组织出现炎症或增生，这是一种常见产科病。

1. 病因

病因包括病菌（如葡萄球菌、链球菌、大肠杆菌、化脓性棒状杆菌、结核杆菌等）感染、机械损伤（如外伤、幼畜咬伤等）、饲养管理不良（如徒手挤奶造成损伤、机械挤乳时消毒不严、场地较脏、喂精料过多等）、某些疾病（如感冒、子宫炎等）

诱发。

2. 临床症状

因临床症状不同，羊乳房炎可分为如下 3 种类型。

①急性乳房炎。乳房肿大、发热、发红、变硬、疼痛（图 8–47）。挤奶不畅或挤出絮状、带脓血乳汁，有的挤出水样乳汁。此外，还有体温升高、食欲减少症状，严重的还会导致败血症而死亡。

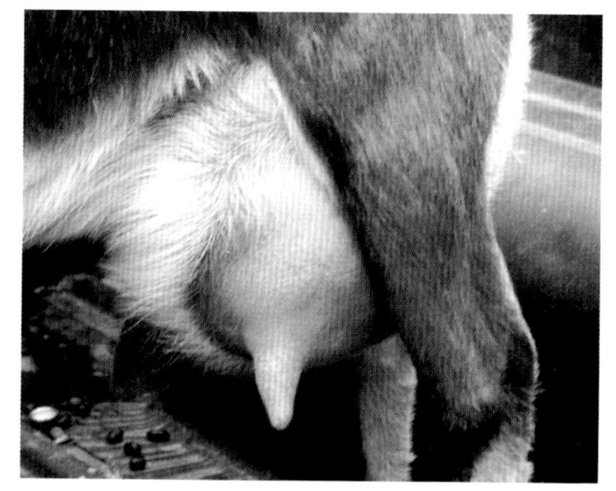

图 8–47　羊乳房炎症状（乳房肿大，皮肤发红）

②慢性乳房炎。一般无明显的全身症状，只有乳房局部肿大变硬（图 8–48），同时会挤出带颗粒状或絮状凝乳块羊奶。

③隐性乳房炎。母羊在临床上无任何症状，乳汁也没有肉眼可见的变化，但乳汁易变质。

3. 病理变化

急性乳房炎会出现不同程度的炎症表现（肿大、发红、变硬），严重时可导致乳房化脓；慢性乳房炎以乳房炎症增生为主；隐性乳房炎的病理变化不明显。

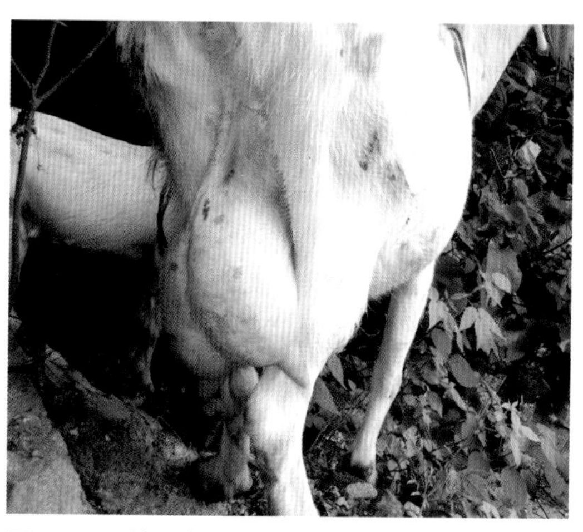

图 8–48　羊乳房炎症状（乳房肿大变硬）

4. 诊断

根据临床症状和病理变化可做出初步诊断。隐性乳房炎需对乳汁进行化验才能确诊。

5. 防治

改善羊圈的卫生条件，平时挤奶时要注意乳房消毒，按摩工作。做好怀孕母羊后期和泌乳期的饲养管理工作，产奶较多时要控制精料摄入量。

在发病早期可对乳房局部采用冷敷处理，中后期可进行热敷，涂擦鱼石脂软膏。对于化脓性乳房炎，可予以手术排脓和消炎处理。对于急性乳房炎，在挤奶后可通过乳导管将消炎药物（如青霉素和硫酸链霉素）稀释后注入乳房内，每天

2~3 次，连用 3~4 天。对有全身症状的病羊还要肌内注射青霉素、硫酸链霉素或内服磺胺类药物进行全身治疗。此外，也可用当归 15 克、蒲公英 30 克、二花 12 克、龙胆草 12 克、连翘 6 克、赤芍 6 克、川芎 6 克、瓜蒌 6 克、生地 6 克、山枝 6 克、甘草 10 克，研磨后开水调剂或煎煮后待凉灌服，每天 1 次，连用 3~5 天，有一定效果。对于慢性乳房炎或隐性乳房炎，则要加强饲养管理，结合中药调理治疗。

（二十九）羊子宫内膜炎

羊子宫内膜炎是指母羊的子宫黏膜发生炎症病变，这是一种常见产科病。

1. 病因

由于母羊分娩后胎衣不下，或分娩、配种、人工授精过程中消毒不严，造成母羊子宫内膜炎；某些传染病（如羊布氏杆菌病、李氏杆菌病、结核杆菌病、衣原体病等）的存在，也会导致母羊发生子宫内膜炎。

2. 临床症状

羊子宫内膜炎可分为急性和慢性两种类型。

①急性子宫内膜炎。多发生于分娩过程中，或分娩、流产后一段时间。病羊主要表现体温升高，精神差，食欲不振，常见拱背、努责，以及常做排尿姿势，并从阴户中流出粉红色或黄白色具腥臭味的分泌物（图 8-49，图 8-50），严重时可感染败血症而导致病羊死亡。

图 8-49 羊子宫内膜炎症状（阴户流出粉红色分泌物）

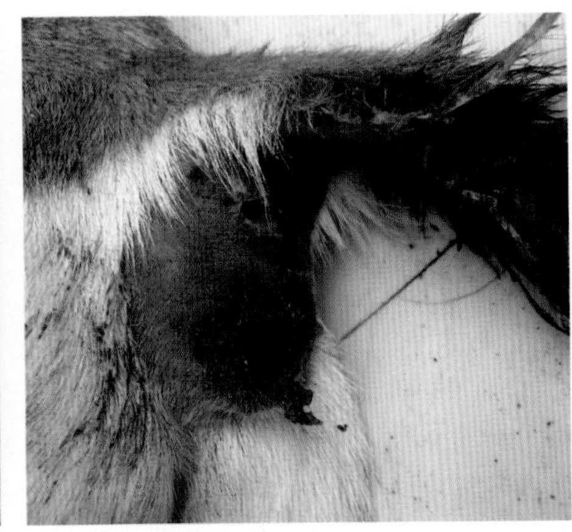

图 8-50 羊子宫内膜炎症状（阴户流出黄白色分泌物）

②慢性子宫炎。病羊经常从阴道内排出带混浊的分泌物或少量脓性分泌物（图 8–51）。全身症状不明显，吃食基本正常，但配种后不易受孕或早期易滑胎。

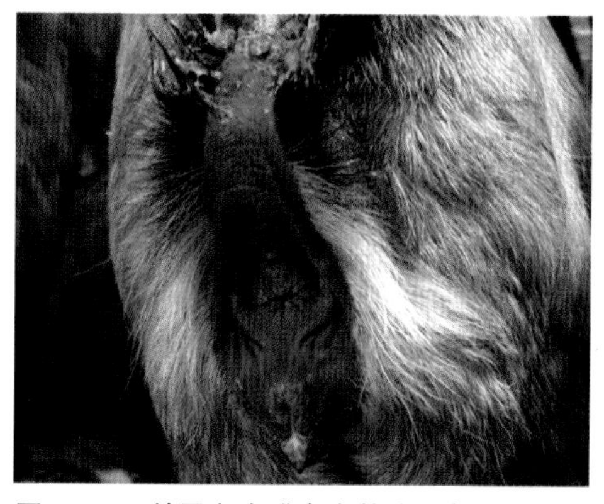

图 8–51　羊子宫内膜炎症状（阴户流出少量脓性分泌物）

3. 病理变化

急性子宫内膜炎，剖检可见子宫角肿大，子宫内充满脓性或粉红色分泌物。慢性子宫内膜炎，剖检无明显的内脏病变。

4. 诊断

根据发病史、临床症状和病理变化可做出初步诊断。

5. 防治

平时保持羊圈卫生清洁。在母羊助产和人工授精等操作过程中要注意消毒，尽量减少人为对产道的损伤。对于自然交配的羊群要定期检查公羊的生殖器，看看有无炎症化脓情况，如果有要及时做消毒和消炎处理。

针对不同的子宫炎可采取不同的治疗方案。

①对于严重的急性子宫内膜炎，要采用局部冲洗子宫与全身治疗相结合的治疗方案。具体来说，可选择使用 0.1%~0.2% 乳酸依沙吖啶溶液或 0.1%~0.3% 高锰酸钾溶液或 0.1% 复合碘溶液进行冲洗子宫，每天 1 次，连用 3~4 天；同时要用青霉素 80 万单位和硫酸链霉素 0.5 克进行肌内注射，每天 1 次，连用 3 天。

②对于慢性子宫炎，可将青霉素 80 万单位和硫酸链霉素 0.5 克溶解在 100 毫升生理盐水中，直接注入母羊子宫内，这样局部消炎处理 1~2 次即可。此外，也可使用中药治疗（益母草 5 克、当归 8 克、蒲黄 5 克、川芎 3 克、茯苓 5 克、桃仁 3 克、五灵酯 4 克、香附 4 克，水煎保温加黄酒 20 毫升，1 次灌服）也有一定效果。

（三十）羊难产

羊难产是指母体或胎儿异常引起胎儿不能顺利通过产道，这是一种产科疾病。难产不仅会造成胎儿死亡，而且会危及母羊的生命。

1. 病因

根据羊难产发生原因不同，分为母羊异常性难产和胎儿异常性难产两种。

①母羊异常性难产主要原因。母羊配种偏早，体型较小，产道没有发育成熟，阴门、阴道、子宫颈等产道狭窄；母羊营养不良，体质瘦弱，运动不足，尤其是老龄或患有全身性疾病的母羊，常因子宫及腹壁收缩无力导致阵缩及努责微弱，胎儿难以产出；怀孕母羊患有某些传染病或产科病，如布氏杆菌病。

②胎儿异常性难产的主要原因。胎儿的姿势不正或方向异常，胎儿过大，胎儿畸形；胎膜破裂过早，羊水流尽，产道干，胎儿不能正常产出；胎儿及胎膜腐败，由于毒素的作用，降低子宫平滑肌的兴奋性，以致子宫收缩无力或麻痹。

2. 临床症状

母羊间歇性腹痛，起卧不安，时而卧地努责，时而起立，前蹄刨地，回头顾腹，不停地咩叫，阴门肿胀，有时露出部分羊水泡，有时可见胎蹄或胎头，但胎儿长时间不能产下（图 8–52）。阴户红肿或水肿。

3. 病理变化

病理变化主要在产道，表现子宫和阴道有不同程度的炎症水肿，严重时出现淤血和出血病变。

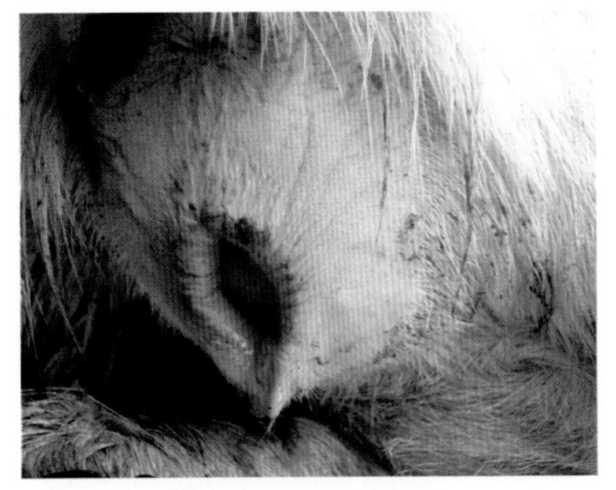

图 8–52　羊难产症状（胎儿长时间不能产出）

4. 诊断

孕羊出现分娩症状后长时间胎儿不能产出，就可确诊为难产。

5. 防治

（1）预防

预防要做到如下 3 点。

①不要过早进行配种，尤其是公羊、母羊混群放牧时更应注意。羔羊 3 个月大以后，公羊、母羊应该分群饲养，防止出现偷配现象。

②加强孕羊饲养管理，适当让其运动以增强体质，避免体型过瘦或过于肥胖。

③分娩前要做好接羔助产的各项准备工作，要有专人负责，发现分娩过程异常要及时助产。

（2）治疗

发现难产要及时救治，可采取如下措施。

①如果胎位正常，胎膜尚未破裂，不必忙于干预，只需轻轻按摩腹壁，并将腹部下垂部分向后上方推压，以刺激子宫平滑肌的收缩，常可收到较好的效果。

②若胎位正常，羊水已经流出，但子宫收缩无力，可以使用增强子宫收缩的药物，如缩宫素、垂体后叶素、氯前列烯醇等。

③若胎位正常，产道狭窄，首先向阴道内灌注温肥皂水，然后用线绳缓缓牵拉胎头或前肢，助产者尽量用手扩张阴门或阴道。若试拉无效，应切开狭窄部，拉出胎儿，然后立即缝合切口。

④若胎位不正，先矫正胎位，然后再进行助产。若子宫颈扩张不全或胎儿的产出受机械性障碍，或胎位异常又不易矫正，应尽早施行剖腹产手术，取出胎儿。

在助产过程中注意消毒、止血、消炎等环节。

（三十一）羊生产瘫痪

羊生产瘫痪是母羊分娩前后发生的一种严重的营养代谢性疾病，又称羊乳热病或低血钙症。

1. 病因

分娩前后血液中钙的浓度急剧降低是导致本病发生的根本原因。母羊在怀孕后期，由于营养需要而处于高钙水平，从而使甲状旁腺功能降低，当大量泌乳开始后，钙随乳汁大量流失，造成血钙水平急剧下降，而机体又不能及时补充，从而引起发病。

2. 临床症状

发病突然，病程进展快。病初主要表现食欲不振或废绝，反刍减少至停止，瘤胃蠕动减慢或消失，步态不稳，呼吸常见加快，随后出现瘫痪症状，进食、排泄完全停止，针刺反射降低，全身出汗，肌肉震颤，心音减弱、心率增加。有些羊出现典型的麻痹症状，体温下降，如治疗不及时很快导致死亡。病情较轻时，主要特征是头颈呈“S”状弯曲，精神沉郁而不昏迷，反射减弱而不消失，能站立却站不稳，体温下降。一般轻型症状占多数。

3. 病理变化

本病无明显的病理变化。

4. 诊断

根据发病史、临床症状可做出初步诊断。

5. 防治

预防上加强妊娠后期的饲养管理，在生产前饲喂一些低钙高磷饲料，生产后饲喂高钙饲料。对易发本病的羊分娩后要及时预防，首选的药物为 5% 氯化钙注射液 40~60 毫升、10% 葡萄糖注射液 80~100 毫升、10% 安钠咖注射液 5 毫升，混合后 1 次静脉注射。

本病的治疗可采用如下措施。

①补钙。10% 葡萄糖酸钙注射液 50~100 毫升，静脉注射；或 5% 氯化钙注射液 40~60 毫升、10% 葡萄糖注射液 120~140 毫升、10% 安纳咖注射液 5 毫升，混合后 1 次静脉注射。

②乳房送风。用打气筒将空气送入乳房，使乳腺受压，引起泌乳减少或暂停，使得血钙不再流失。一般送风 1 次即有效果。必要时重复 1 次。

③其他措施。补钙后，多数母羊伴有低磷血症，所以要及时补磷，可采用 20% 磷酸二氢钠溶液 50~100 毫升，1 次静脉注射。当大量补钙后，血液中胰岛素的含量会进一步提升而引起血糖降低，因此在补钙的同时还要适当补糖。

在治疗过程中还要经常翻转母羊躯体，防止倒地皮肤发炎溃烂。经 3~5 天治疗无效的母羊预后不良。

（三十二）羊皮肤瘤

羊皮肤瘤是长于皮肤组织的一种良性肿瘤，其形状多为结节状或乳头状。

1. 病因

羊皮肤瘤可由非传染性致瘤因素和传染性致瘤因素（病毒）引起。目前对发病原因研究较少。

2. 临床症状

皮肤瘤可发生于羊体表任何部位的皮肤，较多见于嘴巴（图 8-53）、耳朵（图 8-54）、颈部、胸部和乳房等处。但病羊多无明显症状。肿瘤呈结节状或乳头状，突出于皮肤表面。一般瘤体较小，单个存在，有时数目较多。质硬，表面不平或呈刺状。局部皮肤增厚并向外突出。由病毒引起的肿瘤，往往在某一部位可见多个肿瘤发生。

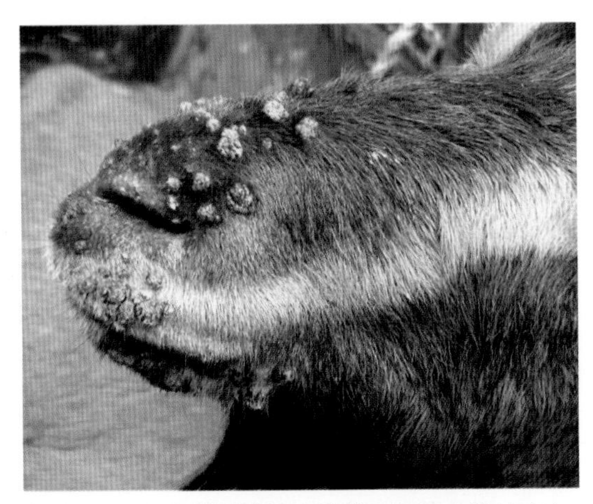

图 8-53　羊皮肤瘤症状（羊嘴巴周围皮肤长瘤）

3. 病理变化

皮肤瘤可因局部摩擦而出血或化脓、坏死。皮肤瘤主要由皮肤鳞状上皮细胞异常生长造成，突起肿瘤中还有结缔组织交织，肿瘤表面常有明显的角质化。

4. 诊断

根据临床症状及病理变化可做出初步诊断。当皮肤上长有异物时，要根据其形态和生长速度确定其性质，必要时可取材作组织学诊断，判定是良性肿瘤还是恶性肿瘤。

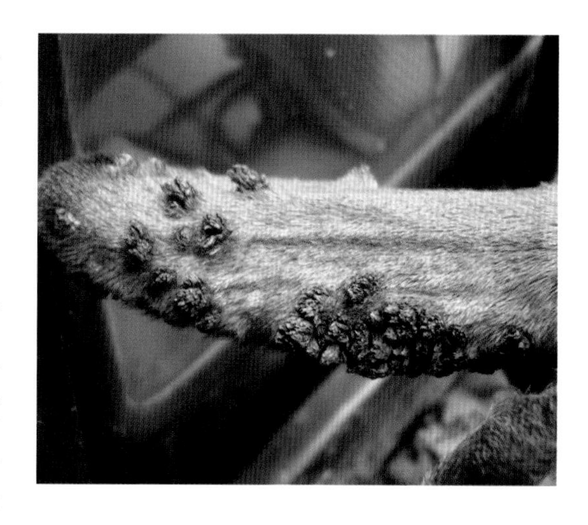

图 8–54　羊皮肤瘤症状（羊耳朵皮肤长瘤）

5. 防治

加强饲养管理，防止皮肤受损或感染病毒。对于单个小肿瘤，一般可不治疗。如瘤体较大可手术切除。

（三十三）羊血尿症

羊血尿症是指某些病因导致羊拉血红蛋白尿，以发病急、死亡快、拉血尿为特征。

1. 病因

羊拉血尿的病因是多方面的，其中有些病因（如羊蕨类中毒、铜中毒、巴贝斯虫病、钩端螺旋体病、附红细胞体病等）已经明确，还有一些病因尚未明了。

2. 临床症状

本病发病突然，羊群中出现个别羊精神沉郁，反刍减少，吃食减少或废绝，步态不稳，伴有腹痛症状，眼结膜黄染，拉葡萄酒样尿液。若不及时治疗，1~2 天内死亡（多死于羊舍内）。一年四季中以秋季多见。发病时在羊群中会持续出现发病死亡，时间持续 10~20 天。

3. 病理变化

病死羊血液稀薄，可视黏膜轻度黄染（图 8–55）。内脏器官也有不同程度黄染，有时会出现浆膜层广泛性出血，内脏器官表面有不同程度的出血点或出血斑。

膀胱积尿，切开膀胱可见尿液为暗红色（图 8–56），有些膀胱内膜有出血点或出血斑。

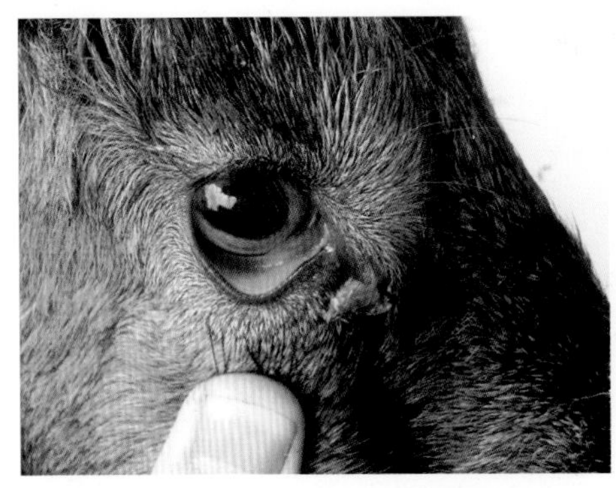

图 8–55 羊血尿症症状（眼结膜黄染）

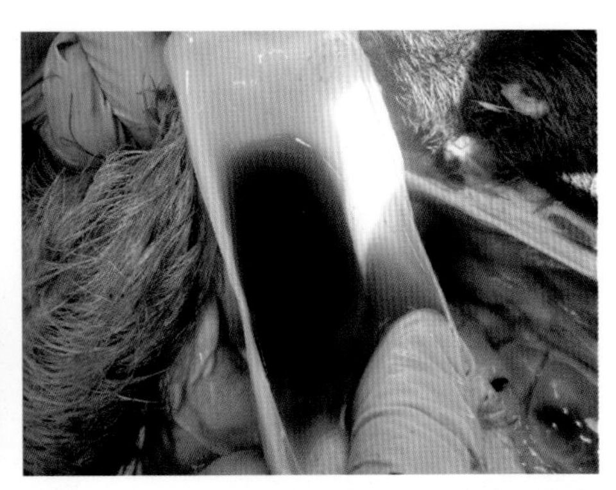

图 8–56 羊血尿症病理变化（尿液暗红色）

4. 诊断

根据临床症状、病理变化可做出初步诊断，要确诊需对病死羊内脏进行相关病原及毒物检测。

5. 防治

本病的原因复杂，需对不同病症进行分类处理。若病羊体温升高，则有可能是羊巴贝斯虫病、钩端螺旋体病、附红细胞体病等所致，可选用三氮脒、盐酸四环素、土霉素、磺胺类药物进行治疗，同时还要配合使用退热、止血、助消化、提高造血功能的药物。若病羊的体温正常或偏低，则中毒可能性比较大，除了加强饲养管理、杜绝进一步采食有毒物质外，可采取一般性的治疗措施（如肌内注射酚磺乙胺、维生素 B_{12}、维生素 C 以及内服解毒和保护胃肠黏膜的药物）。

附　录

附表一　羊常用药物使用方法

药物名称	应用范围	剂　量	用　法	备　注
青霉素钾	用于革兰阳性菌、放线菌及螺旋体感染	每千克体重 1 万 ~ 1.5 万单位	肌内注射	休药期 14 日
氨苄青霉素	用于革兰阳性菌和阴性菌感染	每千克体重 20~40 毫克	肌内注射、静脉注射	休药期 14 日
阿莫西林	用于革兰阳性菌和阴性菌感染	每千克体重 10~15 毫克	肌内注射	休药期 14 日
硫酸链霉素	用于革兰阴性菌感染	每千克体重 10~15 毫克	肌内注射	休药期 14 日
硫酸卡那霉素	用于革兰阴性菌感染	每千克体重 10~15 毫克	肌内注射	休药期 14 日
硫酸庆大霉素	用于革兰阳性菌和阴性菌感染	每千克体重 5~10 毫克	肌内注射，羔羊可内服	休药期 14 日
盐酸土霉素	广谱抗菌	每千克体重 5~25 毫克	肌内注射，羔羊可内服	休药期 14 日
盐酸多西环素	广谱抗菌	每千克体重 3~5 毫克	肌内注射，羔羊可内服	休药期 14 日
乳糖酸红霉素	用于革兰阳性菌感染	每千克体重 3~5 毫克	静脉注射	休药期 14 日
螺旋霉素	用于革兰阳性菌感染	每千克体重 10~50 毫克	皮下注射、肌内注射	休药期 14 日
环丙沙星	用于革兰阳性菌和阴性菌感染	每千克体重 10~15 毫克	肌内注射，羔羊可内服	休药期 14 日

续表

药物名称	应用范围	剂　量	用　法	备　注
恩诺沙星	用于革兰阳性菌和阴性菌感染	每千克体重 2.5~5 毫克	肌内注射	休药期 14 日
氟苯尼考	广谱抗菌	每千克体重 20~30 毫克	肌内注射	休药期 30 日
磺胺嘧啶钠	抗菌、抗球虫	首次每千克体重 50~100 毫克，维持量减半	肌内注射、静脉注射、内服	休药期 14 日
磺胺对甲氧嘧啶钠（磺胺 5–甲氧嘧啶）	抗菌、抗球虫	首次每千克体重 50~100 毫克，维持量减半	肌内注射、静脉注射、内服	休药期 14 日
磺胺间甲氧嘧啶钠（磺胺 6–甲氧嘧啶）	抗菌、抗球虫	首次每千克体重 50~100 毫克，维持量减半	肌内注射、静脉注射、内服	休药期 14 日
磺胺脒	用于肠道感染	每千克体重 100 毫克	内服	休药期 14 日
黄芪多糖注射液	用于病毒性疾病治疗	每千克体重 10~20 毫克	肌内注射	休药期 14 日
阿苯达唑	广谱驱虫药，对线虫、绦虫、肝片形吸虫均有一定效果	每千克体重 10~15 毫克，治疗肝片形吸虫时每千克体重 30~40 毫克	内服	休药期 4 日
左旋咪唑	广谱、高效、低毒驱虫药，对各种线虫均有极佳效果	每千克体重 7.5 毫克	内服	泌乳期禁用，休药期 3 日
氯氰碘柳胺（氯生太尔）	广谱驱虫药，对吸虫、线虫及节肢动物幼虫均有效	每千克体重 5~10 毫克	内服	用药后 28 日内羊乳禁止上市，休药期 28 日
		每千克体重 5 毫克	皮下注射	
氯硝柳胺（灭绦灵）	驱绦虫	每千克体重 60~70 毫克	内服	休药期 28 日

续表

药物名称	应用范围	剂　量	用　法	备　注
碘醚柳胺	驱吸虫	每千克体重 7~12 毫克	内服	休药期 30 日
三氯苯达唑（肝蛭净）	驱吸虫	每千克体重 10~12 毫克	内服	休药期 56 日
硫双二氯酚（别丁）	驱绦虫、吸虫	每千克体重 75~100 毫克	内服	休药期尚未制定
硝氯酚（拜耳 -9015）	驱吸虫	每千克体重 3~4 毫克	内服	用药后 9 日内羊乳禁止上市，休药期 15 日
		每千克体重 0.5~1 毫克	深部肌内注射	
吡喹酮	驱绦虫、吸虫	每千克体重 10~36 毫克，治疗阔盘吸虫时每千克体重 70 毫克	内服	休药期 28 日
三氮脒（贝尼尔）	抗血液原虫及附红细胞体	每千克体重 3~5 毫克	肌内注射	休药期 28 日
盐酸吖啶黄（黄色素）	抗血液原虫及附红细胞体	每千克体重 3 毫克	静脉注射	休药期 28 日
莫能霉素（瘤胃素）	抗球虫	每千克体重 1~1.6 毫克	内服	休药期 5 日
地克珠利（杀球灵）	抗球虫	每千克饲料 1 毫克	内服	鸡休药期 5 日，其他动物尚未制定
阿维菌素	广谱驱虫，对线虫、疥螨、蠕形螨、蜱及其他节肢昆虫效果均好	每千克体重 0.2 毫克	内服、肌内注射	除线虫外，其他寄生虫需间隔 7~10 天再用药 1 次；休药期 21 日，泌乳期禁用

续表

药物名称	应用范围	剂　量	用　法	备　注
伊维菌素	广谱驱虫，对线虫、疥螨、蠕形螨、蜱及其他节肢昆虫效果均好	每千克体重 0.2 毫克	内服、肌内注射	休药期21日，泌乳期禁用
溴氰菊酯	广谱杀虫	每升水 5~15 毫克	药浴	休药期 28 日
氰戊菊酯	广谱杀虫	每升水 80~200 毫克	药浴	休药期 28 日
二嗪农（螨净）	广谱杀虫	每升水 250~750 毫克	药浴	休药期 14 日
辛硫磷浇泼溶液	广谱杀虫	每千克体重 30 毫克	外用	休药期 28 日
精制敌百虫	广谱杀虫	每千克体重 50~70 毫克	内服	休药期 28 日
		配成 2% 水溶液	外用	
10% 安乃近注射液	解热镇痛	1 次量 1000~2000 毫克	肌内注射	休药期 28 日
复方氨基比林注射液	解热镇痛	1 次量 5~10 毫升	肌内注射	休药期 28 日
安痛定注射液	解热镇痛	1 次量 5~10 毫升	肌内注射	休药期 28 日
促肾上腺素皮质激素	抗过敏、解毒	1 次量 20~40 单位	肌内注射	休药期 21 日
地塞米松	抗过敏、解毒	1 日量 4~12 毫克	肌内注射	休药期21日，孕母羊禁用
硫酸阿托品	解毒	每千克体重 0.5~1 毫克	肌内注射、皮下注射	休药期尚未制定

续表

药物名称	应用范围	剂　量	用　法	备　注
甲硫酸新斯的明	兴奋瘤胃	1 次量 2~5 毫克	肌内注射、皮下注射	慎用，不能超量使用，休药期尚未制定
酚磺乙胺（止血敏）	止血	1 次量 0.25~0.5 毫克	肌内注射、皮下注射	休药期尚未制定
维生素 B_1	健胃补体	1 次量 25~50 毫克	肌内注射、皮下注射	0 日
维生素 B_{12}	贫血和促生长	1 次量 0.3~0.4 毫克	肌内注射、皮下注射	休药期尚未制定
维生素 C	抗坏血症	1 次量 5~15 毫克	肌内注射、皮下注射	0 日

附表二 羊常见病症临床诊断

病症	可能病因或疾病
突然死亡	羊巴氏杆菌病、羊链球菌病、羊快疫、羊猝狙、羊口蹄疫、羔羊白肌病、羊有机磷农药中毒、羊除草剂中毒、羊炭疽、羊血尿症
脑神经症状	羊脑多头蚴病、山羊病毒性关节炎–脑炎、羊李氏杆菌病、羊有机磷农药中毒
流鼻涕	羊传染性胸膜肺炎、羊小反刍兽疫、山羊鼻腺瘤、羊支气管肺炎、羊痘、绵羊肺腺瘤、羊蓝舌病
嘴流白沫	羊有机磷农药中毒、羊除草剂中毒、羊口蹄疫、羊伪狂犬病、羊小反刍兽疫、羊传染性脓疱
眼炎	羊传染性角膜炎、羊传染性胸膜肺炎、羊衣原体病、羊眼外伤、羊维生素缺乏症
喘气、咳嗽	羊传染性胸膜肺炎、羊巴氏杆菌病、羊结核病、羊衣原体病、羊小反刍兽疫、羊痘、绵羊肺腺瘤、羊肺线虫病、羊支气管肺炎
皮肤结节	羊痘、羊化脓棒状杆菌病、羊皮肤瘤、羊皮肤寄生虫病、羊结核病
关节肿大	羊链球菌病、羊衣原体病、山羊病毒性关节炎–脑炎
颌下水肿	羊内寄生虫病、羊某些中毒性疾病
腹泻	羊胃肠炎、羊小反刍兽疫、羊内寄生虫病、羊有机磷农药中毒、羊霉菌中毒、羔羊痢疾、羔羊大肠杆菌病、羊副结核病
流产	羊布氏杆菌病、羊衣原体病、羊弓形虫病、羊小反刍兽疫、羊李氏杆菌病、羊药物中毒、应激
软脚或脚痛	羊寄生虫病、羊口蹄疫、羊脚外伤、重病后期

参考文献

[1] 张克山，高娃，菅复春 . 羊常见疾病诊断图谱与防治技术 [M]. 北京：中国农业科学技术出版社，2013.

[2] 谢喜平，江斌 . 山羊健康养殖新技术 [M]. 福州：福建科学技术出版社，2010.

[3] 陈怀涛，贾宁 . 羊病诊疗原色图谱 [M]. 北京：中国农业出版社，2015.

[4] 江斌，吴胜会，林琳，等 . 畜禽寄生虫病诊治图谱 [M]. 福州：福建科学技术出版社，2012.

[5] 黄兵，沈杰 . 中国畜禽寄生虫形态分类图谱 [M]. 北京：中国农业科学技术出版社，2006.

[6] 王凤英，晋爱兰 . 羊病防治问答 [M]. 北京：化学工业出版社，2008.

[7] 朱模忠 . 兽药手册 [M]. 北京：化学工业出版社，2002.

[8] 中国农业科学院兽医研究所 . 动物传染病学 [M]. 北京：中国农业大学出版社，1998.

[9] 田树军，王宗仪，胡万川 . 养羊与羊病防治 [M]. 北京：中国农业大学出版社，2004.

[10] 武瑞，孙东波 . 羊病科学防治 7 日通 [M]. 北京：中国农业出版社，2011.

[11] 林曦，郝先谱，赵振华，等 . 山羊鼻内腺瘤和腺癌的病理学研究 [J]. 畜牧兽医学报，1995，26（5）：456-461.

[12] 李祥瑞 . 动物寄生虫彩色图谱 [M]. 北京：中国农业出版社，2011.

[13] 黄兵 . 中国家畜家禽寄生虫目录 [M]. 北京：中国农业科学技术出版社，2014.